普通高等教育"十四五"规划教材

环境科学与工程

简明实验教程

黄薇薇　董丽丽◎主编

A Concise Experimental Manual for
Environmental Science and Engineering

中国農業大學出版社
China Agricultural University Press
·北 京·

内容简介

本实验课程综合运用各种实验手段和方法，通过各个实验环节和过程，使学生掌握环境科学研究中的基本原理和基本方法，培养学生的基本实验技能和科学研究能力，提高学生分析问题和解决问题的能力。本书包括10章：实验基础知识、环境监测实验、水污染控制工程实验、大气污染控制工程实验、固体废弃物处理与处置实验、环境化学实验、环境微生物学实验、环境毒理学实验、环境仪器分析实验、环境经济学实验，共87个实验。本实验教材由海南大学生态与环境学院长期从事实验教学的教师编写，是对环境类专业实验教学的总结，旨在通过从基础理论到专业的实验操作，全面提高学生的动手和独立思考能力，是广大环境类专业学生的理想教材。

图书在版编目(CIP)数据

环境科学与工程简明实验教程/黄薇薇，董丽丽主编. --北京：中国农业大学出版社，2024.11
ISBN 978-7-5655-3148-4

Ⅰ.①环… Ⅱ.①黄…②董… Ⅲ.①环境科学-实验-高等学校-教材②环境工程-实验-高等学校-教材 Ⅳ.①X-33

中国国家版本馆CIP数据核字(2024)第019262号

书　名 环境科学与工程简明实验教程
Huanjing Kexue yu Gongcheng Jianming Shiyan Jiaocheng

作　者 黄薇薇　董丽丽　主编

策划编辑	梁爱荣	**责任编辑**	梁爱荣
封面设计	李尘工作室		
出版发行	中国农业大学出版社		
社　址	北京市海淀区圆明园西路2号	**邮政编码**	100193
电　话	发行部 010-62733489，1190		读者服务部 010-62732336
	编辑部 010-62732617，2618		出　版　部 010-62733440
网　址	http://www.caupress.cn	**E-mail**	cbsszs@cau.edu.cn
经　销	新华书店		
印　刷	涿州市星河印刷有限公司		
版　次	2024年11月第1版　2024年11月第1次印刷		
规　格	185 mm×260 mm　16开本　16.75印张　409千字		
定　价	53.00元		

图书如有质量问题本社发行部负责调换

编 委 会

主　　编　黄薇薇　董丽丽

编写人员　（按姓氏拼音排序）

卜毅男　蔡　昊　陈兴财　董丽丽　冯　丹
葛成军　胡　珊　胡晓蕾　黄开波　黄薇薇
李　成　秦　睿　石亮亮　孙宏飞　台凌宇
王丽智　王团团

前 言

进入 21 世纪以来，人类面临着前所未有的“大变局”“大考验”，中国作为发展迅速的发展中国家，提出的系列新发展理念和举措，持续推动我国经济高质量发展；既要推进“一带一路”建设，又要推动构建人类命运共同体，维护世界和平、促进共同发展。环境保护是实现我国经济与社会高质量、可持续发展的重要内容和基本保证，日益达成全社会的共识。党的二十大报告强调，深入实施人才强国战略，培养造就大批德才兼备的高素质人才，是国家和民族长远发展大计。

环境科学与工程专业作为一门应用性和实践性很强的综合性交叉学科，需要把学生的工程实践能力培养放在突出的地位，而实验、实践课程是实现“解决复杂工程问题”的重要载体，也是培养学生创新意识、创新精神、创新能力的重要途径，是环境类各专业的必修专业课程。

本书作为环境类专业综合简明实验教材，涵盖了环境监测、水污染控制工程、大气污染控制工程、固体废弃物处理与处置、环境化学、环境微生物学、环境毒理学、环境仪器分析、环境经济学等专业基础课的配套基础性实验和综合性实验，注重引导学生学以致用、融会贯通，培养其对当下存在的多元环境问题、对应的解决方法和路径、实施效果等有针对性的认识，全面提高学生认识、发现、思考及动手等方面的综合素质。

本书由海南大学生态与环境学院长期从事实验教学的教师编写，由黄薇薇、董丽丽担任主编，各章编写分工如下：第 1 章由董丽丽编写；第 2 章由黄薇薇、秦睿、冯丹编写；第 3 章由卜毅男、石亮亮编写；第 4 章由李成、胡晓蕾、王丽智编写；第 5 章由陈兴财、黄开波、台凌宇编写；第 6 章由胡珊编写；第 7 章由董丽丽、黄薇薇编写；第 8 章由王团团编写；第 9 章由孙宏飞编写；第 10 章由葛成军、蔡昊编写。

本书是编者对环境类专业实验教学的总结，原理讲解清楚，方法介绍简明，可作为高等院校环境工程、环境科学等相关专业本科实验用书，也可供相关专业的研究生和工程技术人员参考。

由于编者时间和学识有限，书中难免有疏漏之处，敬请广大读者批评指正。

编 者

2023 年 10 月

目　录

第1章 实验基础知识

实验教学的宗旨是使学生理论联系实际，实验教学的目的是培养学生观察问题、分析问题和解决问题的能力。课程的教学目的有以下几方面：

(1)加深学生对基本理论和概念的理解。

(2)培养学生对环境类专业课水、气、土、固体废弃物、微生物等综合知识的运用。

(3)使学生了解如何进行实验方案设计，掌握环境科学与工程实验研究方法和基本测试技术。

(4)通过实验数据的记录、整理和分析，使学生初步掌握数据分析处理技术。

1.1 实验室守则

上课按时进入实验室，不允许迟到、早退、缺席。进入实验室后要服从指导、保持肃静、遵守纪律，不准动用与本实验无关的仪器设备；保证室内清洁，不得随地吐痰、扔废弃物；不准吸烟、吃零食和饮水。

(1)清楚所有配置的安全防护设备的摆放位置并能正确使用。

(2)进入实验室必须穿长袖实验服，佩戴口罩和手套，必要的实验必须始终佩戴安全防护眼镜，适时佩戴防护呼吸面罩，穿工作服、工作鞋。

(3)不准在实验室进食和饮水(也不可以在冰箱里贮存食物)，绝对禁止在实验室吸烟。

(4)任何形式的嬉戏打闹都是危险和不允许的。

(5)如果见到同学有危险举动，请向他们指出。

(6)向任课教师或管理员报告所有不安全的行为和可能引起意外事件的任何状况。

(7)了解常见危险化学药品的性质，在有充分的防护措施时才能使用。

(8)绝不能在无人看管的情况下进行化学反应或实验。

(9)保持实验区域干净整洁，规范使用水、电、气、火等。

(10)如果出现不可控制局面，请离开现场并请求援助。

(11)外来人员进入实验室必须佩戴安全防护用具，并听从实验人员安排。

1.2 实验室安全常识

在进行实验时，经常用到腐蚀性的、易燃的、易爆炸的或有毒的化学试剂，大量使用易损的玻璃器皿和某些精密仪器，同时还会使用各种电热、高压或真空等设备。如果不按照常规操作，就有可能造成中毒、火灾、爆炸、触电等事故。因此，为确保实验的正常进行和实验人员的安全，必须严格遵守实验室的安全规则。

(1)安全的方法便是正确的方法，细致制订实验计划，合理安排实验步骤。

(2)必须了解和熟悉实验的环境,熟悉安全用具,如灭火器、灭火毯、沙桶及急救箱的放置地点、使用方法,并经常检查、妥善保管。

(3)养成实验完毕洗手并消毒后再离开实验室的习惯。

(4)水、电、燃气等使用完毕后应立即关闭。离开实验室时,应仔细检查水、电、燃气、门、窗、空调是否均已关好。

(5)实验室内的药品严禁任意混合,以免发生意外事故。注意试剂、溶剂的瓶盖和瓶塞不能互相混淆使用。

(6)使用电气设备时,应特别细心,切不可用湿润的手去开启电闸和电器开关。禁止用有漏电嫌疑的仪器设备,一经发现应马上报给任课教师或管理员。

(7)所有试剂和药品都要贴有标签,注明药品名称、浓度、配制日期等。剧毒药品必须严格遵守保管和使用制度。倾倒试剂时,手掌要遮住标签,以保证标签的完整。试剂一经倒出,严禁倒回。

(8)禁止用手直接取任何化学药品,使用毒物时除用药匙、量器外,必须佩戴橡皮手套,原则上应避免药品与皮肤接触,实验后应立即清洗仪器用品,立即用肥皂洗手。

(9)为防止火灾的发生,应避免在实验室中使用明火。大量的易燃品(如溶剂)不要放在试验台附近。实验台要整齐、清洁,不得放与本次实验无关的仪器和药品。

(10)不要一个人单独在实验室里工作,同学(同事)在场可以保证紧急情况互相救助。一般实验期间不应把实验室的门关上。

1.3 实验的基本程序

为了更好地完成实验教学的目标,实验的一般程序如下:

1.提出问题

根据已掌握的知识或观察到的一些环境现象,提出打算验证的基本概念、原理或探索研究的问题。

2.设计实验方案

确定实验目标后要根据人力、设备、药品和技术能力等方面的具体情况进行实验方案的设计。实验方案应包括实验目的、实验原理、实验器材、实验装置、实验步骤、测试项目、测试方法、实验记录、数据分析等内容。

3.实验研究

(1)根据设计好的实验方案进行实验,按照既定的取样时间进行取样测试。

(2)收集实验数据。

(3)定期整理分析实验数据。实验数据的可靠性和定期整理分析是实验工作的重要环节,实验者必须经常用已经掌握的基本概念分析实验数据。通过数据分析加深对基本概念和基本原理的理解,并发现实验设备、操作运行、测试方法和实验方向等方面的问题,以便及时解决,确保实验工作能够顺利进行。

4.实验小结

通过系统分析实验数据,对实验结果进行评价。实验小结的内容包括以下几个方面:

(1)通过实验掌握了哪些新知识;

(2)是否解决了提出研究的问题;

(3)是否证明了文献中的某个论点,是否发现了新的现象;

(4)实验结果是否用于改进已有的工艺设备和操作运行条件,或指导设计新的设备;

(5)当实验数据不合理时,应分析原因,提出新的实验方案。

1.4　实验方案的制定

根据目标和要求设计、制订实验方案,实验方案包括以下主要内容:

(1)实验名称:应该简洁明了。

(2)实验目的:精炼出需要学生了解和掌握的实验原理、技术及操作方法等。熟悉部分试剂配制、仪器使用、某种测定方法。

(3)实验原理:本次实验的基本原理,化学反应方程式等。

(4)实验材料:涉及的药品、仪器、装置、设备及其规格都要详细罗列出来。

(5)实验装置图:实验装置怎样连接,连接过程可能存在的问题,如何解决?

(6)实验步骤:写出具体的实验步骤及其具体操作方法,必要时绘制流程图。

(7)实验过程中的注意事项:化学试剂使用的先后顺序,仪器操作过程需要注意的问题,反应过程的颜色变化,如何消除干扰?

(8)实验现象及数据记录:根据实验现象及数据,分析出现的结果的因果联系及能否达到预期的目标。

(9)建议:总结本次实验存在的问题,提出对后续实验的改进和建议。

当然实验设计过程也要注意实验的科学性、安全性、可行性、简约性及一定程度的经济性。

1.5　实验的教学要求

实验的教学要求一般有以下几个方面:

1. 课前预习

为完成好每个实验,学生在课前必须认真阅读实验教材,清楚实验项目的目的要求、实验原理和实验内容,写出简明的预习提纲。预习提纲包括:

(1)实验目的;

(2)实验内容;

(3)需测试项目的测试方法;

(4)实验注意事项;

(5)实验记录表格。

2. 实验设计

实验设计是实验研究的重要环节,是获得满足要求的实验结果的基本保障。在实验教学中,需要充分考虑实验目的和实验条件,遵循科学的实验方法和操作规范,以确保实验结果的正确性和可信度。同时,需要注意实验过程中的变量控制、随机化、重复性、正确性和可重复性等原则，以保证实验结果的科学性和可靠性。

3. 实验操作

实验前应仔细检查实验设备、仪器仪表、试剂耗材是否完整齐全。实验时要严格按照操作规程认真操作，仔细观察实验现象，认真测定实验数据，并详细填写实验记录表。实验结束后，要将实验设备和仪器仪表恢复原状，将周围环境整理干净。学生应该主动培养自己严谨的科学态度，养成良好的学习和实验操作习惯。

4. 实验数据处理

通过实验取得大量数据以后，必须对数据进行科学的整理分析，去伪存真，去粗取精，以得到正确、可靠的结论。

5. 编写实验报告

编写实验报告是实验教学必不可少的环节，这一环节的训练可为学生今后写好毕业论文或科研论文打下基础。实验报告包括：

(1)实验目的；

(2)实验原理；

(3)实验装置、材料和方法；

(4)实验数据和数据处理结果；

(5)实验结果讨论；

(6)思考题。

1.6 误差分析与数据处理

1.6.1 误差分析

1. 误差的基本概念

在任何一种测量中，无论所用仪器多么精密，方法多么完善，实验者多么细心，所得结果常常不能完全一致而会有一定的误差和偏差。严格地说，误差是指观测值与真值之差，偏差是指观测值与平均值之差。但习惯上常将两种混用而不加区别。根据误差的种类、性质以及产生的原因，可将误差分为系统误差、偶然误差和过失误差三种。

(1)系统误差：这种误差是由于某种原因所造成的恒定偏差，或者偏大或者偏小，其数值可设法加以确定，因而一般来说，它们对测量结果的影响可用改正量来校正。系统误差原因很多，例如：

①仪器误差。这是由于仪器构造不完善，每种仪器都有其灵敏度和测量范围，示数部分的刻度划分得不够准确，如天平零点的移动，气压表的真空度不高，温度计、移液管、滴定管的刻度不够准确等。

②测定方法本身的限制。如根据理想气体方程式测量某蒸汽的分子质量时，由于实际气体对理想气体有偏差，不用外推法求得的分子质量总较实际的分子质量大。

③个人习惯性误差。这是由于观测者有自己的习惯和特点，如记录某一信号的时间总是滞后、有人对颜色的感觉不灵敏、滴定等当点总是偏高等。

系统误差决定测量结果的准确度。它恒偏于一方，或偏正或偏负，测量次数的增加并不能使之消除。通常用几种不同的实验技术、用不同的实验方法或改变实验条件、调换仪器等以确定有无系统误差存在，并确定其性质，设法消除或使之减少，以提高准确度。

(2)偶然误差：在实验室即使采用了完善的仪器，选择了适当的方法，经过了精细的观测，仍会有一定的误差存在。这是由于实验者的感官灵敏度有限或技术不够熟练、仪器的准确度限制以及许多不能预料的其他因素对测量的影响，这类误差被称为偶然误差。它在实验中总是存在的，无法完全避免，但它服从概率分布。偶然误差是可变的，有时大、有时小，有时正、有时负。

偶然误差的出现有规律，如果多次测量，便会发现数据的分布符合一般统计规律。这种规律可用图 1-1 中的典型曲线表示，此曲线称为误差的正态分布曲线，此曲线的函数形式为：

$$y=\frac{1}{\sqrt{2\pi}\sigma}e^{\frac{-x^2}{2\sigma^2}} \tag{1}$$

或

$$y=\frac{h}{\sqrt{\pi}}e^{-h^2x^2} \tag{2}$$

式中：h 为精确度指数；σ 为标准误差。

h 与 σ 的公式为：

$$h=\frac{1}{\sqrt{2}\sigma} \tag{3}$$

从图 1-1 的曲线可以看出，误差小的比误差大的出现的机会多，故误差的概率与误差大小有关，个别特别大的误差出现的次数极少。

正态分布曲线与 y 轴对称，因此数值大小相同、符号相反的正、负误差出现的概率近于相等。

如以 m 代表无限多次测量结果的平均值，在没有系统误差的情况下，它可以代表真值。σ 为无限多次测量所得标准误差。由数理统计方法分析可以得出，误差在 $\pm1\sigma$ 内出现的概率是 68.3%；在 $\pm2\sigma$ 内出现的概率是 95.5%；在 $\pm3\sigma$ 内出现的概率是 99.7%，可见误差超过 $\pm3\sigma$ 的出现概率只有 0.3%。因此，如果多次重复测量中个别的误差绝对值大于 $\pm3\sigma$，则这个极端值可以舍去。偶然误差虽不能完全消除，但基于误差理论对多次测量结果进行统计处理，可以获得被测定的最佳代表值及对测量精密度做出正确的评价。在环境科学或环境工程实验中，测量次数有限，若要采用这种统计处理方法进行严格计算可查阅有关参考书籍。

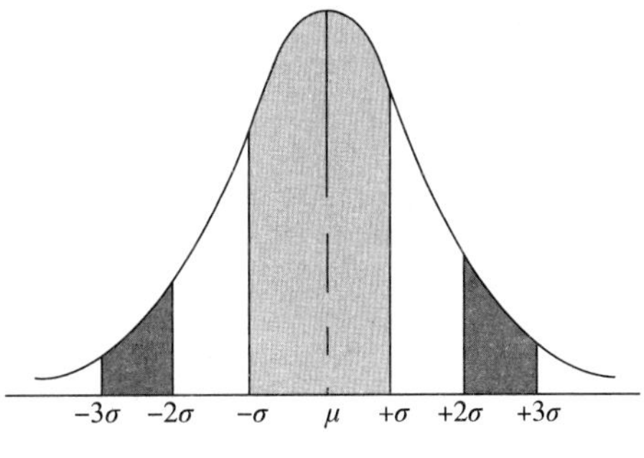

图 1-1　误差正态分布曲线

(3)过失误差：这是由于实验过程中犯的某种不应有的错误所引起的，如标度看错、记录写错、计算弄错等。此类误差无规则可寻，只要多加警惕、细心操作，过失误差是可以完全避免的。

2.准确度和精确度

准确度表示测定值与真值的接近程度,它反映偶然误差和系统误差的大小,一个分析方法和分析系统的准确度是反映该方法和该测量系统存在的系统误差和偶然误差的综合指标,它决定这个分析结果的可靠性。

准确度用绝对误差或相对误差表示。分析工作中可通过测量标准物质做加标试验测定回收率的方法评价分析方法和测量系统的准确度。

精密度表示各测量值相互接近的程度,它反映偶然误差的大小。测试的偶然误差越小,测试的精密度越高。可通过考察测试方法的平行性、重复性和再现性来说明其精密度。精密度通常用极差、算术平均偏差和相对平均偏差、标准偏差和相对标准偏差表示。

在一组测量中,尽管精密度很高,但准确度不一定很好;相反,若准确度好,精密度也不一定高。准确度与精密度的区别,可用图 1-2 加以说明。例如甲、乙、丙三人同时进行一次化学分析,各分析 4 次,其测定结果在图中以小圈表示。从图 1-2 可见,甲的测定结果的精密度很高,但平均值与真值相差较大,说明其准确度低;乙的测定结果的精密度不高,准确度也低;只有丙的测定结果的精密度和准确度均高。

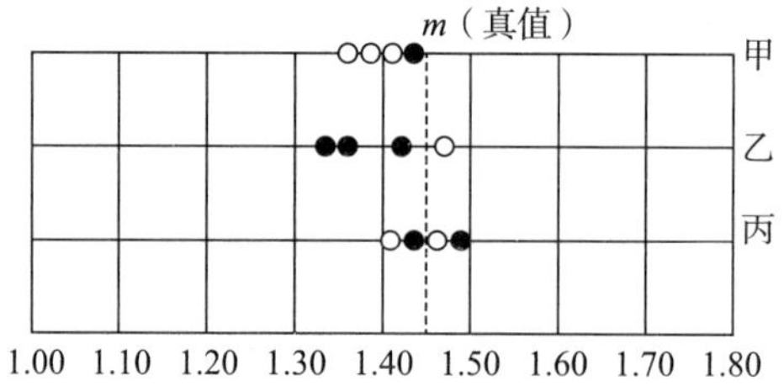

图 1-2 甲、乙、丙三人的测试结果示意图

必须指出的是,科学测量中只有设想的真值,通常是以运用正确测量方法并用校正过的仪器多次测量所得的算术平均值或使用文献手册的公认值来代替的。

3.绝对误差和相对误差

绝对误差是观测值与真值之差。相对误差是指绝对误差在真值中所占的百分数。它们分别可用下列两式表示:

绝对误差=观测值-真值

相对误差=绝对误差/真值×100%

绝对误差的表示单位与被测量值是相同的,而相对误差是无单位的,因此不同物理量的相对误差可以相互比较。无论是比较各种测量的精密度还是评定测量结果的准确度,采用相对误差更为方便。

4.平均误差和标准误差

为了说明测量结果的精密度,一般以单次测量结果的平均误差表示,即:

$$\bar{d}=\frac{|d_1|+|d_2|+\cdots+|d_n|}{n} \tag{4}$$

式中:d_1、d_2、…、d_n 为第 1、2、…、n 次测量结果的绝对误差。

$$\text{相对误差} = \frac{\bar{d}}{\bar{x}} \times 100\% \qquad (5)$$

用数理统计方法处理实验数据时，常用标准误差来衡量精密度。标准误差又称均方根误差，其定义为 $\sigma = \sqrt{\frac{\sum d_i^2}{n}}(i = 1,2,3,\cdots,n)$。

当测量次数不多时，测量的标准误差可用标准偏差代替，按下式计算：

$$\sigma = \sqrt{\frac{d_1^2 + d_2^2 + \cdots + d_n^2}{n-1}} = \sqrt{\frac{\sum d_i^2}{n-1}} \qquad (6)$$

式中：d 为 $\bar{x}/x_i$，$\bar{x}$ 为 n 个观测值的算术平均值；$n-1$ 为自由度，是指独立测定的次数减去处理这些观测值时所用的外加关系条件的数目。因此，在有限观测次数时，计算标准误差公式中采用 $n-1$ 的自由度就起到除去这个外加关系条件（$\bar{x}$ 等式）的作用。

用标准误差表示精密度要比用平均误差好，因为单次测量的误差平方后，较大的误差更显著地反映出来，这就更能说明数据的分散程度。例如，甲、乙二人打靶，每人两次，甲击中处离靶中心为 1 寸（1 寸＝3.33 cm）和 3 寸，乙击中处则为 2 寸和 2 寸。这两人射击的平均误差都为 2，但乙的射击精密度要比甲的高些，因为按照最小二乘法原理，甲的误差乘方和是 $1^2+3^2=10$，而乙的是 $2^2+2^2=8$。甲的标准误差为 $\sqrt{10}$，而乙的标准误差仅为 $\sqrt{8}$。因此，一些化学类实验在计算实验误差时，大多采用标准误差，而不用以百分数表示的算数平均误差。

1.6.2　实验数据处理

1. 有效数字与运算

在实验工作中，任一测试分析的准确度都是有限的，我们只能以某一近似值表示。因此测量数据的准确度就不能超过测量所允许的范围。如果任意将近似值保留过多的位数，反而歪曲测量结果的真实性。实际上有效数字的位数就指明了测量准确的幅度。现将有关有效数字和运算法则简述如下：

(1)记录测量数据时，一般只保留 1 位可疑数字。有效数字是指该数字在一个数量中所代表的大小。例如，一滴定管的读数为 32.47，其意义为十位数上为 3，个位数上为 2，十分位上为 4，百分位上为 7。从滴定管上的刻度来看，我们都知道要读到千分位是不可能的，因为刻度只刻到十分之一，百分之一已为估计值。所以在末位上，上下可能有正负一个单位的出入。这一末位数可认为是不准确的或可疑的，而其前边各数所代表的数值，则均为准确测量的。通常测量时，一般均可估计到最小刻度的十分位，所以在记录一数值时，只应保留 1 位不准确数字，其余数均为准确数字，我们称此时所记的数字均为有效数字。

在确定有效数字时，要注意"0"这个符号。紧接小数点后的 0 仅用来确定小数点的位置，并不作为有效数字。例如 0.00015 g 中小数点后 3 个 0 都不是有效数字，而 0.150 g 中的小数点后的 0 是有效数字。至于 350 mm 中的 0 就很难说是不是有效数字，最好用指数来表示，以 10 的次方前面的数字表示，如写成 3.5×10^2 mm，则表示有效数字为 2 位；写成 3.50×10^2 mm，则有效数字为 3 位；其余类推。

(2)在运算中舍去多余数字时采用四舍五入法。凡末位有效数字后面的第一位数大于 5，则在其前一位上增加1，小于5则舍去。等于5时，如前一位为奇数，则增加1，如前一位为偶数则舍去。例如，对27.0235取4位有效数字时，结果为27.02；取5位有效数字时，结果为27.024。但将27.015与27.025取4位有效数字时，则都为27.02。

(3)加减运算时，计算结果有效数字末位的位置应与各项中绝对误差最大的那项相同，或者说保留各小数点后的数字位数应与最小者相同。例如13.75、0.0084、1.642三个数据相加，若各数末位都有±1个单位的误差，则13.75的绝对误差±0.01为最大的，也就是小数点后位数最少的是13.75这个数，所以计算结果的有效数字的末位应在小数点后第二位，因此取舍后的数值应为13.75、0.01、1.64。

(4)若第一位有效数字等于8或大于8，则有效数字位数可多计1位。例如9.12实际上虽然只有3位，但在计算有效数字时，可作4位计算。

(5)乘除运算时，所得的积或商的有效数字，应以各值中有效数字最低者为标准。

例如，$2.3\times0.524=1.2$。

又如，1.751×0.0191，其中91的有效数字最低，但由于首位是9，故把它看成3位有效数字，其余各数都保留3位。因此上式计算结果为3.34×10^{-2}，保留3位有效数字。

在比较复杂的计算中，要按先加减、后乘除的方法，计算中间各步可保留各数值位数较以上规则多1位，以免由于多次四舍五入引起误差的积累，对计算结果带来较大影响，但最后结果仍只保留其应有的位数。

例如：$[0.663\times(78.24+5.5)/(881-851)]\times2=[(0.663\times83.7)/30]\times2=3.4$

(6)在所有计算式中，常数π、e及乘子(如$\sqrt{2}$)和一些取自手册的常数，可无限制地按需要取有效数字的位数。如：当计算式中有效数字最低者为2位，则上述常数可取2位或3位。

(7)在对数计算中，所取对数位数(对数首数除外)应与真数的有效数字相同。

①真数有几个有效数字，则其对数的尾数也应有几个有效数字。如：$\lg317.2=2.5013$；$\lg7.1\times10^{28}=28.85$。

②对数的尾数有几个有效数字，则其反对数也应有几个有效数字。如：$1.3010=\lg0.2000$；$0.652=\lg4.49$。

(8)在整理最后结果时，要按测量的误差进行化整，表示误差的有效数字一般只取1位，至多不超过2位，如：1.45±0.01，当误差第一位数为8或9时，只需保留1位。

任何一个物理量的数据，有效数字的最后一位，在位数上应与误差的最后一位相对应。如：测量结果为1223.78±0.054，化整记为1223.78±0.05。又如，测量结果为14356±86，化整记为$(1.436\pm0.009)\times10^4$。

(9)计算平均值时，若为4个数或超过4个数相平均，则平均值的有效数字位数可增加一位。

值得注意的是，环境工程中的一些公式中的系数不是用实验测得的，在计算中不考虑其位数。

2. 可疑数据的取舍

在分析整理实验数据时，有时会发现个别测量值与其他测量值相差很大，通常称它为可疑值。可疑值可能是由偶然误差造成的，也可能是由系统误差引起的。如果保留这样的数据，可能会影响平均值的可靠性。如果把属于偶然误差范围的数据任意舍去，可能暂时得到精密度较高的结果，但这是不科学的。以后在同样条件下再做实验时，超出该精密度的数据还会再次出现。因此，在整理数据时，应该注意正确地判断可疑值的取舍。

可疑值的取舍，实质上是区别离群较远的数据究竟是由偶然误差还是系统误差造成的。因此，应该按照统计检验的步骤进行处理。

（1）一组测定值中离群数据的检验　用于一组测定值中离群数据的检验方法有格拉布斯(Grubbs)检验法、狄克逊(Dixon)准则、肖维纳(Chauvenet)准则等。下面介绍其中的格拉布斯检验法。

设有一组测定值 x_1、x_2、…、x_n，测定次数为 n，其中 x_i 可疑，检验步骤如下：

①计算 n 个测定值的平均值(包括可疑值)$\bar{x}$；

②计算标准差 S；

③计算 T 值，公式为：

$$T_i=(x_i-\bar{x})/S \tag{7}$$

根据给定的显著性水平 a 和测定的次数 n，由手册查出格拉布斯检验临界值 T_a。

若 $T_i > T_{0.01}$，则该可疑值为离群数组，可舍去；$T_{0.05} < T_i < T_{0.01}$，则该可疑值为偏离数值；若 $T_i \leqslant T_{0.01}$，则该可疑值为正常数值。

（2）多组测定值的均值中离群数据的检验　多组测定值均值的可疑值也常用格拉布斯检验法，其步骤与一组测定值所用的格拉布斯检验法类似：

①计算 m 组测定值的平均值 $\bar{x}_1$、$\bar{x}_2$、…、$\bar{x}_m$(其中 m 为组数)；

②计算上列平均值(称为总平均值)和标准差 $S_{\bar{x}}$，公式为：

$$\bar{\bar{x}}=\frac{1}{m}\sum_{i=1}^{m}\overline{x_i} \tag{8}$$

$$S_{\bar{x}}=\sqrt{\frac{1}{m-1}\sum_{i=1}^{m}(\overline{x_i}-\bar{\bar{x}})^2} \tag{9}$$

③计算 T 值，设 x_i 为可疑均值，则

$$T_i=\frac{\overline{x_i}-\bar{\bar{x}}}{S_{\bar{x}}} \tag{10}$$

查出临界值 T:用组数 m 查相关手册(将表中 n 改为 m 即可)，得到 T，若 T_i 大于临界值 T，$\bar{x}_i$ 应弃去，反之则保留。

第2章 环境监测实验

实验2-1 废水悬浮物浓度和浊度的测定

[实验目的]

(1)了解悬浮物、浊度的基本概念。

(2)掌握废水悬浮物浓度和浊度的测定方法。

[实验原理]

水中悬浮物浓度、浊度是衡量水质的重要指标。

地表水中存在的悬浮物使水体浑浊，透明度降低，影响水生生物的正常活动。造纸、皮革、冲渣、选矿、湿法粉碎和喷淋除尘等工业操作中产生大量含无机、有机悬浮物的废水。因此，在水处理和废水处理中测定悬浮物具有特定意义。

悬浮物(不可滤残渣)指不能通过孔径为0.45 μm的滤膜的固体物。水中悬浮物含量即用0.45 μm滤膜过滤水样，经103～105 ℃烘干至恒重，得到的不可滤残渣的含量。

浊度指水中悬浮物对光线透过时所发生的阻碍程度。水中含有的泥土、粉砂、微细有机物、无机物、浮游生物等悬浮物和胶体物都可使水样呈现浊度。水的浊度大小不仅和水中存在的颗粒物含量有关，还和其粒径大小、形状、颗粒表面对光散射特性有密切关系。本次实验浊度的测定采用分光光度法。在适当温度下，硫酸肼与六次甲基四胺聚合，形成白色高分子聚合物，以此作浊度标准液，在一定条件下与水样浊度相比较。

[实验器材]

(1)药品及试剂：蒸馏水、硫酸肼、六次甲基四胺。

(2)仪器及其他：烘箱、分析天平、干燥器、孔径为0.45 μm的滤膜及相应的滤器、抽滤瓶、无齿扁镊子、内径为30～50 mm的称量瓶、50 mL比色管、分光光度计。

[实验步骤]

1. 悬浮物浓度测定

(1)滤膜准备：镊子夹取滤膜置于称量瓶中，打开瓶盖，在103～105 ℃烘干0.5 h，取出置于干燥器中，冷却至室温后盖好瓶盖称重，反复烘干冷却称重，直至恒重(两次称量重量差≤0.2 mg)。将恒重的滤膜正确放置在滤器上，以蒸馏水湿润滤膜，并不断吸滤。

(2)水样测定：量取一定体积充分混合均匀的水样，通过上面称至恒重的滤膜过滤，以每次

10 mL 蒸馏水洗残渣 3 次，继续吸滤以除去痕量水分。停止吸滤后，小心取出滤膜，放入称量瓶内，移入 103～105 ℃烘箱中，打开瓶盖烘 1 h 后移入干燥器中，冷却至室温，称重。反复烘干、冷却、称重，直至恒重（两次称量重量差≤0.4 mg）。

（3）悬浮物浓度（mg/L）计算式：

$$\text{悬浮物浓度} = \frac{(A-B)\times 1000\times 1000}{V} \tag{1}$$

式中：A 为悬浮固体＋滤膜＋称量瓶重，g；B 为滤膜＋称量瓶重，g；V 为水样体积，mL。

2. 浊度测定

（1）浊度贮备液：称取 1.000 g 硫酸肼溶于水中，定容至 100 mL；称取 10.00 g 六次甲基四胺溶于水中，定容至 100 mL。

浊度标准溶液：吸取 5.00 mL 硫酸肼贮备液与 5.00 mL 六次甲基四胺贮备液于 100 mL 容量瓶中，混匀。于（25±3）℃静置反应 24 h 后用水稀释至标线，混匀。此溶液浊度为 400 度。可保存一个月。

（2）标准曲线绘制：吸取浊度标准溶液 0、0.50、1.25、2.50、5.00、10.00、12.50 mL 置于 50 mL 比色管中，加水至标线。摇匀后即得浊度为 0、4、10、20、40、80、100 的标准系列。于 680 nm 波长处，测定吸光度，绘制标准曲线。

（3）水样的测定：吸适量摇匀水样于 50 mL 比色管中，加水稀释至标线，测定吸光度值，由校准标准曲线上查得水样浊度。

（4）浊度计算式：

$$\text{浊度}=\frac{A\times 50}{V} \tag{2}$$

式中：A 为从标准曲线上查得的水样浊度，度；V 为所取水样体积，mL。

[注意事项]

（1）树叶、木棒、水草等杂质不属于悬浮物质，测定悬浮物前应先从水中除去。

（2）本实验两项水质指标应作平行测定。

[思考题]

（1）浊度和悬浮物的质量浓度有无关系？为什么？

（2）滤纸截留过多悬浮物可能带来什么问题？如何解决？

实验 2-2　色度的测定

[实验目的]

（1）掌握铂钴比色法和稀释倍数法测定水和废水的色度方法，以及不同方法所适用的范围。

(2)掌握测定过程中仪器的操作。

[实验原理]

纯水是无色透明的，当水中存在某些物质时，会表现出一定的颜色。溶解性有机物、部分无机离子和有色悬浮微粒均可使水着色。天然水和轻度污染水可用铂钴比色法测定色度。

用氯铂酸钾与氯化钴配成标准色列，与水样进行目视比色。每升水含 1 mg 铂和 0.5 mg 钴时所具有的颜色，称为 1 度，作为标准色度单位。如水样浑浊，则放置澄清，也可用离心法或用孔径 0.45 μm 的滤膜过滤以去除悬浮物，但不能用滤纸过滤，因滤纸可吸附部分溶解于水的色素。

[实验器材]

(1)药品及试剂：氯铂酸钾、氯化钴、盐酸、蒸馏水。

(2)仪器及其他：50 mL 具塞比色管。

[实验步骤]

(1)铂钴标准溶液配制：称取 1.246 g 氯铂酸钾(相当于 500 mg 铂)及 1.000 g 氯化钴(相当于 250 mg 钴)，溶于 100 mL 水中，加 100 mL 盐酸，用水定容至 1000 mL。此溶液色度为 500 度，保存在密塞玻璃瓶中，存放暗处。

(2)标准色列的配制：向 50 mL 比色管中加入 0、0.5、1.0、1.5、2.0、2.5、3.0、3.5、4.0、4.5、5.0、6.0 和 7.0 mL 铂钴标准溶液，用水稀释至标线，混匀。各管的色度依次为 0、5、10、15、20、25、30、35、40、45、50、60 和 70 度。密塞保存。

(3)水样的测定：吸取 50 mL 澄清透明水样于比色管中，如水样色度较大，可酌情少取水样，用水稀释至 50 mL。

将水样与标准色列进行目视比较。观察时，可将比色管置于白瓷板或白纸上，使光线从管底部向上透过液柱，目光自管口垂直向下观察，记下与水样色度相同的铂钴标准色列的色度。

[结果计算]

$$色度=\frac{A\times 50}{B}$$

式中：A 为稀释后水样相当于铂钴标准色列的色度，度；B 为水样的体积，mL。

[注意事项]

(1)可用重铬酸钾代替氯铂酸钾配制标准色列。方法是：称取 0.0437 g 重铬酸钾和 1.000 g 硫酸钴，溶于少量水中，加入 0.50 mL 硫酸，用水稀释至 500 mL。此溶液的色度为 500 度。不宜久存。

(2)如果水样品中有泥土或其他分散很细的悬浮物，虽经预处理而得不到透明水样时，则只测其表色。

[思考题]

(1)测定水色度时,水中悬浮物的去除方法有哪些？为什么不能用滤纸过滤？
(2)受污染较严重的工业废水的色度应用何种方法进行测定？

实验 2-3　溶解氧的测定

[实验目的]

(1)了解水体中溶解氧含量与水质的关系。
(2)了解溶解氧的测定方法。
(3)掌握碘量法测定溶解氧的原理及操作过程。

[实验原理]

溶解氧是水质的一个重要参数,由于污染物在水中的氧化还原作用会消耗溶解氧,因此,一般清洁的水体中溶解氧含量高于污染水体。水体中溶解氧主要来源于大气中氧气在水中的溶解以及水体植物光合作用释放的氧气。

溶解氧的测定主要有碘量法和电极法。碘量法中,主要干扰物质有亚硝酸、铁等,因此,针对不同的水质情况,需要采取相应的方法消除干扰,如,水体亚硝酸的干扰,可采用叠氮化钠修正法进行消除。

碘量法的主要原理为在水中加入硫酸锰和碱性碘化钾溶液,生成的氢氧化锰沉淀与水中溶解氧反应生成棕色的四价锰沉淀物,加入硫酸溶解沉淀,四价锰与碘离子反应析出碘,以硫代硫酸钠标准溶液滴定析出的碘的含量,间接计算出水中溶解氧的含量。

$$MnSO_4 + 2NaOH \rightarrow Na_2SO_4 + Mn(OH)_2 \downarrow$$

$$2Mn(OH)_2 + O_2 \rightarrow 2MnO(OH)_2 \downarrow \text{(棕色沉淀)}$$

$$MnO(OH)_2 + 2H_2SO_4 \rightarrow Mn(SO_4)_2 + 3H_2O$$

$$Mn(SO_4)_2 + 2KI \rightarrow MnSO_4 + K_2SO_4 + I_2$$

$$2Na_2S_2O_3 + I_2 \rightarrow Na_2S_4O_6 + 2NaI$$

[实验器材]

(1)药品及试剂:硫酸锰、碱性碘化钾、硫酸、硫代硫酸钠、淀粉。
(2)仪器及其他:恒温培养箱、细口玻璃瓶、量筒、玻璃棒、溶解氧瓶、虹吸管。

[实验步骤]

(1)乳胶管插入溶解氧瓶底部,收集水样,至水样从瓶口溢流 10 min 左右。
(2)打开瓶塞,用移液管于液面下加入 1 mL $MnSO_4$溶液和 2 mL 碱性 KI 溶液,盖上塞,颠倒混合数次，待沉淀降至瓶内一半高度时，再颠倒混合1次，静置，待沉淀全部降至瓶底。

(3)打开瓶塞，于液面下加入2 mL浓硫酸，盖好瓶塞，颠倒混合至沉淀完全溶解，于暗处静置5 min。

(4)移取上述溶液100 mL于锥形瓶中，用硫代硫酸钠滴定至淡黄色，加入0.5%淀粉1 mL，继续滴定至蓝色刚好褪去，记录硫代硫酸钠的用量。

[结果计算]

溶解氧的计算按照下式：

$$DO=\frac{M\times V\times 8\times 1000}{100}$$

式中：DO为溶解氧含量，mg/L；M为硫代硫酸钠的浓度，mol/L；V为滴定消耗硫代硫酸钠体积，mL。

[注意事项]

向溶解氧瓶装样时应注意水的流速不应过大，严禁气泡产生。

[思考题]

(1)亚硝酸是如何影响溶解氧的测定结果的？

(2)向溶解氧瓶中添加试剂时，为什么要在液面以下操作？

(3)滴定时，为什么要先滴定至淡黄色后再加淀粉作指示剂？

实验2-4 水的电导率的测定

[实验目的]

(1)了解电导率的含义。

(2)掌握电导率测定水质的意义及其测定方法。

[实验原理]

电导率是以数字表示溶液传导电流的能力。纯水的电导率很小，当水中含有无机酸、碱、盐或有机带电胶体时，电导率就增加。电导率常用于间接测定水中带电荷物质的总浓度。水溶液的电导率取决于带电荷物质的性质和浓度、溶液的温度和黏度等。

电导率的标准单位是S/m(西门子/米)，实际中也使用mS/m(毫西门子/米)或μS/cm(微西门子/厘米)。

单位间的换算关系为

$$1\ mS/m=0.01\ mS/cm=10\ \mu S/cm$$

新蒸馏水电导率为 0.05～0.2 mS/m，存放一段时间后，由于空气中的二氧化碳或氨的溶入，电导率可上升至 0.2～0.4 mS/m；饮用水电导率在 5～150 mS/m，海水电导率约为 3000 mS/m，清洁河水电导率为 10 mS/m。电导率随温度变化而变化，温度每升高 1 ℃，电导率增加约 2%，通常规定 25 ℃为测定电导率的标准温度。

电导率是电阻的倒数，当两个电极（通常为铂电极或铂黑电极）插入溶液中，可以测出两电极间的电阻 R。温度一定时，电阻值与电极的间距 L(cm) 成正比，与电极截面积 A(cm^2) 成反比，即：

$$R=\rho\times L/A$$

电极截面积 A 与间距 L 都是固定不变的，故 L/A 是一个常数，叫作电导池常数（以 Q 表示）。ρ 叫作电阻率，其倒数 $1/\rho$ 即为电导率，以 K 表示。

$$K=1/\rho=L/(R\times A)=Q/R$$

当已知电导池常数，并测出电阻后，即可求出电导率。

[实验器材]

(1)药品及试剂：纯水（电导率小于 0.1 mS/m）、氯化钾。

(2)仪器及其他：电导率仪、温度计、恒温水浴锅。

[实验步骤]

(1)氯化钾标准溶液，0.0100 mol/L：称取 0.7456 g 氯化钾于 105 ℃干燥 2 h 并冷却，溶于纯水中，25 ℃下定容至 1000 mL，此溶液在 25 ℃时的电导率为 141.3 mS/m。必要时适当稀释，各种浓度氯化钾溶液的电导率见表 2-1。

表 2-1　不同浓度氯化钾溶液的电导率(25 ℃)

浓度/(mol/L)	电导率/(mS/m)	电导率/(μS/cm)
0.0001	1.49	14.94
0.0005	7.39	73.9
0.0010	14.70	147.0
0.0050	71.78	717.8

(2)水样电导率检测：阅读电导率仪使用说明书，恒温 25 ℃下测定水样的电导率，以 μS/cm 表示。在任意水温下测定，测定的同时必须记录水样温度。

[结果计算]

样品测定结果按下式计算：

$$K_{25}=K_t/[1+a(t-25)]$$

式中：K_{25} 为水样在 25 ℃时电导率，μS/cm；K_t 为水样在 t ℃时的电导率，μS/cm；a 为各种离子电导率的平均温度系数，取值 0.022；t 为测定时水样品温度，℃。

[注意事项]

电导率仪使用前要用标准氯化钾溶液校准。

[思考题]

(1)为何测定电导率时需要明确测定时的溶液温度?

(2)水样采集后如不封存或尽快测定,空气中的哪些成分会影响测定结果?

实验 2-5 化学需氧量(COD_{Cr})的测定

[实验目的]

(1)了解 COD_{Cr}的含义。

(2)掌握消解仪的使用方法。

(3)掌握 COD_{Cr}的测定方法。

[实验原理]

化学需氧量(COD_{Cr})是以氧化水体中还原性物质所消耗的重铬酸钾的量来表示的,是水体受有机物污染程度的综合指标。

采用硫酸-重铬酸钾消解体系,加热条件下消解水样,使水体中有机物与重铬酸钾反应,剩余的重铬酸钾用硫酸亚铁铵滴定,间接求出 COD_{Cr}值(表 2-2)。

表 2-2 不同 COD_{Cr}值的水样应选择的重铬酸钾消解液浓度

COD_{Cr}值/(mg/L)	<50	50~1000	1000~2000
重铬酸钾消解液浓度/(mol/L)	0.05	0.20	0.40

[实验器材]

(1)药品及试剂:重铬酸钾、试亚铁灵指示剂、硫酸亚铁铵、硫酸、硫酸银、硫酸汞。

(2)仪器及其他:消解仪、消解管、滴定管。

[实验步骤]

1. 试剂配制

(1)0.100 mol/L 重铬酸钾(1/6 $K_2Cr_2O_7$)溶液:精确称取在 120 ℃下烘干 2 h 的优级纯重铬酸钾 4.9032 g,溶于蒸馏水中,转入容量瓶定容至 1000 mL。

(2)试亚铁灵指示剂:称取 1.485 g 邻菲罗啉与 0.695 g 硫酸亚铁溶于蒸馏水中,定容至 100 mL。

(3)0.025 mol/L 硫酸亚铁铵标准液:称取 9.875 g 硫酸亚铁铵溶于蒸馏水中,边搅拌边加入 20 mL 浓硫酸,冷却后定容至 1000 mL。准确浓度在实验当天用重铬酸钾标准液标定。

(4)硫酸-硫酸银溶液:500 mL 浓硫酸中加入 5 g 硫酸银固体,放置 1～2 d,摇匀使固体溶解。

(5)硫酸汞溶液:称取 10.0 g 硫酸汞,溶解于 100 mL 10%硫酸中。

2. 样品检测

(1)准确吸取 2.00 mL 样品于消解管中,加入 2.00 mL 浓度为 0.100 mol/L 重铬酸钾消解液,3.00 mL 硫酸-硫酸银溶液作为催化剂,摇匀。

(2)将消解管置于消解仪上,在 165 ℃下消解 45 min,取出冷却至室温,打开管塞,将液体转移至锥形瓶中,用 20 mL 蒸馏水分 3 次冲洗消解管,冲洗液并入锥形瓶中。

(3)加入 2～3 滴试亚铁灵指示剂,用 0.025 mol/L 硫酸亚铁铵滴定,溶液颜色由黄色经蓝绿色,最后变为红褐色即为终点,记录硫酸亚铁铵使用量。

[结果计算]

样品的 COD_{Cr} 计算按照下式:

$$COD_{Cr}=[(V_0-V_1)\times c\times 8\times 1000]/V_2$$

式中:COD_{Cr} 为化学需氧量,mg/L;V_0 为空白消耗硫酸亚铁铵的量,mL;V_1 为水样消耗硫酸亚铁铵的量,mL;V_2 为水样体积,mL;c 为硫酸亚铁铵标准溶液浓度,mol/L。

[注意事项]

每次吸取试剂和水样前,应先将试剂和水样摇匀,以免影响测定结果。

[思考题]

(1)消解过程中,溶液颜色变成绿色是什么原因,应如何处理?

(2)滴定过程中,颜色的变化原因是什么?

(3)高锰酸盐指数与 COD_{Cr} 之间存在哪些区别?

实验 2-6　五日生化需氧量(BOD_5)的测定

[实验目的]

(1)掌握 BOD_5 的含义。

(2)了解 BOD_5 测定方法。

(3)掌握稀释法测定 BOD_5 的方法及操作过程。

[方法原理]

适宜条件下,微生物可分解水中某些有机物,并消耗水中的溶解氧。五日生化需氧量是以微生物在 20 ℃条件下培养 5 d 所消耗的溶解氧含量，用来表示水体有机物污染程度，这5 天是有机物的碳氧化阶段，不涉及硝化阶段。

通常情况下，水样充满完全密闭的溶解氧瓶，在(20±1)℃的暗处培养 5 d±4 h 或(2+5)d±4 h[先在 0～4 ℃暗处培养 2 d，接着在(20±1)℃暗处培养 5 d，即培养(2+5)d]，分别测定培养前后水样中溶解氧的质量浓度，由培养前后溶解氧的质量浓度之差，计算每升样品消耗的溶解氧量，以 BOD_5 形式表示。

足够的微生物、5 d 内足够的溶解氧供应是好氧过程的两个必要条件，若样品中的有机物含量较多，BOD_5 的质量浓度大于 6 mg/L，样品需适当稀释后测定。对不含或含微生物少的工业废水，如酸性废水、碱性废水、高温废水、冷冻保存的废水或经过氯化处理等的废水，在测定 BOD_5 时应进行接种，以引进能分解废水中有机物的微生物。当废水中存在难以被一般生活污水中的微生物以正常的速度降解的有机物或含有剧毒物质时，应将驯化后的微生物引入水样中进行接种。

考虑到实际水体中微生物的含量、有机污染物浓度等情况，测定方法分直接培养测定、稀释培养测定、接种培养测定、稀释接种培养测定等。在测定前必须了解水体的水质情况，酌情选择相应的方法。对于有毒废水，应考虑微生物的生物量情况；对于有机污染严重的水体，应考虑稀释倍数的问题。稀释倍数可通过已测定的其他水质参数(如 COD_{Cr}、TOC、高锰酸盐指数等)值来估计，所选稀释倍数是否合理，最后通过实验数据来判断。如 5 d 消耗的溶解氧大于 2 mg/L 且最后 1 天剩余的溶解氧大于 2 mg/L，说明数据有效，否则稀释倍数可能过高或过低。

[实验器材]

(1)药品及试剂：蒸馏水、磷酸二氢钾、磷酸氢二钾、七水合磷酸氢二钠、氯化铵、硫酸镁、氯化钙、氯化铁、盐酸、氢氧化钠、亚硫酸钠、葡萄糖、谷氨酸、丙烯基硫脲、乙酸、碘化钾、淀粉。

(2)仪器及其他：滤膜(孔径为 1.6 μm)、溶解氧瓶、稀释容器(1000～2000 mL 的量筒或容量瓶)、虹吸管、溶解氧测定仪、恒温培养箱、曝气装置。

[实验步骤]

(一)溶液配制

1. 盐溶液

(1)磷酸盐缓冲溶液：将 8.5 g 磷酸二氢钾(KH_2PO_4)、21.8 g 磷酸氢二钾(K_2HPO_4)、33.4 g 七水合磷酸氢二钠($Na_2HPO_4 \cdot 7H_2O$)和 1.7 g 氯化铵(NH_4Cl)溶于水中，稀释至 1000 mL，此溶液在 0～4℃可稳定保存 6 个月。此溶液的 pH 为 7.2。

(2)硫酸镁溶液[$c_{(MgSO_4)}=11.0$ g/L]：将 22.5 g 七水合硫酸镁($MgSO_4 \cdot 7H_2O$)溶于水中，稀释至 1000 mL，此溶液在 0～4 ℃可稳定保存 6 个月，若发现任何沉淀或微生物生长应弃去。

(3)氯化钙溶液[$c_{(CaCl_2)}=27.6$ g/L]：将 27.6 g 无水氯化钙($CaCl_2$)溶于水中，稀释至 1000 mL，此溶液在 0～4 ℃可稳定保存 6 个月，若发现任何沉淀或微生物生长应弃去。

(4)氯化铁溶液[$c_{(FeCl_3)}$=0.15 g/L]:将 0.25 g 六水合氯化铁($FeCl_3 \cdot 6H_2O$)溶于水中，稀释至 1000 mL,此溶液在 0～4 ℃可稳定保存 6 个月，若发现任何沉淀或微生物生长应弃去。

2. 稀释水

在 5～20 L 的玻璃瓶中加入一定量的水，控制水温在(20±1)℃,用曝气装置至少曝气 1 h,使稀释水中的溶解氧达到 8 mg/L 以上。使用前每升水中加入上述 4 种盐溶液各 1.0 mL,混匀，20 ℃保存。在曝气的过程中防止污染，特别是防止带入有机物、金属、氧化物或还原物。稀释水中氧的浓度不能过饱和，使用前需开口放置 1 h,且应在 24 h 内使用。剩余的稀释水应弃去。

3. 接种稀释水

根据接种液的来源不同，每升稀释水中加入适量接种液：城市生活污水和污水处理厂出水加 1～10 mL,河水或湖水加 10～100 mL,将接种稀释水存放在(20±1)℃的环境中，当天配制当天使用。接种的稀释水 pH 为 7.2,BOD_5应小于 1.5 mg/L。

4. 盐酸溶液

$c_{(HCl)}$=0.5 mol/L:将 40 mL 浓盐酸溶于水中，稀释至 1000 mL。

5. 氢氧化钠溶液

$c_{(NaOH)}$=0.5 mol/L:将 20 g 氢氧化钠溶于水中，稀释至 1000 mL。

6. 亚硫酸钠溶液

$c_{(Na_2SO_3)}$=0.025 mol/L:将 1.575 g 亚硫酸钠溶于水中，稀释至 1000 mL。此溶液不稳定，需现用现配。

7. 葡萄糖-谷氨酸标准溶液

将葡萄糖($C_6H_{12}O_6$,优级纯)和谷氨酸(优级纯)在 130 ℃干燥 1 h,各称取 150 mg 溶于水，在 1000 mL 容量瓶中稀释至标线。此溶液 BOD_5 为(210±20) mg/L,现用现配。该溶液也可少量冷冻保存，融化后立刻使用。

8. 丙烯基硫脲硝化抑制剂

$c_{(C_4H_8N_2S)}$=1.0 g/L：溶解 0.20 g 丙烯基硫脲于 200 mL 水中混合，4 ℃保存，此溶液可稳定保存 14 d。

9. (1+1)乙酸

相同体积乙酸与水混合。

10. 碘化钾溶液

$c_{(KI)}$=100 g/L:将 10 g 碘化钾溶于水中，稀释至 100 mL。

11. 淀粉溶液

c=5 g/L:将 0.50 g 淀粉溶于水中，稀释至 100 mL。

(二)样品检测

1. 非稀释法

非稀释法分为两种情况:非稀释法和非稀释接种法。

如样品中的有机物含量较少,BOD_5的质量浓度不大于6 mg/L,且样品中有足够的微生物,用非稀释法测定。若样品中的有机物含量较少,BOD_5的质量浓度不大于6 mg/L,但样品中无足够的微生物,如酸性废水、碱性废水、高温废水、冷冻保存的废水或经过氯化处理的废水,采用非稀释接种法测定。

(1)试样的准备

①待测试样:测定前待测试样的温度达到(20±2)℃,若样品中溶解氧浓度低,需要用曝气装置曝气15 min,充分振荡除去样品中残留的空气泡;若样品中氧过饱和,将容器2/3体积充满样品,用力振荡除去过饱和氧。然后根据试样中微生物含量情况确定测定方法,非稀释法可直接取样测定;非稀释接种法,每升试样中加入适量的接种液,待测定。若试样中含有硝化细菌,有可能发生硝化反应,需在每升试样中加入2 mL丙烯基硫脲硝化抑制剂。

②空白试样:非稀释接种法,每升蒸馏水(溶解氧含量与样品接近)中加入与样品相同量的接种液作为空白试样,需要时每升样品中加入2 mL丙烯基硫脲硝化抑制剂。

(2)试样的测定:将试样充满两个溶解氧瓶,少量溢出,使瓶中存在的气泡靠瓶壁排出。将其中一瓶盖上瓶盖,加上水封,在瓶盖外罩上一个密封罩,防止培养期间水封水蒸发干,在恒温培养箱中培养5 d±4 h或(2+5)d±4 h后测定试样中溶解氧的质量浓度。另一瓶15 min后测定试样在培养前溶解氧的质量浓度。

溶解氧的测定可按碘量法或电化学探头法进行操作。

空白试样的测定方法同样品。

2. 稀释法

稀释法分为两种情况:稀释法和稀释接种法。

若试样中的有机物含量较多,BOD_5的质量浓度大于6 mg/L,且样品中有足够的微生物,采用稀释法测定;若试样中的有机物含量较多,BOD_5的质量浓度大于6 mg/L,但试样中无足够的微生物,采用稀释接种法测定。

(1)试样的准备

①待测试样:稀释法测定,稀释倍数按表2-3和表2-4方法确定,然后用稀释水稀释样品。稀释接种法测定,用接种稀释水稀释样品。若样品中含有硝化细菌,有可能发生硝化反应,需在每升试样培养液中加入2 mL丙烯基硫脲硝化抑制剂。

样品稀释的合理程度由以下标准确定:消耗的溶解氧质量浓度不小于2 mg/L,培养后样品中剩余溶解氧质量浓度不小于2 mg/L,试样中剩余的溶解氧的质量浓度为开始浓度的1/3～2/3最佳。

根据样品总有机碳(TOC)、高锰酸盐指数(I_{Mn})或化学需氧量(COD_{Cr})的测定值,按表2-3列出的BOD_5/TOC、BOD_5/I_{Mn}或BOD_5/COD_{Cr}可估计BOD_5的期望值(R与样品的类型有关),再根据表2-4确定稀释倍数。当不能准确地选择稀释倍数时,一个样品做2～3个不同的稀释倍数。

表 2-3　典型的比值 *R*

水样类型	总有机碳 R (BOD_5/TOC)	高锰酸盐指数 R (BOD_5/I_{Mn})	化学需氧量 R (BOD_5/COD_{Cr})
未处理的废水	1.2～2.8	1.2～1.5	0.35～0.65
生化处理的废水	0.3～1.0	0.5～1.2	0.20～0.35

由表 2-3 中选择适当的 R 值，按公式(1)计算 BOD_5 的期望值：

$$\rho = RY \tag{1}$$

式中：ρ 为五日生化需氧量浓度的期望值，mg/L；Y 为样品总有机碳（TOC）、高锰酸盐指数（I_{Mn}）或化学需氧量（COD_{Cr}）的测定值，mg/L。

由估算出的 BOD_5 期望值，按表 2-4 确定样品的稀释倍数。

表 2-4　BOD_5 测定的稀释倍数

BOD_5 期望值/(mg/L)	稀释倍数	水样类型
6～12	2	河水，生物净化的城市污水
10～30	5	河水，生物净化的城市污水
20～60	10	生物净化的城市污水
40～120	20	澄清的城市污水或轻度污染的工业废水
100～300	50	轻度污染的工业废水或原城市污水
200～600	100	轻度污染的工业废水或原城市污水
400～1200	200	重度污染的工业废水或原城市污水
1000～3000	500	重度污染的工业废水
2000～6000	1000	重度污染的工业废水

按确定的稀释倍数，将一定体积的试样用虹吸管加入已加部分稀释水或接种稀释水的稀释容器中，加稀释水或接种稀释水至刻度，轻轻振荡避免残留气泡，待测定。若稀释倍数超过 100 倍，可采用两步或多步稀释。

②空白试样：稀释法测定，空白试样为稀释水，需要时每升稀释水中加入 2 mL 丙烯基硫脲硝化抑制剂。

(2)试样的测定：与非稀释法相同。

本实验根据前面实验测定的 COD_{Cr} 值估算稀释倍数，按相应方法进行试验。

[结果计算]

1. 非稀释法

非稀释法按公式(2)计算样品 BOD_5 的测定结果：

$$\rho = \rho_1 - \rho_2 \tag{2}$$

式中：ρ 为五日生化需氧量质量浓度，mg/L；ρ_1 为水样在培养前的溶解氧质量浓度，mg/L；ρ_2 为水样在培养后的溶解氧质量浓度，mg/L。

2. 非稀释接种法

非稀释接种法按公式(3)计算样品 BOD_5 的测定结果：

$$\rho=(\rho_1-\rho_2)-(\rho_3-\rho_4) \tag{3}$$

式中：ρ 为五日生化需氧量质量浓度，mg/L；ρ_1 为接种水样在培养前的溶解氧质量浓度，mg/L；ρ_2 为接种水样在培养后的溶解氧质量浓度，mg/L；ρ_3 为空白样在培养前的溶解氧质量浓度，mg/L；ρ_4 为空白样在培养后的溶解氧质量浓度，mg/L。

3. 稀释法与稀释接种法

稀释法和稀释接种法按公式(4)计算样品 BOD_5 的测定结果：

$$\rho=\frac{(\rho_1-\rho_2)-(\rho_3-\rho_4)\cdot f_1}{f_2} \tag{4}$$

式中：ρ 为五日生化需氧量质量浓度，mg/L；ρ_1 为接种稀释水样在培养前的溶解氧质量浓度，mg/L；ρ_2 为接种稀释水样在培养后的溶解氧质量浓度，mg/L；ρ_3 为空白样在培养前的溶解氧质量浓度，mg/L；ρ_4 为空白样在培养后的溶解氧质量浓度，mg/L；f_1 为接种稀释水或稀释水在培养液中所占的比例；f_2 为原样品在培养液中所占的比例。

BOD_5 测定结果以氧的质量浓度(mg/L)表示。如果有几个稀释倍数的结果满足要求，结果取这些稀释倍数结果的平均值。结果小于 100 mg/L，保留 1 位小数；100～1000 mg/L，取整数位；大于 1000 mg/L 以科学计数法表示。结果报告中应注明样品是否经过过滤、冷冻或均质化处理。

[注意事项]

(1)每批样品做 2 个空白试样，稀释法空白试样的测定结果不能超过 0.5 mg/L，非稀释接种法和稀释接种法空白试样的测定结果不能超过 1.5 mg/L，否则应检查可能的污染来源。

(2)接种液、稀释水质量的检查：每批样品要求做 1 个标准样品，样品的配制方法如下：取 20 mL 葡萄糖-谷氨酸标准溶液于稀释容器中，用接种稀释水稀释至 1000 mL，测定 BOD_5，测定结果 BOD_5 应在 180～230 mg/L，否则应检查接种液、稀释水的质量。

[思考题]

(1) BOD_5 的含义是什么，为什么以培养 5 d 的消耗量作为指标的测定值，而不是更长时间或短时间的培养？

(2)对于工业废水，测定生化需氧量时应考虑哪些因素？

(3)稀释水如何配制？

实验 2-7　氨氮的测定——纳氏试剂比色法

[实验目的]

(1)了解氨氮的几种测定方法。

(2)掌握分光光度计的使用、标准曲线的绘制及有关计算方法。

(3)熟悉纳氏试剂比色法测定氨氮的原理及过程。

[实验原理]

氮是蛋白质、核酸、酶、维生素等有机物的重要组分。纯净天然水体中的含氮物质是很少的,水体中含氮物质的主要来源是生活污水和某些工业废水。当含氮有机物进入水体后,由于微生物和氧的作用,可以逐步分解或氧化为无机氨(NH_3)、铵(NH_4^+)、亚硝酸盐(NO_2^-)和最终产物(NO_3^-)。

氨和铵中的氮称为氨氮(NH_3-N)。水中氨氮的含量在一定程度上反映了含氮有机物的污染情况。在《地表水环境质量标准》(GB 3838—2002)中,氨氮是重要的监测指标。

氨氮的测定方法通常有纳氏试剂比色法、苯酚-次氯酸盐(或水杨酸-次氯酸盐)比色法和电极法等。纳氏试剂比色法具有操作简便、灵敏等特点,但钙、镁、铁等金属离子,硫化物,醛,酮类,以及水中色度和浑浊等干扰测定,需要相应的预处理来消除。苯酚-次氯酸盐比色法具有灵敏、稳定等优点,干扰情况和消除方法同纳氏试剂比色法。电极法通常不需要对水样进行预处理,具有测量范围宽等优点。氨氮含量较高时,可采用蒸馏-酸滴定法。

氨氮与纳氏试剂反应生成淡红棕色络合物,反应方程式如下,该络合物的吸光度与氨氮含量成正比,可于波长 420 nm 处测量吸光度。

$$2K_2[HgI_4]+3KOH+NH_3=[Hg_2O\cdot NH_2]I+2H_2O+7KI$$

水样中含有悬浮物、余氯、金属离子(钙、镁等)、硫化物和有机物时会产生干扰,含有此类物质时要做适当处理,以消除对测定的影响。

若样品中存在余氯,可加入适量的硫代硫酸钠溶液去除,用淀粉-碘化钾试纸检验余氯是否除尽。在显色时加入适量的酒石酸钾钠溶液,可消除钙、镁等金属离子的干扰。若水样浑浊或有颜色时可用预蒸馏法或絮凝沉淀法处理。

本法最低检出浓度为 0.025 mg/L(光度法),测定上限为 2 mg/L。水样做适当的预处理后,本法可适用于地表水、地下水、工业废水和生活污水中氨氮的测定。

[实验器材]

(1)药品及试剂:无氨水、盐酸、硫酸、氢氧化钠、轻质氧化镁、溴百里酚蓝指示液、硼酸、碘化钾、氯化汞、氢氧化钾、酒石酸钾钠、氯化铵、硫酸锌。

(2)仪器及其他:可见分光光度计、玻璃器皿。

[实验步骤]

1. 溶液配制

(1)1 mol/L 盐酸溶液。

(2)1 mol/L 氢氧化钠溶液。

(3)轻质氧化镁(MgO):将氧化镁在 500 ℃下加热,以除去碳酸盐。

(4)25%氢氧化钠溶液:称取 25 g 氢氧化钠溶于水,稀释至 100 mL,贮于聚乙烯瓶。

(5)吸收液:①硼酸溶液。称取 20 g 硼酸溶于水,稀释至 1 L。② 0.01 mol/L 硫酸溶液。

(6)纳氏试剂。可选择下列方法之一制备:

①称取 20 g 碘化钾溶于约 25 mL 水中,边搅拌边分次少量加入氯化汞结晶粉末(约 10 g),至出现朱红色沉淀不易溶解时,改为滴加饱和氯化汞溶液,并充分搅拌,当出现微量朱红色沉淀不再溶解时,停止滴加氯化汞溶液。另称取 60 g 氢氧化钾溶于水,并稀释至 250 mL,冷却至室温后,将上述溶液徐徐注入氢氧化钾溶液中,用水稀释至 400 mL,混匀。静置过夜,将上清液移入聚乙烯瓶中,密塞保存。

②称取 16 g 氢氧化钠,溶于 50 mL 水中,充分冷却至室温。另称取 7 g 碘化钾和 10 g 碘化汞溶于水,然后将此溶液在搅拌下徐徐注入氢氧化钠溶液中。用水稀释至 100 mL,贮于聚乙烯瓶中,密塞保存。

(7)酒石酸钾钠溶液:称取 50 g 酒石酸钾钠($KNaC_4H_4O_6 \cdot 4H_2O$)溶于 100 mL 水中,加热煮沸以除去氨,放冷,定容至 100 mL。

(8)铵标准贮备液:称取 3.819 g 经 100 ℃干燥过的氯化铵溶于水中,移入 1000 mL 容量瓶中,稀释至标线。此溶液每毫升含 1.00 mg 氨氮。

(9)铵标准使用液:移取 5.00 mL 铵标准贮备液于 500 mL 容量瓶中,用水稀释至标线。此溶液每毫升含 0.010 mg 氨氮。

(10)10%(m/V)硫酸锌溶液:称取 10 g 硫酸锌溶于水,稀释至 100 mL。

2. 样品检测

(1)水样预处理

样品采集与保存:水样采集在聚乙烯瓶或玻璃瓶内,要尽快分析。如需保存,应加硫酸使水样酸化至 $pH<2$,2~5 ℃下可保存 7 d。

去除余氯:若样品存在余氯,可加入适量硫代硫酸钠溶液去除。每加 0.5 mL 可去除 0.25 mg 余氯。用淀粉-碘化钾试纸检验余氯是否除尽。

絮凝沉淀:100 mL 样品中加入 1 mL 硫酸锌溶液和 0.1~0.2 mL 氢氧化钠溶液(6.25 mol/L),调节 pH 约为 10.5,混匀,放置使之沉淀,倾取上清液分析。必要时,用经水冲洗过的中速滤纸过滤,弃去初滤液 20 mL。也可对絮凝后样品离心处理。

蒸馏预处理:将 50 mL 吸收液移入接收瓶内,确保冷凝管出口在硼酸溶液液面之下。分取 250 mL 样品,移入烧瓶中,加几滴溴百里酚蓝指示剂,必要时用氢氧化钠溶液(1.0 mol/L)或盐酸溶液调整 pH 至 6.0(指示剂呈黄色)~7.4(指示剂呈蓝色),加入 0.25 g 轻质氧化镁及数粒玻璃珠,立即连接氮球和冷凝管。加热蒸馏,使馏出液速率约为 10 mL/min,待馏出液达 200 mL 时,停止蒸馏,加水定容至 250 mL。

(2)标准曲线的绘制：分别吸取 0、0.2、0.5、0.6、1.0、1.4 和 2.0 mL 铵标准使用液于 10 mL 比色管中，加水至标线，加 0.2 mL 酒石酸钾钠溶液，混匀。加 0.3 mL 纳氏试剂，混匀。放置10 min后，在波长 420 nm 处，以水为参比，测定吸光度。由测得的吸光度，减去零浓度空白管的吸光度后，得到校正吸光度，绘制以氨氮含量(mg)对校正吸光度的标准曲线。

(3)水样的测定

①分取适量经絮凝沉淀预处理后的水样(使氨氮含量不超过 0.1 mg)，加入 10 mL 比色管中，稀释至标线，加 0.2 mL 酒石酸钾钠溶液，混匀。加 0.3 mL 纳氏试剂，混匀。放置 10 min 后测定。

②分取适量经蒸馏预处理后的馏出液，加入 10 mL 比色管中，加一定量 0.2 mol/L 氢氧化钠溶液以中和硼酸，稀释至标线。加 0.3 mL 纳氏试剂，混匀。放置 10 min 后，测量吸光度。

(4)空白试验：以无氨水代替水样，作全程序空白测定。

[结果计算]

水样测得的吸光度减去空白试验吸光度，从标准曲线上查得氨氮含量。

$$氨氮=m\times1000/V$$

式中：氨氮含量单位为 mg/L；m 为由标准曲线查得的氨氮量，mg；V 为水样体积，mL。

[注意事项]

(1)纳氏试剂中碘化汞与碘化钾的比例，对显色反应的灵敏度有较大影响。静置后生成的沉淀应除去。

(2)滤纸中常含痕量铵盐，使用时注意用无氨水洗涤。所用玻璃器皿应避免实验室空气中氨的玷污。

[思考题]

(1)絮凝沉淀预处理时 pH 为何调至 10.5 左右？

(2)过滤时为什么要弃去初滤液 20 mL？

(3)如何提高标准曲线的精确度？

实验 2-8　总氮的测定

[实验目的]

(1)了解过硫酸钾消解紫外分光光度法测定总氮的原理。

(2)掌握总氮的测定方法。

[实验原理]

总氮是地表水和地下水中亚硝酸盐氮、硝酸盐氮、无机铵盐、溶解态氨和在碱性溶液消解条件下可水解的有机氮及悬浮颗粒物中氮的总和。水体总氮含量是衡量水质的重要指标之一。

过硫酸钾是强氧化剂，在 60 ℃以上水溶液中可进行如下反应，生成氢离子和氧：

$$K_2S_2O_8 + H_2O \rightarrow 2KHSO_4 + 1/2O_2$$

在 120～140 ℃碱性条件下，使用过硫酸钾作氧化剂，不仅可将水样中的氨氮和亚硝酸盐氮氧化成硝酸盐，还可将水样中的大部分有机氮化合物转化成硝酸盐。而后用紫外分光光度法分别于波长 220 nm 与 275 nm 处测定其吸光度，按下式计算硝酸盐氮的吸光度值。总氮(以 N 计)含量与校正吸光度 A 成正比，从而计算总氮含量。

$$A = A_{220} - 2A_{275}$$

[实验器材]

(1)药品及试剂：无氮水、氢氧化钠、过硫酸钾、硝酸钾、硫酸、盐酸。

(2)仪器及其他：紫外分光光度计、高压蒸汽灭菌器、25 mL 具塞磨口玻璃比色管。

[实验步骤]

1. 溶液配制

(1)氢氧化钠溶液：20 g 氢氧化钠溶于纯水中，稀释至 100 mL。

(2)碱性过硫酸钾溶液：40 g 过硫酸钾、15 g 氢氧化钠溶于纯水中并稀释至 1000 mL，溶液贮存于聚乙烯瓶中，最长可保存 1 周。

(3)硝酸钾标准贮备液 $c_N = 100$ mg/L：硝酸钾在 105～110 ℃烘箱中烘干 3 h，于干燥器冷却后，称取 100 mg 溶于纯水中，移至 1000 mL 容量瓶中，用纯水稀释至标线，在 0～10 ℃保存，可保存 6 个月。

(4)硝酸钾标准使用液 $c_N = 10$ mg/L：用 $c_N = 100$ mg/L 溶液稀释 10 倍而得，使用时配制。

(5)硫酸溶液(1∶35)：1 体积 H_2SO_4，35 体积水。

(6)盐酸溶液(1∶9)：1 体积 HCl，9 体积水。

2. 标准曲线的绘制

(1)分别取硝酸盐标准使用液 0、0.50、1.00、2.00、3.00、5.00、7.00、8.00 mL 于 25 mL 比色管中，加纯水稀释至 10 mL 标线。

(2)加入 5 mL 碱性过硫酸钾溶液，塞紧磨口塞，并用纱布和线包扎紧，以防弹出。

(3)将盛有试样的比色管置于高压蒸汽灭菌器中，加热 0.5 h，放气使压力指针回零。然后升温至 120～140 ℃开始计时，保持 0.5 h。

(4)自然冷却，开阀放气，取出比色管并冷却至室温。

(5)加盐酸溶液(1∶9)1 mL，用纯水稀释至 25 mL 标线，混匀。

(6)在紫外分光光度计上，以纯水作参比，分别在 220 nm 和 275 nm 处测定吸光度。用校正的吸光度值与相应的 NO_3^--N 含量(μg)绘制标准曲线。

校正的吸光度值 A_r 按公式(1)—(3)计算如下：

$$A_S = A_{S220} - 2A_{S275} \quad (1)$$

$$A_b = A_{b220} - 2A_{b275} \quad (2)$$

$$A_r = A_s - A_b \quad (3)$$

式中:A_{S220}为标准溶液在 220 nm 波长的吸光度;A_{S275}为标准溶液在 275 nm 波长的吸光度;A_{b220}为标线空白(零浓度)溶液在 220 nm 波长的吸光度;A_{b275}为标线空白(零浓度)溶液在 275 nm 波长的吸光度。

3. 样品的测定

取 10.00 mL 试样(氮含量超过 100 μg 时可减少取样量并加入纯水)至 25 mL 比色管中,按步骤 2.(6)中操作。然后按校正吸光度,在标准曲线上查出相应的总氮量。

空白试验以 10 mL 纯水代替样品,采用与样品完全一致的步骤进行。

[结果计算]

总氮含量 c_N 计算按下式:

$$c_N = \frac{m}{V} \quad (4)$$

式中:总氮含量单位为 mg/L;m 为试样测出含氮量,μg;V 为测定用试样体积,mL。

[注意事项]

(1)玻璃具塞比色管的密封性应良好。使用高压蒸汽灭菌器进行高温高压处理,冷却后放气要缓慢。

(2)测定悬浮物较多的水样时,在过硫酸钾氧化后可能出现沉淀。此时,可吸取氧化后的上清液进行测定。

[思考题]

(1)本方法测定的氮属于水中哪些形态的氮?

(2)为何分光光度计测定时波长选用 220 nm 和 275 nm?

实验 2-9　总磷的测定

[实验目的]

(1)掌握总磷的测定方法与原理。

(2)了解水体中过量的磷对水环境的影响。

[实验原理]

天然水和废水中,磷以各种磷酸盐和有机磷的形式存在,水中总磷包括溶解的、颗粒的、有机的和无机的磷。用过硫酸钾(或硝酸-高氯酸)为氧化剂,将水样消解后,所有磷被氧化成正磷酸盐。酸性条件下,正磷酸盐与钼酸铵、酒石酸锑钾反应,生成磷钼杂多酸后被抗坏血酸还原,生成蓝色的络合物。因此,可用钼酸铵分光光度法测定水中总磷含量。

[实验器材]

(1)药品及试剂:硫酸、硝酸、高氯酸、氢氧化钠、过硫酸钾、抗坏血酸、钼酸铵、酒石酸锑钾、磷酸二氢钾、酚酞、乙腈。

(2)仪器及其他:医用蒸汽消毒器、50 mL 比色管、分光光度计。

注:所有玻璃器皿均应用稀盐酸或稀硝酸浸泡。

[实验步骤]

1. 溶液配制

(1)0.5 mol/L 硫酸:27 mL 硫酸加入 973 mL 水中。

(2)1 mol/L 氢氧化钠溶液:40 g 氢氧化钠溶于水并稀释至 1000 mL。

(3)6 mol/L 氢氧化钠溶液:240 g 氢氧化钠溶于水并稀释至 1000 mL。

(4)50 g/L 过硫酸钾溶液:5 g 过硫酸钾溶于水,稀释至 100 mL。

(5)100 g/L 抗坏血酸溶液:10 g 抗坏血酸溶于水中,稀释至 100 mL。此溶液贮于棕色的试剂瓶中,在冷处可稳定几周,如不变色可长时间使用。

(6)钼酸盐溶液:将 13 g 钼酸铵[$(NH_4)_6Mo_7O_{24}\cdot 4H_2O$]溶于 100 mL 水中,将 0.35 g 酒石酸锑钾[$KSbC_4H_4O_7\cdot 0.5H_2O$]溶于 100 mL 水中。在不断搅拌下分别把上述钼酸铵溶液、酒石酸锑钾溶液徐徐加到 300 mL 硫酸中,混合均匀。此溶液贮存于棕色瓶中,在冷处可保存 3 个月。

(7)浊度-色度补偿液:混合 2 体积硫酸和 1 体积抗坏血酸溶液,使用当天配制。

(8)磷标准贮备液:称取 0.2197 g 于 110 ℃干燥 2 h 在干燥器中放冷的磷酸二氢钾,用水溶解后转移到 1000 mL 容量瓶中,加入约 800 mL 水,加 5 mL 硫酸,然后用水稀释至标线并混匀。1.00 mL 此标准溶液含 50.0 μg 磷。本溶液在玻璃瓶中可贮存至少 6 个月。

(9)磷标准使用液:将 10.00 mL 磷标准贮备液转移至 250 mL 容量瓶中,用水稀释至标线并混匀。1.00 mL 此标准溶液含 2.0 μg 磷。使用当天配制。

(10)10 g/L 酚酞溶液:将 0.5 g 酚酞溶于 50 mL 95%的乙醇中。

2. 消解处理

(1)过硫酸钾消解:将 25 mL 试样加入比色管中,再加 4 mL 过硫酸钾,将比色管的盖塞紧后用一小块布和线将玻璃塞扎紧(或用其他方法固定),放在大烧杯中置于高压蒸汽消毒器中加热,待压力达 1.1 kg/cm^2,相应温度为 120 ℃时,保持 30 min 后停止加热。待压力表读数降至 0 后,取出放冷。若溶液有一定损失,则加水补充至 25 mL 刻度线。

注:如用硫酸保存水样,当用过硫酸钾消解时,需先将试样调至中性。若用过硫酸钾消解不完全,则用硝酸-高氯酸消解。

(2)硝酸-高氯酸消解:取 25 mL 试样于锥形瓶中,加数粒玻璃珠,加 2 mL 硝酸,在电热板上加热浓缩至 10 mL。冷却后加 5 mL 硝酸,再加热浓缩至 10 mL,冷却。加 3 mL 高氯酸,加热至高氯酸冒白烟，此时可在锥形瓶上加小漏斗或调节电热板温度，使消解液在瓶内壁保持回流状态，直至剩下 3～4 mL，冷却。加水 10 mL，加 1 滴酚酞指示剂，滴加氢氧化钠溶液至刚好呈微红色，再滴加硫酸溶液使微红色刚好褪去，充分混匀，移至具塞刻度管中，加水稀释至 25 mL 刻度线。

空白试样用蒸馏水代替试样，进行相同的消解处理。

3. 工作曲线的绘制

取 7 支具塞比色管分别加入 0、0.50、1.00、3.00、5.00、10.0、15.0 mL 磷酸盐标准使用溶液，加水至 25 mL，使用上述方法进行消解处理。分别向各比色管中加 1 mL 抗坏血酸溶液混匀，30 s 后加入 2 mL 钼酸盐溶液充分混匀。室温下放置 15 min，在 700 nm 波长下，以水做参比，测定吸光度。扣除空白的吸光度后，与对应的磷的含量绘制工作曲线。

4. 样品显色及测定

向消解后的样品中加 1 mL 抗坏血酸溶液混匀，30 s 后加入 2 mL 钼酸盐溶液充分混匀。室温下放置 15 min，在 700 nm 波长下，以水做参比测定吸光度。

样品吸光度扣除空白的吸光度后，从工作曲线上查得磷的含量。

[结果计算]

总磷含量以 c 表示，按下式计算：

$$c=\frac{m}{V}$$

式中：c 为总磷含量，mg/L；m 为试样测得含磷量，μg；V 为测定用试样体积，mL。

[注意事项]

(1)水样中的有机物用过硫酸钾氧化不能完全破坏时，可用硝酸-高氯酸消解。硝酸-高氯酸消解需要在通风橱中进行。高氯酸和有机物的混合物经加热易发生危险，需将试样先用硝酸消解，然后再加入高氯酸消解。

(2)绝不可把消解的试样蒸干。

(3)如试样中含有浊度或色度时，需配制一个空白试样(消解后用水稀释至标线)，然后向试样中加入 3 mL 浊度-色度补偿液，但不加抗坏血酸溶液和钼酸盐溶液。然后从试样的吸光度中扣除空白试样的吸光度。

(4)砷大于 2 mg/L 时干扰测定，用硫代硫酸钠去除。硫化物大于 2 mg/L 时干扰测定，通氮气去除。铬大于 50 mg/L 时干扰测定，用亚硫酸钠去除。

[思考题]

(1)测定总磷时，有哪些影响因素？

(2)如消解后有残渣，应如何处理？

实验 2-10　大气中总悬浮颗粒物的测定

[实验目的]

(1)学会重量法在大气环境监测中的应用。

(2)学习采集大气中总悬浮颗粒物的方法和操作技术。

[实验原理]

总悬浮颗粒物(TSP)是指能悬浮在空气中而且空气动力学当量直径小于 100 μm 的颗粒物,它是环境空气污染指标之一,也是大气质量评价中的一个通用指标。具有一定切割特性的采样器,以恒速抽取定量体积的空气,则空气中粒径小于 100 μm 的悬浮颗粒物被截留在已恒重的滤膜上。根据采样前后滤膜质量之差及采气体积,可计算 TSP 的质量浓度。滤膜经处理后,可进行组分分析。

所用的采样器按采气量大小可分为大流量采样器和中流量采样器。本方法的检出限为 0.001 mg/m^3。TSP 含量过高或雾天采样使滤膜阻力大于 10 kPa 时,本方法不适用。

[实验器材]

大流量或中流量采样器、超细玻璃纤维滤膜、滤膜保存盒、镊子、分析天平、恒温恒湿箱、流量计、气压计、温度计。

[实验步骤]

1. 采样器流量校准

新购置或维修后的采样器在启用前需进行流量校准;正常使用的采样器每月需进行一次流量校准。

2. 空白滤膜准备

(1)将滤膜放在恒温恒湿箱中平衡 24 h。平衡温度取 15～30 ℃中任一点,相对湿度控制在 45%～55%,记录平衡温度与湿度。

(2)取出滤膜,迅速称重,记录下滤膜质量 W_0。

(3)称量好的滤膜平展地放在滤膜保存盒中,采样前不得将滤膜弯曲或折叠。

3. 采样

(1)打开采样头顶盖,取出滤膜夹。用清洁干布擦去采样头内及滤膜夹的灰尘。

(2)将称量过的滤膜毛面向上,放在滤膜网托上,放上滤膜夹,对正拧紧,使不漏气。安好采样头,按照采样器使用说明操作,设置好采样时间,即可启动采样。

(3)当采样器不能直接显示标准状态下的累积采样体积时,需记录采样期间测试现场平均环境温度和平均大气压。

(4)采样结束后，打开采样头，用镊子轻轻取下滤膜，采样面向里，将滤膜对折，放入恒温恒湿箱中，调整其参数与空白滤膜平衡时一致，放置 24 h 后取出并迅速称重，记录滤膜质量 W_1。

[实验结果]

样品中总悬浮颗粒物按下式计算：

$$TSP=\frac{W_1-W_0}{V}\times 1000$$

式中：TSP 单位为 mg/m^3，W_1 为尘膜质量，g；W_0 为空白滤膜质量，g；V 为已换算成标准状态下的累积采样体积，m^3。

[注意事项]

(1)取滤膜时，如发现滤膜损坏，或滤膜上灰尘的边缘轮廓不清晰、滤膜安装歪斜等，说明采样时漏气，则本次采样作废，需重新采样。

(2)每张滤膜均需用 X 光看片机进行检查，不得有针孔或其他缺陷。

(3)在样品采集时应控制气流速度不超过 3 m/s。

[思考题]

(1)如何确定采样点？该采样点 TSP 的主要污染源有哪些？

(2)滤膜为什么要在平衡后称量？

实验 2-11 大气中二氧化硫的测定

[实验目的]

(1)掌握液体吸收法采集空气样品的操作技术。

(2)掌握分光光度法测定空气中二氧化硫(SO_2)的原理和操作过程。

[实验原理]

大气中的二氧化硫被甲醛溶液吸收后，生成稳定的羟基甲基磺酸加成化合物，在样品溶液中加入氢氧化钠使加成化合物分解，释放出的二氧化硫与盐酸副玫瑰苯胺(简称 PRA)作用，生成紫红色络合物，根据颜色深浅，用分光光度计在 577 nm 处进行测定。

本方法的主要干扰物为氮氧化物、臭氧及某些重金属元素。加入氨磺酸钠可消除氮氧化物的干扰；采样后放置一段时间可使臭氧自行分解；吸收液中加入磷酸及环己二胺四乙酸二钠盐可以消除或减少某些金属离子的干扰。当 10 mL 样品中存在 50 μg 钙、镁、铁、镍、镉、铜等离子及 5 μg 二价锰离子时，对本方法测定不产生干扰。当 10 mL 样品溶液中含有 10 μg 二价锰离子时，可使样品的吸光度降低 27%。

[实验器材]

1. 药品与试剂

(1)实验用蒸馏水:水质应符合实验室用水质量二级水(或三级水)的指标。

(2)氢氧化钠溶液,$c(NaOH)=1.50$ mol/L。

(3)环已二胺四乙酸二钠溶液,$c(CDTA\text{-}2Na)=0.05$ mol/L。

称取 1.82 g 反式 1,2-环已二胺四乙酸[(*trans*-1,2-cyclohexylenedinitrilo) tetra-acetic acid,CDTA],加入 1.50 mol/L 氢氧化钠溶液 6.5 mL,用水稀释至 100 mL。

(4)甲醛缓冲吸收液贮备液:吸取 36%~38%甲醛溶液 5.5 mL、0.05 mol/L CDTA-2Na 溶液 20.00 mL;称取 2.04 g 邻苯二甲酸氢钾,溶于少量水中;将三种溶液混合,再用水稀释至 100 mL,贮于冰箱,可保存 10 个月。

(5)甲醛缓冲吸收使用液:用水将甲醛缓冲吸收液贮备液稀释 100 倍而成,此吸收液每毫升含 0.2 mg 甲醛,临用现配。

(6)0.60%(m/V)氨磺酸钠溶液:称取 0.60 g 氨磺酸(NH_2SO_3H)于烧杯中,加入 1.50 mol/L 氢氧化钠溶液 4.0 mL,搅拌至完全溶解后稀释至 100 mL,摇匀,于棕色瓶中保存。此溶液密封保存可用 10 天。

(7)0.05%(m/V)乙二胺四乙酸二钠盐(Na_2EDTA)溶液:称取 0.25 g Na_2EDTA 盐($C_{10}H_{14}N_2O_8Na_2\cdot 2H_2O$)溶于 500 mL 新煮沸但已冷却的水中,临用现配。

(8)碘贮备液,$c(1/2\ I_2)=0.10$ mol/L:称取 12.7 g 碘(I_2)于烧杯中,加入 40 g 碘化钾和 25 mL 水,搅拌至完全溶解后,用水稀释至 1000 mL,贮于棕色瓶中。

(9)碘使用液,$c(1/2\ I_2)=0.05$ mol/L:量取碘贮备液 250 mL,用水稀释至 500 mL,贮于棕色细口瓶中。

(10)0.5%(m/V)淀粉溶液:称取 0.5 g 可溶性淀粉,用少量水调节成糊状,慢慢倒入 100 mL 沸水中,继续煮沸至溶液澄清,冷却后贮于试剂瓶中,临用现配。

(11)碘酸钾标准溶液 $c(1/6\ KIO_3)=0.1000$ mol/L:称取 3.5667 g 碘酸钾(KIO_3,优级纯,经 110 ℃干燥 2 h)溶解于水中,移入 1000 mL 容量瓶中,用水稀释至标线,摇匀,贮于试剂瓶中。

(12)(1+9)盐酸溶液。

(13)硫代硫酸钠贮备液[$c(Na_2S_2O_3)=0.10$ mol/L]:称取 25.0 g 硫代硫酸钠($Na_2S_2O_3\cdot 5H_2O$),溶解于 1000 mL 新煮沸并冷却的水中,加入 0.20 g 无水碳酸钠(Na_2CO_3),贮于棕色细口瓶中,放置 1 周后备用。如溶液浑浊,必须过滤。

(14)硫代硫酸钠标准溶液[$c(Na_2S_2O_3)=0.05$ mol/L]:取 250.0 mL 硫代硫酸钠贮备液,置于 500 mL 容量瓶中,用新煮沸并已冷却的水稀释至标线,摇匀并标定。

标定方法:吸取 3 份 0.1000 mol/L 碘酸钾标准溶液 10.00 mL 分别置于 250 mL 碘量瓶中,加入 70 mL 新煮沸但已冷却的水,加入 1 g 碘化钾,摇匀至完全溶解后,加入(1+9)盐酸溶液 10 mL,立即盖好瓶塞,摇匀。于暗处放置 5 min 后,用硫代硫酸钠标准溶液滴定溶液至浅黄色,加入 2 mL 淀粉溶液,继续滴定至溶液蓝色刚好褪去为终点。硫代硫酸钠标准溶液的浓度按式(1)计算:

$$c=\frac{0.1000\times 10.00}{V} \tag{1}$$

式中：c 为硫代硫酸钠标准溶液的浓度，mol/L；V 为滴定所消耗硫代硫酸钠标准溶液的体积，mL。

(15)二氧化硫标准溶液：称取 0.200 g 亚硫酸钠(Na_2SO_3)，溶于 200 mL Na_2EDTA 溶液中，缓缓摇匀以防充氧，使其溶解。放置 2～3 h 后标定。此溶液每毫升含 320～400 μg 二氧化硫，用碘量法标定其准确浓度。

标定方法：吸取 3 份 20.00 mL 二氧化硫标准溶液，分别置于 250 mL 碘量瓶中，加入 50 mL 新煮沸但已冷却的水、20.00 mL 碘使用液及 1 mL 冰乙酸，盖塞，摇匀。于暗处放置 5 min 后，用硫代硫酸钠标准溶液滴定溶液至浅黄色，加入 2 mL 淀粉溶液，继续滴定至溶液蓝色刚好褪去为终点。记录滴定所消耗硫代硫酸钠标准溶液的体积 V_1(mL)。

另吸取 3 份 Na_2 EDTA 溶液 20.00 mL，用同样方法进行空白实验。记录滴定所消耗硫代硫酸钠标准溶液的体积 V_2(mL)。

平行样滴定所耗硫代硫酸钠标准溶液体积之差应不大于 0.04 mL，取其平均值。二氧化硫标准溶液浓度按式(2)计算：

$$c=\frac{(\bar{V}_2-\bar{V}_1)\times c(Na_2S_2O_3)\times 32.02}{20.00}\times 1000 \tag{2}$$

式中：c 为二氧化硫标准溶液的浓度，μg/mL；$\bar{V}_1$ 为二氧化硫标准溶液滴定所耗硫代硫酸钠标准溶液的平均体积，mL；$\bar{V}_2$ 为空白溶液滴定所耗硫代硫酸钠标准溶液的平均体积，mL；$c(Na_2SO_3)$为硫代硫酸钠标准溶液的浓度，mol/L；32.02 为二氧化硫(1/2 SO_2)的摩尔质量。

标定出准确浓度后，立即用甲醛缓冲吸收液稀释为每毫升含 10.00 μg 二氧化硫的标准溶液贮备液，临用时再用吸收液稀释为每毫升含 1.00 μg 二氧化硫的标准溶液，在冰箱中 5 ℃保存。10.00 μg/mL 的二氧化硫标准溶液贮备液可稳定 6 个月，1.00 μg/mL 的二氧化硫标准溶液可稳定 1 个月。

(16)0.25%(m/V)盐酸副玫瑰苯胺(PRA)贮备液：取正丁醇和 1.0 mol/L 盐酸溶液各 500 mL，放入 1000 mL 分液漏斗中，振摇 3～5 min，使其互溶达到平衡，静置 15 min，待完全分层后，将下层水相(盐酸溶液)和上层有机相(正丁醇)分别移入细口瓶中备用。称取 0.125 g PRA，放入 100 mL 烧杯中，加 40 mL 平衡过的 1.0 mol/L 盐酸溶液，用玻璃棒搅拌至完全溶解后，移入 250 mL 分液漏斗中。再用 80 mL 平衡过的正丁醇分数次洗烧杯，洗涤液并入同一分液漏斗中，振摇 3 min，静置 15 min，待完全分层后，将下层水相放入另一 250 mL 分液漏斗中，再加 80 mL 平衡过的正丁醇，依上法反复提取 8～10 次后，将水相滤入 50 mL 容量瓶中，用 1.0 mol/L 盐酸溶液稀释至刻度，摇匀。此 PRA 贮备液为橙黄色，应符合以下条件：

①PRA 溶液在乙酸-乙酸钠缓冲溶液中，于波长 540 nm 处有最大吸收峰。吸取贮备液 1.00 mL，置于 100 mL 容量瓶中，用水稀释至标线，摇匀。取此稀释液 5.00 mL，置于 50 mL 容量瓶中，加 1.0 mol/L 乙酸-乙酸钠缓冲液 5.00 mL[称取 13.6 g 乙酸钠($CH_3COONa\cdot 3H_2O$)溶解于水，移入 100 mL 容量瓶中，加 5.7 mL 冰乙酸，用水稀释至标线，摇匀。此溶液 pH 为 4.7]，用水稀释至刻度，摇匀。1 h 后测定吸收峰。

②用 0.25% PRA 贮备液配制的 0.025% PRA 工作液，绘制标准曲线(详见实验步骤章

节)，于波长 577 nm 处，用 1 cm 比色皿测得的试剂空白吸光度不超过以下数值：0.03(10 ℃)；0.04(20 ℃)；0.05(25 ℃)；0.06(30 ℃)。

(17)0.05%(*m*/*V*)PRA 溶液：吸取 20.00 mL PRA 贮备液于 100 mL 容量瓶中，加 30 mL 85%的浓磷酸、12 mL 浓盐酸，用水稀释至标线，摇匀，放置过夜后使用，避光密封保存，可稳定 9 个月。

2. 仪器及其他

(1)10 mL 多孔玻板吸收管(用于短时间采样)、50 mL 多孔玻板吸收瓶(用于 24 h 采样)。

(2)恒温水浴器。

(3)10 mL 具塞比色管。

(4)空气采样器。用于短时间采样的空气采样器，流量范围 0.1～1 L/min，应具有保温装置。用于 24 h 连续采样的空气采样器应具有恒温、恒流、计时、自动控制仪器开关的功能，流量范围 0.1～0.5 L/min。

(5)分光光度计。

[实验步骤]

1. 样品采集

(1)短时间采样：根据环境空气中二氧化硫浓度的高低，采用内装 10 mL 吸收液的 U 形多孔玻板吸收管，以 0.5 L/min 的流量采样，采样时吸收液温度应保持在 23～29 ℃。

(2)24 h 连续采样：用内装 50 mL 吸收液的多孔玻板吸收管，以 0.2～0.3 L/min 的流量连续采样 24 h，采样时吸收液温度应保持在 23～29 ℃。

放置在室(亭)内的 24 h 连续采样器，进气口应连接符合要求的空气质量采样管路系统，以减少二氧化硫气样进入吸收管前的损失。样品的采集、运输和贮存过程应避光。

2. 校准曲线的绘制

取 14 支 10 mL 的具塞比色管，分 A、B 两组，每组 7 支，分别对应编号 0～6。A 组按表2-5配制标准溶液系列：

表 2-5　二氧化硫标准系列

管号	二氧化硫标准使用溶液/mL	甲醛缓冲吸收液/mL	二氧化硫含量/μg
0	0	10.00	0
1	0.50	9.50	0.50
2	1.00	9.00	1.00
3	2.00	8.00	2.00
4	5.00	5.00	5.00
5	8.00	2.00	8.00
6	10.00	0	10.00

A 组各管中再分别加入 0.60% 氨磺酸钠溶液 0.5 mL 和 1.50 mol/L 氢氧化钠溶液 0.5 mL，混匀。B 组各管加入 0.05% PRA 溶液 1.00 mL，再迅速将 A 组各管中的溶液逐一

倒入对应编号并盛有 PRA 溶液的 B 管中，立即盖塞混匀并放入恒温水浴中显色。显色温度与室温之差应不超过 3 ℃，根据不同季节和环境条件按表 2-6 选择显色温度与显色时间。

表 2-6　不同显色温度对应的最佳显色时间和稳定时间

显色温度/℃	显色时间/min	稳定时间/min	试剂空白吸收光度(A_0)
10	40	35	0.03
15	25	25	0.035
20	20	20	0.04
25	15	15	0.05
30	5	10	0.06

在波长 557 nm 处，用 1 cm 比色皿以水为参比溶液测量吸光度。

3. 样品的测定

采集的环境空气样品溶液中如有浑浊物，应离心分离除去。样品放置 20 min，以使臭氧分解。

(1)短时间采样：将吸收管中样品溶液全部移入 10 mL 比色管中，用吸收液稀释至标线，加 0.60％氨磺酸钠溶液 0.5 mL，混匀，放置 10 min 以除去氮氧化物的干扰，加入 1.5 mol/L 氢氧化钠溶液 0.5 mL，以下步骤同校准曲线的绘制。如样品吸光度超过标准曲线上限，则可用试剂空白溶液稀释，在数分钟内再测量其吸光度，但稀释倍数不应大于 6。

(2)连续 24 h 采样：将吸收瓶中样品溶液移入 50 mL 容量瓶(或比色管)中，用少量吸收溶液洗涤吸收瓶，洗涤液并入样品溶液中，再用吸收液稀释至标线。吸取适量样品溶液(视浓度高低而决定取 2～10 mL)于 10 mL 比色管中，再用吸收液稀释至标线，加 0.60％氨磺酸钠溶液 0.5 mL，混匀，放置 10 min 以除去氮氧化物的干扰，加入 1.5 mol/L 的氢氧化钠溶液 0.5 mL，以下步骤同标准曲线的绘制。

每批样品应测定试剂空白液、标准控制样品或加标回收样品各 1～2 个，以检查试剂空白和校正因子。

[实验结果]

样品中二氧化硫浓度按式(3)计算：

$$\text{二氧化硫浓度}=\frac{A-A_0-a}{V_s\times b}\times\frac{V_t}{V_a} \tag{3}$$

式中：A 为样品溶液的吸光度；A_0 为试剂空白溶液的吸光度；a 为标准曲线的截距；b 为标准曲线的斜率；V_t 为样品溶液总体积，mL；V_a 为测定时所取样品溶液体积，mL；V_s 为换算成标准状况下(0 ℃，101.325 kPa)的采样体积，L；二氧化硫浓度单位为 mg/m^3，计算结果应准确到小数点后第 3 位。

[注意事项]

(1)采样时应注意检查采样系统的气密性、流量、恒温温度。

(2)用过的具塞比色管及比色皿应及时用酸洗涤，否则红色难以洗净。具塞比色管用(1＋

4)盐酸溶液洗涤,比色皿用(1+4)盐酸加1/3体积乙酸混合液洗涤。

(3)样品测定时与绘制标准曲线时温度之差应不超过2 ℃。

(4)每批样品均应测定现场空白,即将装有吸收液的采样管/瓶带到采样现场,除了不采集气体样品之外,其他环境条件与样品相同。

(5)采样前应用皂膜流量计校准流量,及时更换干燥剂及限流孔前的过滤膜。

[思考题]

(1)哪些因素会造成测定误差?应如何减少误差?

(2)为什么要用A、B两组比色管,而不是直接将显色剂PRA加入含二氧化硫的溶液中?

实验2-12 大气中氮氧化物的测定

[实验目的]

(1)掌握盐酸萘乙二胺分光光度法测定大气中氮氧化物的原理和方法。

(2)掌握大气采样器的使用方法。

[实验原理]

空气中的二氧化氮与吸收液中的对氨基苯磺酸发生重氮化反应,再与盐酸萘乙二胺作用,生成粉红色的偶氮染料,其颜色深浅与气体样品中的二氧化氮浓度成正比,于波长540 nm处测定吸光度。

空气中的氮氧化物以一氧化氮、二氧化氮、三氧化二氮、四氧化二氮、五氧化二氮等多种形态存在,其中一氧化氮和二氧化氮是主要存在形态,即通常所指的氮氧化物(NO_x)。测定NO_x或单独测定一氧化氮时,需要将一氧化氮氧化为二氧化氮,主要采用的是酸性高锰酸钾氧化法。

空气中臭氧浓度超过0.25 mg/m^3时,可使二氧化氮的吸收液略显红色,对二氧化氮的测定产生干扰,采样时在吸收瓶入口处串接一段15~20 cm长的硅胶管,即可将臭氧浓度降低到不干扰二氧化氮测定的水平。

[实验器材]

1. 仪器及其他

多孔玻板吸收瓶;空气采样器:流量范围0~1 L/min;分光光度计;10 mL具塞比色管;氧化瓶(洗气瓶)。

2. 试剂

所有试剂均使用不含亚硝酸根的重蒸馏水配制。其检验方法是:所配制的吸收液对540 nm光的吸光度不超过0.005。

(1)吸收液:称取 5.0 g 对氨基苯磺酸,置于 1000 mL 容量瓶中,加入 50 mL 冰乙酸和 900 mL 水的混合溶液,盖塞振摇使其完全溶解,然后加入 0.050 g 盐酸萘乙二胺,溶解后用水稀释至标线,此为吸收原液,贮于棕色瓶中,在冰箱中可保存 2 个月。保存时应密封瓶口,防止空气与吸收液接触。采样时按 4 份吸收原液与 1 份水的比例混合配成采样用吸收液。

(2)亚硝酸钠标准贮备液:称取 0.1500 g 粒状亚硝酸钠($NaNO_2$,预先在干燥器内放置 24 h 以上),溶解于水后移入 1000 mL 容量瓶中,用水稀释至标线。此溶液每毫升含 100.0 μg NO_2^-,贮于棕色瓶内,冰箱中保存,可稳定 3 个月。

(3)亚硝酸钠标准使用液:吸取贮备液 5.00 mL 于 100 mL 容量瓶中,用水稀释至标线。此溶液每毫升含 5.0 μg NO_2^-。

[实验步骤]

1. 标准曲线的绘制

取 7 支 10 mL 具塞比色管,按表 2-7 所列数据配制标准溶液系列。

表 2-7　NO_2^- 标准溶液系列

管号	亚硝酸钠标准溶液/mL	吸收原液/mL	水/mL	NO_2^- 含量/μg
0	0	8.00	2.00	0
1	0.20	8.00	1.80	1.0
2	0.40	8.00	1.60	2.0
3	0.80	8.00	1.20	4.0
4	1.20	8.00	0.80	6.0
5	1.60	8.00	0.40	8.0
6	2.00	8.00	0	10.0

将以上溶液摇匀,避开阳光直射放置 15 min,在 540 nm 波长处,用 1 cm 比色皿,以水为参比,测定吸光度。以吸光度为纵坐标,相应的标准溶液中 NO_2^- 含量(μg)为横坐标,绘制标准曲线。

2. 采样

短时间(1 h 以内)采样:取两支内装 10.0 mL 吸收液的多孔玻板吸收瓶和一支内装 5～10 mL 酸性高锰酸钾溶液的氧化瓶(液柱不低于 80 mm),用尽量短的硅胶管将氧化瓶串联在两支吸收瓶之间(图 2-1)。长时间采样(24 h):取两支大型多孔玻板吸收瓶,装入 25.0 mL 或 50.0 mL 吸收液,另取一支内装 50.0 mL 酸性高锰酸钾溶液的氧化瓶,按图 2-1 的方式接入采样系统,吸收液恒温在(20±4) ℃。

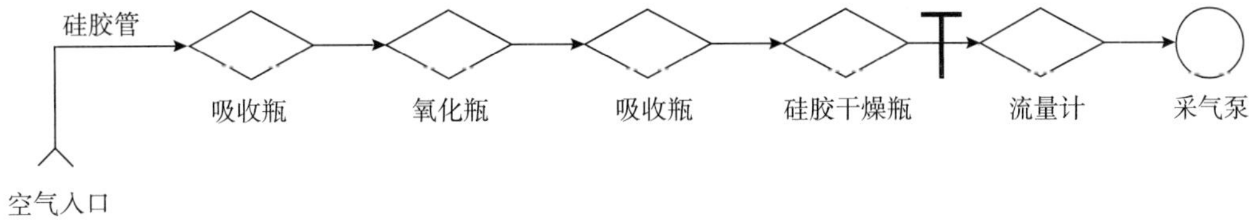

图 2-1　大气中氮氧化物采样系统示意图

一般情况下，内装 50 mL 酸性高锰酸钾溶液的氧化瓶可连续使用 15～20 d(隔日采样)。但当氧化瓶中有明显的沉淀物析出时，应及时更换。采样过程注意观察吸收液颜色变化，避免因氮氧化物质量浓度过高而穿透。避光采样至吸收液呈微红色为止，记下采样时间，密封好采样管，带回实验室，当日测定。若吸收液不变色，应延长采样时间，采样量应不少于 6 L。在采样的同时，应测定采样现场的温度和大气压力，并做好记录。

每次采样至少做 2 个现场空白测试，即将装有吸收液的吸收瓶带到采样现场，与样品在相同的条件下保存、运输，直至送交实验室分析，运输过程中应注意防止污染。

3. 样品的测定

采样后放置 15 min，用水将采样瓶中吸收液的体积补至标线，混匀，使用 1 cm 比色皿，按绘制标准曲线的方法和条件测定样品溶液的吸光度。若样品溶液的吸光度超过标准曲线的测定上限，可用吸收液稀释后再测定吸光度，但稀释倍数不得大于 6，计算结果时应乘以稀释倍数。

[实验结果]

$$\text{二氧化氮浓度}=\frac{A_1-A_0-a}{V_0\times b\times f}\times V\times D \tag{1}$$

$$\text{一氧化氮浓度}=\frac{A_2-A_0-a}{V_0\times b\times f\times k}\times V\times D \tag{2}$$

$$\text{氮氧化物浓度}=c_{NO}+c_{NO_2} \tag{3}$$

式中：A_1、A_2 为第一支吸收瓶和第二支吸收瓶中样品溶液的吸光度；A_0 为试样空白溶液的吸光度；a 为标准曲线的截距；b 为标准曲线的斜率；V_0 为换算成标准状况下(0 ℃，101.325 kPa)的采样体积，L；f 为 Saltzman 实验系数，0.88(当空气中二氧化氮浓度高于 0.72 mg/m^3 时该值为 0.77)；k 为一氧化氮氧化为二氧化氮的氧化系数，0.68；V 为采样用的吸收液体积；D 为样品稀释倍数。二氧化氮、一氧化氮和氮氧化物浓度单位均为 mg/m^3。

[注意事项]

(1)采样前应检查采样系统的气密性，用皂膜流量计进行流量校准。
(2)当采样结束时，为防止溶液倒吸，应在采样泵停止抽气的同时关闭止水夹或电磁阀。
(3)采样后应尽快测定样品的吸光度，若不能及时测定，应将样品于低温暗处存放。
(4)沉积在氧化瓶管壁上的高锰酸钾沉淀物，用盐酸羟胺溶液浸泡后可清洗掉。

[思考题]

(1)什么物质会对氮氧化物的测定产生干扰？如何消除干扰？
(2)测定时采样器应放置在什么地方？为什么？
(3)采样时间应如何确定？

实验 2-13　校园环境噪声的监测

[实验目的]

(1)熟悉声级计的使用。

(2)掌握环境噪声的监测方法。

[实验原理]

使用声级计来测量声音响度。声级计的工作原理是，声信号通过传声器把声压转换成电压信号，经过放大器把电信号放大，再通过计权网络在声级计的表头上显示出分贝(dB)值。

(1)测量要求：测量一定时间间隔的 A 声级瞬时值，动态特性为慢响应。

(2)测量条件：一般选在无雨、无雪的时间测量，声级计应保持传声器膜片清洁，风力在 3 级以上必须加风罩以避免噪声干扰，4 级以上大风天气应停止测量。测量仪器可手持或固定在测量三脚架上，传声器要求距离地面 1.2 m。

(3)测量时间：测量时间可分为白天(6:00～22:00)和夜间(22:00 至次日 6:00)两部分。白天测量一般选在 8:00～12:00 或 14:00～18:00，根据南北方地区、季节的不同，时间可稍有变化，在此期间测得的每个网格的噪声即代表该网格白天的噪声水平。夜间噪声测量一般选在22:00 至次日 5:00，此期间测得的噪声即代表该网格夜间的噪声水平，夜间测量时间也可依地区与季节不同而稍作修改。

[实验仪器]

数字声级计[其性能需符合《电声学　声级计》(GB/T 3785.1—2023)的规定，并定期校验]。

[实验步骤]

(1)将学校划分为 4×5 的网格，共 20 个测点。测点选在每个网格的交点，若交点位置不宜测量，可移到旁边能够测量的位置。

(2)每组 3 人配置一台声级计，每 2 组共用一台 GPS 定位器。

(3)读数方式用快档，每隔 5 s 读一个瞬时 A 声级，连续读取 100 个数据。读数同时要判断和记录附近主要噪声来源(如交通噪声、施工噪声、锅炉噪声等)和天气条件。

[实验结果]

环境噪声是随时间而起伏的无规律噪声，因此测量结果一般用统计值或等效声级来表示。

(1)累积分布值 L_{10}、L_{50}、L_{90} 与标准偏差 δ：L_{10} 表示 10%的时间超过的噪声级，相当于噪声的平均峰值；L_{50} 表示 50%的时间超过的噪声级，相当于噪声的平均值；L_{90} 表示 90%的时间超过的噪声级，相当于噪声的本底值。

计算方法：将 100 个数据按从大到小的顺序排列，第 10 个数据即为 L_{10}，第 50 个数据即为 L_{50}，第 90 个数据即为 L_{90}。

标准偏差按照式(1)计算：

$$\delta = \sqrt{\frac{1}{n-1}\sum_{i=1}^{n}(L_i - \overline{L})^2} \tag{1}$$

式中：$\overline{L}$ 为测得声级的算术平均值；L_i 为测得的第 i 个声级；n 为测得声级的总个数。

(2)等效声级 L_{eq} 按照式(2)计算：

$$L_{eq} = 10\ \lg\left(\frac{1}{100}\sum_{i=1}^{100}10^{L_i/10}\right) \tag{2}$$

[注意事项]

(1)声级计使用的电池电压不足时应更换。

(2)若测点靠近树木、建筑墙等不宜测量处，应移开至少 1 m 以上。

[思考题]

(1)影响噪声测定的因素有哪些？

(2)噪声的标准偏差能说明什么问题？

(3)校园噪声的主要来源有哪些？

实验 2-14 土壤中铅的测定

[实验目的]

(1)掌握土壤样品的预处理和分析方法。

(2)了解原子吸收分光光度法原理及使用。

[实验原理]

土壤样品经过高氯酸和硝酸混酸（王水）消化后，矿物晶格被彻底破坏，土壤中的待测元素全部进入消化液。将消化液直接吸入空气-乙炔火焰，在火焰中形成的铅基态原子蒸汽对光源发射的特征电磁辐射产生吸收。测得样品吸光度并扣除空白吸光度，从标准曲线上查得铅含量。

[实验器材]

1. 药品与试剂

(1)硝酸（优级纯）。

(2)高氯酸（优级纯）。

(3)盐酸(优级纯)。

(4)铅标准贮备液(1.00 mg/mL)。称取 0.5000 g 高纯铅粉，溶于(1＋1)硝酸中，移入 500 mL 容量瓶中，用水稀释至标线。

(5)铅标准使用液(25 μg/mL)。吸取 10.00 mL 铅标准贮备液于 100 mL 容量瓶中，用 1%硝酸稀释至标线，然后吸取稀释液 25.0 mL 于 100 mL 容量瓶中，用 1%硝酸稀释至标线，即得 25 μg/mL 铅标准使用液。

2. 仪器

电热板或电炉、铅空心阴极灯、原子吸收分光光度计。

[实验步骤]

(1)土壤样品预处理：称取风干、研磨并过筛后的土壤样品 1.00 g 于 100 mL 烧杯中，加少许水润湿，加王水 15 mL，同时做试剂空白。在电热板上加热保持微沸至有机物剧烈反应，待消化液冷却后加入高氯酸 5 mL，继续加热直至冒白烟，强火加热至土样呈灰白色，小心赶走高氯酸(若出现棕色烧结干块，则再加少许王水)。取下烧杯，用 15 mL 1%硝酸加热溶解，用中速定量滤纸过滤于 25 mL 容量瓶中，用少量水或 1%硝酸洗涤残渣，将溶液定容至标线，摇匀待用。

(2)仪器分析：安装铅空心阴极灯，具体分析条件为：灯电流 3 mA，波长 283.3 nm，空气流量 6.5 L/min，乙炔流量 1.5 L/min，进样量 2～3 mL/min，燃烧头高度 5 mm，空气压力 0.3 MPa，乙炔压力 0.09 MPa。

按如下步骤绘制标准曲线：取 6 个 25 mL 容量瓶，向容量瓶中分别加入 0、1.00、2.00、3.00、4.00、5.00 mL 铅标准使用液，用 1%稀硝酸稀释至标线，摇匀。此标准溶液系列含铅 0、1.00、2.00、3.00、4.00、5.00 μg/mL，测定吸光度并绘制标准曲线。

按照标准曲线的绘制步骤测定样品溶液的吸光度，同时测定空白溶液的吸光度。

[实验结果]

土壤中铅含量计算按照下式计算：

$$\text{铅含量}=\frac{1000cV}{W}$$

式中：c 为从标准曲线上查得的铅浓度，μg/mL；V 为样品溶液体积，mL；W 为土壤质量，g。铅含量单位为 mg/kg。

[注意事项]

(1)王水消化时，应细心控制温度，升温过快反应物易溢出或炭化。

(2)高氯酸具有氧化性，应待土壤样品中大部分有机质消化完全并充分冷却至室温后再加入，以防止杯中样品溅出或爆炸。

(3)土壤消化物若不完全呈灰白色，应补加少量高氯酸，继续消化。空白溶液中也应加入相同量的高氯酸。由于高氯酸对空白影响较大，应控制用量。

(4)消解过程一定要在通风较好的通风橱内进行。

(5)强酸具有腐蚀性和刺激性,操作过程中应戴上防毒口罩和护目镜。

[思考题]

(1)试从原理和仪器上比较原子吸收分光光度法和紫外可见分光光度法的异同点。
(2)原子吸收分光光度法对光源的基本要求是什么?为什么要求用锐线光源?

实验 2-15　土壤中可交换态铁的测定

[实验目的]

(1)掌握土壤中可交换态铁的提取方法。
(2)掌握邻菲罗啉分光光度法测定铁的原理。

[实验原理]

可交换态铁是指吸附在黏土、腐殖质上的金属铁,对环境变化敏感,易于迁移转化,能被植物吸收。土壤中的总铁并不能代表可被植物吸收的有效铁,因此测定土壤中的可交换态铁具有实际意义。土壤中可交换态铁离子经浸提液提取后,亚铁离子在 pH 3~9 溶液中与邻菲罗啉生成稳定的橙红色络合物,此络合物在避光时可稳定半年,在波长 510 nm(可见光)处有最大吸收峰。若用还原剂(如盐酸羟胺)将高价铁离子还原为亚铁离子,本方法可测定浸提液中的高价铁离子和总铁含量。

[实验器材]

1. 药品与试剂

本标准所用试剂除另有注明外,均为符合国家标准的分析纯化学试剂;实验用水为新制备的去离子水。

(1)盐酸(HCl):优级纯。
(2)(1+3)盐酸。
(3)10%(m/V)盐酸羟胺溶液。
(4)缓冲溶液:称取 40 g 乙酸铵,加 50 mL 冰乙酸,随后用水稀释至 100 mL。
(5)0.5%(m/V)邻菲罗啉(1,10-phenanthroline)水溶液,加数滴盐酸帮助溶解。
(6)KCl 浸提液(3 mol/L)。
(7)铁标准贮备液:准确称取 0.7020 硫酸亚铁铵溶于 50 mL(1+3)硫酸中,转移至 1000 mL 容量瓶中,加水至标线,摇匀。此溶液每毫升含 100 μg 铁。
(8)铁标准使用液:准确移取标准贮备液 25.00 mL 至 100 mL 容量瓶中,加水至标线,摇匀。此溶液每毫升含 25.0 μg 铁。

2. 仪器及其他

分光光度计、比色皿等。

[实验步骤]

(1)标准曲线的绘制:取铁标准使用液 0、0.4、0.8、1.2、1.6 和 2.0 mL 置于 10 mL 比色管中,用浸提液定容至 10 mL,加入 0.2 mL(1+3)盐酸、0.2 mL 盐酸羟胺溶液,摇匀后放置 2 min,加入 1.0 mL 缓冲溶液、0.4 mL 邻菲罗啉溶液,摇匀,显色 15 min 后,以试剂空白为参比,在 510 nm 处测定吸光度,经试剂空白校正后,绘制校准曲线。

(2)称取 3.00 g 过 200 目筛的干燥土,加入 3.0 mol/L 氯化钾溶液 30 mL,振荡浸提 30 min 后过滤,弃去部分初滤液。

(3)取 10 mL 滤液于 10 mL 比色管中,按上述标准曲线相同条件和步骤,在 510 nm 处测定吸光度。

(4)空白试验:以二氧化硅代替土壤,作空白实验。

[实验结果]

土壤中可交换铁含量计算按照下式计算:

$$\text{交换铁含量}=\frac{m}{W}$$

式中:m 为由校准曲线查得的铁的量,mg;W 为土壤重量,kg。交换铁含量单位为 mg/kg。

[注意事项]

(1)强氧化剂、氰化物、亚硝酸盐、焦磷酸盐、偏聚磷酸盐及某些重金属离子会干扰测定,经过加酸煮沸可将氰化物及亚硝酸盐除去,并使焦磷酸盐、偏聚磷酸盐转化为正磷酸盐以减轻干扰。加入盐酸羟胺则可消除强氧化剂的影响。

(2)邻菲罗啉能与某些金属离子形成有色络合物而干扰测定。在乙酸-乙酸铵的缓冲溶液中,不大于铁浓度 10 倍的铜、锌、钴、铬及小于 2 mg/L 的镍均不会干扰测定,当这些金属离子的浓度再高时,可加入过量显色剂予以消除。汞、镉、银等能与邻菲罗啉形成沉淀,若浓度低时,可加过量的邻菲罗啉来消除;浓度高时,可将沉淀过滤去除。

[思考题]

(1)测铁时加试剂的顺序能否颠倒? 为什么?

(2)如用此法测含铁量很高的土壤,应如何做?

实验 2-16 河流水质监测与评价

[实验目的]

某地需要进行项目开发,附近有一河流,该河流缺乏水质基础数据,为了对项目进行环境影响评价，需要对该河流现有水质进行监测与评价，作为今后项目开发的本地资料。

(1)了解水环境监测的整个过程。

(2)学会运用环境监测的相关知识点和实验技能，结合环境评价知识对所监测的河流水体作综合分析和评述。

(3)通过对相关知识点的综合学习和应用，进一步加深对基础知识的理解，并强化基本功的训练。

[组织与分工]

河流水质监测是一项工作量大、涉及面广的工作，需要组织10人左右，成立一个小组，讨论分工，形成一个完整的团队。在现场调查的基础上制定监测计划及可能发生情况的应变预案，准备领取或采购仪器、试剂，准备交通工具，配制试剂，调仪器等，以上各项工作均需形成文件(纸质或电子版)。

[监测方案的制定]

(1)现场初步调查：确定调查范围、河流长度、河流的对照断面、控制断面及削减断面点位，并做标记。确定河流两岸控制区域范围，说明理由。

(2)制定监测方案：依据《地表水环境质量标准》(GB 3838—2002)，设置常规监测指标(pH、悬浮物、浊度、高锰酸盐指数(COD_{Cr})、五日生化需氧量(BOD_5)、氨氮、总氮(TN)、总磷(TP)、氟化物等，以及反映本地区主要水质问题的其他指标)。除常规监测指标以外，考虑是否需要增加控制指标(与项目开发地区功能有关)。根据监测方案，选择实验方法，为使其数据具有可比性，选用标准分析方法，详见表2-8。

表2-8 监测分析方法的选择

序号	监测项目	监测方法	方法来源	说明
1	pH	电极法	HJ 1147—2020	—
2	悬浮物	重量法	GB 11901—1989	—
3	浊度	分光光度法	GB 13200—1991	—
4	COD_{Cr}	重铬酸钾法	HJ 828—2017	单独采样、充满容器
5	BOD_5	稀释与接种法	HJ 505—2009	单独采样、充满容器
6	NH_3-N	纳氏试剂分光光度法	HJ 535—2009	—
7	TN	碱性过硫酸钾消解紫分光光度法	HJ 636—2012	—
8	TP	钼酸铵分光光度法	GB 11893—1989	—
9	氟化物	电极法	GB 5750—1985	—

(3)河流断面测定：采用低速流速仪，在断面处测定河流的宽度和深度，画出河流断面图。

(4)列出测定深度及点位(事先画好图)，以及测定流量的方法：测定位置可以在固定的桥上，也可以在船上，如在船上，必须制订固定船位置的方法。

(5)采样仪器、设备的清单及准备：水样的采集和保存必须规范、统一，并要求各个环节都不能疏漏，采集到的水样必须具有足够的代表性，并且不能受到任何以外的污染。选择采样器及盛水器(水样瓶),并按要求进行洗涤。采集的水样按每个监测指标的具体要求进行分装和保存。

[实施]

按计划和分工实施监测,如现场发现问题,按预案或实际情况进行调整。样品在现场固定,带回实验室及时分析,进行实验室质量控制,分析、整理数据并讨论。

[实验结果]

记录监测点位经纬度、水样的 pH、悬浮物(SS)、浊度、高锰酸盐指数(COD_{Cr})、五日生化需氧量(BOD_5)、氨氮(NH_3-N)、总氮(TN)、总磷(TP)、氟化物等常规指标(表 2-9)。

表 2-9　监测点实验结果记录表

序号	经纬度	pH	SS	浊度	COD_{Cr}	BOD_5	NH_3-N	TN	TP	氟化物
1										
2										
3										
4										
5										

[报告的编写]

按照生态环境部有关要求,编写一份完整的河流水质评价报告书。监测报告内容至少包括:任务来源、监测目的、现场调查、组织和人员分工、监测计划制定、准备工作、计划实施、质量保证(或实验室质量控制)、采样和样品保存、运输、实验室分析、数据处理、评价结论及建议等。

[注意事项]

(1)采样量和样品量取决于监测项目,不同的监测项目对水样用量和保存条件有不同的要求,因而应根据监测项目的实际情况分别计算需用量并增加 20%～30%作为实际采样量。如果采样容器的容积有限,一次采样不能满足所需样品量,可多次采集,并在较大的容器中混匀后再装入样品容器中。

(2)水样的采集方法对分析结果有着一定的影响,所采的水样必须具有代表性,使水样能真实地反映整个水体的水质情况。

[思考题]

(1)水样有哪几种保存方法?试举几个实例说明怎样根据被测物质的性质选用不同的保存方法。

(2)水样在分析测定之前,为什么进行预处理?预处理包括哪些内容?

实验 2-17 城市区域空气质量监测

[实验目的]

(1)监测并评价某一区域的空气质量。

(2)在现场调查的基础上,根据布点采样原则,选择适宜的布点方法(功能区布点法或网格布点法),确定采样频率及采样时间,掌握空气中 SO_2、NO_x 和 TSP(瞬时和日平均浓度)的采样和监测方法。

(3)根据 3 项污染物监测结果,计算空气污染指数(API),描述和评价该区域空气质量状况,根据现场调查予以说明。

(4)过程中实施实验室质量控制(质量控制或密码样品控制),有条件地实施质量保证体系。

[组织和分工]

成立监测小组,进行任务分工,在现场调查的基础上制定监测计划及可能发生情况的应变预案,准备领取或采购仪器、试剂,准备交通工具,配制试剂,调仪器等,以上各项工作均需形成文件(纸质或电子版)。

[监测方案的制订]

某城市空气以煤烟型污染为主,在工业区、商业区和生活居住区任选一个区域单位作为研究对象,对空气质量状况进行监测,并进行评价。要求用 SO_2、NO_x 和 TSP 3 项主要污染物指标计算空气污染指数,表征空气质量状况。

根据第一节基础性实验中的测定方法测定空气中 SO_2、NO_x 和 TSP(瞬时和日平均浓度),监测过程需全程记录,包括测定数据、参加人员及分工、环境条件等。

[实施]

按方案和分工实施监测,现场采样,带回实验室及时分析,进行实验室质量控制,分析、整理数据并讨论。

[实验结果]

记录大气样品中的总悬浮颗粒物、二氧化硫和氮氧化物的含量。

[报告的编写]

监测报告内容至少包括:任务来源、监测目的、现场调查、组织和人员分工、监测计划制订、准备工作、计划实施、质量保证(或实验室质量控制)、采样和样品保存、运输、实验室分析、数据处理、区域空气质量状况结论等。

[注意事项]

(1)采集样品时要时刻注意采样器是否漏气,防止影响实验结果。

(2)在使用仪器和设备进行空气监测时,应确保仪器和设备工作正常,以保证测量的准确性。

(3)监测人员在使用仪器和设备时,应严格按照说明书进行和牢记相关操作规程,以防止意外发生。

(4)在空气监测中,也应注意噪声污染,避免在监测现场发生噪声。另外,监测人员在进行监测时,应注意气候条件,避免风力过大,以防止受到风沙等污染物的影响。

[思考题]

(1)环境空气质量功能区分为几类?

(2)大气监测布点必须依据监测项目并结合区域环境特点及污染物特性,通常布点应遵循哪些原则?

第3章 水污染控制工程实验

实验 3-1 颗粒自由沉淀实验

[实验目的]

(1)掌握颗粒自由沉淀的实验方法。

(2)了解和掌握自由沉淀的规律,根据实验结果绘制颗粒自由沉淀曲线,即时间-沉淀率(t-E),沉速-沉淀率(u-E)的关系曲线。

[实验原理]

沉淀是指从液体中借重力作用去除固体颗粒的一种过程。根据液体中固体物质的浓度和性质,可将沉淀过程分为自由沉淀、絮凝沉淀、成层沉淀和压缩沉淀等四类。本实验是研究探讨污水中非絮凝性固体颗粒自由沉淀的规律。设水深为 h,在 t 时间内能沉到 h 深度颗粒的沉速 $u=h/t$。根据某给定的时间 t_0 计算出颗粒的沉速 u_0。凡是沉淀速度等于或大于 u_0 的颗粒,在 t_0 时都可全部去除。设原水中悬浮物浓度为 c_0,t 时的悬浮物浓度为 c_t,则沉淀率:

$$E=\frac{c_0-c_t}{c_0}\times 100\% \tag{1}$$

[实验器材]

(1)有机玻璃沉淀柱 1 根:$D=150$ mm,高 2 m。工作水深设为两种,$h_1=5$ m,$h_2=2$ m,每根沉淀柱由取样管、进水管及放空阀组成。

(2)测定水深用标尺,计时用秒表。

(3)玻璃烧杯、移液管、玻璃棒和搪瓷托盘、万分之一天平、干燥器、烘箱、抽滤装置和定量滤纸等。

(4)人工配制水样。

[实验步骤]

(1)打开沉淀管的阀门将污水注入沉淀管,然后打开进气阀,曝气搅拌均匀。

(2)关闭进气阀,此时取水样 100 mL(测得悬浮物浓度 c_0),同时记下取样口高度,开启秒表,记录沉淀时间。

(3)分别取样 100 mL,测其悬浮物浓度(c_t),记录沉淀柱内液面的高度。

(4)测定每一沉淀时间的水样悬浮物量。悬浮物的测定方法：首先调烘箱至(105±1) ℃，叠好滤纸放入称量瓶中，打开盖子，将称量瓶放入已调好的烘箱(105±1) ℃中至恒重；然后将滤纸取出放在玻璃漏斗中，过滤水样，并用蒸馏水冲净，使滤纸上得到全部悬浮物，然后将带有滤渣的滤纸移入称量瓶，烘干至恒重。

(5)悬浮物含量计算如式(2)：

$$c=\frac{(\omega_1-\omega_2)\times10^6}{V} \tag{2}$$

式中：ω_1 为称量瓶＋滤纸＋悬浮物的质量，g；ω_2 为称量瓶＋滤纸的质量，g；V 为水样体积，mL。悬浮物含量单位为 mg/L。

(6)整理实验数据，填写实验记录表。

[实验数据记录及结果]

(1)实验基本参数见表 3-1。

表 3-1　基本参数

水样性质及来源		柱高 h/m	
沉淀柱直径 d/m		水温/℃	
原水悬浮物浓度 c_0/(mg/L)			

(2)实验数据整理及关系曲线绘制根据不同沉淀时间的取样口距液面平均深度 h 和沉淀时间 t，计算出各种颗粒的沉淀速度 v_t，和沉淀率 E，并绘制时间-沉淀率和沉速-沉淀率的曲线。

利用上述实验数据，计算不同时间 t 时，沉淀管内未被去除的悬浮物的百分比，即：

$$P=\frac{c_0}{c_t}\times100\% \tag{3}$$

以颗粒沉速 v 为横坐标轴，P 为纵坐标轴，在普通格纸上绘制 v-P 关系曲线。

(3)通过 v-P 曲线，利用图解法计算不同沉速时悬浮物的去除率 E 并绘制 v-E 关系曲线及 t-E 关系曲线。

[注意事项]

(1)向沉淀管内进水时，速度要适中。既要较快完成进水，以防进水中一些较重颗粒沉淀，又要防止速度过快造成柱内水体紊动，影响静沉实验效果。

(2)取样时，先排除管中积水而后取样，排空 20～50 mL 积液。

(3)测定悬浮物时，因颗粒较重，从烧杯取样要边搅边吸，以保证水样均匀。贴于移液管壁上细小的颗粒一定要用蒸馏水洗净。

[思考题]

(1)自由沉淀中颗粒沉速与絮凝沉淀中颗粒沉速有何区别。

(2)绘制颗粒沉速-沉淀率曲线的方法及意义。

实验 3-2 废水可生化性实验

[实验目的]

对某些工业废水进行生物处理时，由于废水中含有生物难降解的有机物、抑制或毒害微生物生长的物质，或者缺少微生物所需要的营养物质和环境条件，使得生物处理不能正常进行。因此需要通过实验来考察这些污水生物处理的可能性，研究某些组分可能产生的影响，确定进入生物处理设施的允许浓度。通过本实验希望达到下述目的：

(1)理解废水可生化性的含义。

(2)掌握测定废水可生化性实验的方法。

(3)理解内源呼吸线及生化呼吸线的基本含义。

[实验原理]

微生物降解有机污染物的物质代谢过程中所消耗的氧包括两部分：①氧化分解有机污染物，使其分解为 CO_2、H_2O、NH_3(存在含氮有机物)等，为合成新细胞提供能量；②供微生物进行内源呼吸，使细胞物质氧化分解，下列式子可说明物质代谢过程中的这一关系。

合成：$8CH_2O+3O_2+NH_3 \longrightarrow C_5H_7NO_2+3CO_2+6H_2O$

或

$$\begin{pmatrix} 3CH_2O+3O_2 \longrightarrow 3CO_2+3H_2O+\text{能量} \\ 5CH_2O+NH_3 \longrightarrow C_5H_7NO_2+3H_2O \end{pmatrix} \tag{1}$$

从上面反应式可以看到约 1/3 的 CH_2O(酪蛋白)被微生物氧化分解为 CO_2、H_2O，同时产生能量供微生物合成新细胞，这一过程要耗氧。

内源呼吸：$C_5H_7NO_2+5O_2 \rightarrow 5CO_2+2H_2O+NH_3$

微生物进行物质代谢过程的需氧速率可以用下式表示：总的需氧速率＝合成细胞的需氧速率＋内源呼吸的需氧速率，即

$$\left(\frac{dO}{dt}\right)_T=\left(\frac{dO}{dt}\right)_F+\left(\frac{dO}{dt}\right)_\sigma \tag{2}$$

式中：$\left(\frac{dO}{dt}\right)_T$ 为总的需氧速率，mg/(L·min)；$\left(\frac{dO}{dt}\right)_F$ 为降解有机物合成新细胞的耗氧速率，mg/(L·min)；$\left(\frac{dO}{dt}\right)_\sigma$ 为微生物内源呼吸需氧速率，mg/(L·min)。

活性污泥的耗氧速率(OUR)是评价污泥代谢活性的一个重要指标，它是指单位质量的活性污泥在单位时间内的耗氧量，耗氧速率公式如下：

$$OUR=(DO_0-DO_t)/(t\times MLVSS) \tag{3}$$

式中：OUR 为单位时间内单位活性污泥的耗氧量，mg(O_2)/g(MLVSS)·h；DO_0 为初始时刻 DO 值，mg/L；DO_t 为 t 时刻的 DO 值，mg/L；t 为测定经历的时间，h。

测呼吸线即测定基质的耗氧曲线，并把活性污泥微生物对基质的生化呼吸线与其内源呼吸线相比较而作为基质可生物降解性的评价。

当活性污泥微生物处于内源呼吸时，利用的基质是微生物自身的细胞物质，其呼吸速度是恒定的，耗氧量与时间的变化呈直线关系，这称为内源呼吸线。当供给活性污泥微生物外源基质时，耗氧量随时间的变化是一条特征曲线，称为生化呼吸线。把各种有机物的生化呼吸线与内源呼吸线加以比较时，可能出现三种情况：

(1)生化呼吸线位于内源呼吸线之上。说明该有机物或废水可被微生物氧化分解。两条呼吸线之间的距离越大，该有机物或废水的生物降解性越好。

(2)生化呼吸线与内源呼吸线基本重合，表明该有机物不能被活性污泥微生物氧化分解，但对微生物的生命活动无抑制作用。

(3)生化呼吸线位于内源呼吸线之下。说明该有机物对微生物产生了抑制作用，生化呼吸线越接近横坐标，则抑制作用越大。

因为抑制物(如:有毒有害物质)对微生物的抑制作用不仅与抑制物的浓度有关，还与微生物的浓度有关，所以实验时选用的污泥浓度与曝气池的污泥浓度相同，若用抑制物对微生物进行培养驯化，可以使微生物逐渐适应这种抑制物。

上述是通过测定活性污泥的 OUR 可以判断污水的可生化性，其实测定污水可生化性的方法还有许多种，主要有测定微生物的耗氧量(瓦勃呼吸仪、BOD 测定仪)、测定污水的 BOD_5 与 COD 比值、摇床或模型测定 BOD_5 与 COD 的去除率、ATP 及脱氢酶活性的测定等方法。本实验采用的方法比较简便、直观、所需设备也较简单，易于掌握。

[实验器材]

(1)实验装置由以下几个仪器组成:5 个螺丝夹，5 个生化反应器，一个油水分离器以及橡胶管若干条。

(2)测定呼吸速率实验装置组成:恒温磁力搅拌器、广口瓶、溶氧仪、溶氧探头、搅拌子、实验仪器仪表。

[实验步骤]

表 3-2　各生化反应器内间甲酚浓度

生化反应器序号	1	2	3	4	5	6
间甲酚投加量/mL	0	0	0.2	0.6	1.2	2.0

混合均匀后用溶氧仪测定反应器内溶解氧浓度，当溶解氧浓度大于 6～7 mg/L 时，立即取样测定呼吸速率$\left(\frac{dO}{dt}\right)$，至广口瓶中溶解氧浓度到 2 mg/L 以下结束一次测定，重复测定 3 次。

呼吸速率测定方法:用 250 mL 的广口瓶(内放搅拌子)取反应器内混合液一整瓶，迅速用装有溶解氧探头的橡皮塞塞紧瓶口(不能有气泡或漏气)，将瓶子放在电磁搅拌器上，启动搅拌器，定期测定溶解氧浓度 ρ(0.5～1 min)，做记录直至溶解氧浓度到 2 mg/L 以下结束。

[实验数据记录及结果]

(1)记录实验设备及操作基本参数：

间甲酚投加量：________ g　　　　温度：________℃

(2)测定的溶解氧值及计算得到的耗氧量。

(3)以时间 t 为横坐标、耗氧量为纵坐标，绘制内源呼吸线及不同类型废水的生化呼吸线。将废水的生化呼吸线与内源呼吸线进行比较，分析该类废水的可生化性。

[注意事项]

(1)广口瓶中的活性污泥混合液应加满，盖完塞子后瓶中不留有气泡。

(2)当反应瓶中溶解氧浓度低于 2 mg/L 时可停止读数，进行下一个水样的测定。

(3)为了保证实验结果的精确可靠，必要时可先用一广口瓶进行必要的演练。

[思考题]

(1)利用生化呼吸曲线为何能判定某种污水可生化性？

(2)何为内源呼吸？何为生物耗氧？

(3)生化呼吸曲线测定中哪些因素会影响测定结果？

实验 3-3　活性污泥特性测定实验

[实验目的]

(1)加深对活性污泥沉降比、污泥指数和污泥浓度的理解。

(2)掌握活性污泥几个主要性能指标的测定和计算方法。

[实验原理]

活性污泥是人工培养的生物絮凝体，它是由好氧微生物及其吸附的有机物组成的。活性污泥具有吸附和分解废水中的有机物(也有些可利用无机物质)的能力，显示出生物化学活性。在生物处理废水的设备运转管理中，除用显微镜观察外，下面几项污泥性质是经常要测定的。这些指标反映了污泥的活性，它们与剩余污泥排放量及处理效果等都有密切关系。

污泥沉淀比(SV)表示曝气池混合液在量筒内静置 30 min 后，所形成沉淀污泥的体积占原混合液的体积百分率。

污泥浓度(MLSS)表示单位体积曝气池混合液中所含污泥的干重，即混合液悬浮物浓度，单位为 g/L 或 mg/L。

污泥指数(SVI)表示污泥容积指数，指曝气池混合液经 30 min 静沉后，1 g 干污泥所占容积，单位为 mL/g。SVI 值能较好地反映活性污泥的松散程度(活性)和凝聚、沉淀性能。一般 SVI 在 100 左右为宜。

$$\mathrm{SVI}=\frac{SV}{\mathrm{MLSS}}\times 10 \tag{1}$$

污泥灰分表示干污泥经灼烧后(600 ℃)剩下的灰分。

挥发性污泥浓度(MLVSS)表示单位体积曝气池混合液中所含挥发性污泥的干重,即混合液挥发性悬浮物浓度,单位为 g/L。

$$\text{MLVSS}=\frac{\text{污泥质量}-\text{污泥灰分质量}}{V}\times 1000 \tag{2}$$

在一般情况下,MLVSS/MLSS 的比值较固定,对于生活污水处理池的活性污泥混合液,其比值常在 0.75 左右。

[实验器材]

过滤装置 1 套(包括漏斗 1 个,漏斗架 1 个,烧杯 1 个,定量滤纸若干,玻璃棒 1 根);60 mm 称量瓶 1 个;100 mL 量筒 1 个;镊子 1 把;坩埚 1 个;电子分析天平 1 台;烘箱 1 台;马弗炉 1 台。

[实验步骤]

1. 污泥沉降比(SV%)的测定

(1)将 100 mL 量筒洗净烘干,采用虹吸法在曝气池中取混合均匀的泥水混合液 100 mL(V),静置,并同时开始计时。

(2)观察活性污泥凝聚沉淀过程,并在第 1、2、3、5、10、15、20、30 min 分别记录污泥界面以下的污泥容积。

(3)沉降 30 min 后污泥体积 V_2与原混合液体积(100 mL)之比即为污泥沉降比。

2. 污泥浓度(MLSS)的测定

(1)将定量滤纸置于称量瓶中放入 105 ℃烘箱中干燥至恒重(约 2 h),冷却至室温称量并记录为 W_1。

(2)将该滤纸展开放在漏斗上,将测定过污泥沉降比的 100 mL 量筒内的污泥连同上清液倒入漏斗,进行过滤,用蒸馏水润洗量筒,润洗液也倒入漏斗。

(3)过滤后,用镊子将载有污泥的滤纸移入称量瓶中,再放入烘箱(105 ℃)中烘干至恒重(约 4 h),冷却至室温称量并记录为 W_2。

3. 活性污泥灰分的测定

(1)瓷坩埚放在马弗炉(600 ℃)中烘干至恒重,冷却称重并记录为 W_3。

(2)将经过步骤 2(3)后的污泥和滤纸一并放入瓷坩埚中,然后放入马弗炉内(600 ℃)中灼烧 60 min,待温度冷却至 120°时,取出放入干燥器内冷却至室温,称重记录为 W_4。

[实验数据记录及结果]

1. 基本参数整理

混合液来源:____________________ 混合液体积:V= ________ mL

2. 实验数据整理及分析

(1)污泥沉降比(SV)$=\dfrac{\text{沉淀污泥体积}}{\text{原混合液体积}}\times 100\%$

(2)污泥浓度(MLSS)$=\frac{\text{悬浮固体质量}}{\text{原混合液体积}}$

(3)污泥指数(SVI)$=\frac{SV}{MLSS}\times 10$

(4)绘出 100 mL 量筒中污泥容积随沉淀时间的变化曲线。

(5)污泥灰分质量$=W_4-W_3-W_1$

(6)挥发性污泥浓度(MLVSS)$=\frac{(W_2-W_1)-(W_4-W_3-W_1)}{V}\times 1000$

[注意事项]

(1)测定坩埚质量时,应将坩埚放在马弗炉中灼烧至恒重为止。

(2)实验项目多,实验前准备工作要充分,不要弄乱。

(3)仪器设备应按说明调整好,以减小误差。

(4)污泥过滤时不可将污泥溢出纸边。

[思考题]

(1)通过实验测定的活性污泥的性能指标,判断活性污泥的性能。

(2)活性污泥的各项性能指标有什么意义?

(3)污泥沉降比和污泥指数有什么区别和联系?

实验 3-4　清水曝气充氧实验

[实验目的]

(1)加深理解曝气的影响因素。

(2)掌握曝气设备清水充氧性能测定的方法。

(3)测定曝气设备的氧的总转移系数 $K_{La(20)}$、氧利用率 E_A、动力效率 E_P。

[实验原理]

所谓曝气就是人为地通过一些设备,加速向水中传递氧的一种过程。对于氧转移的机理主要是双膜理论。它的主要内容是:在气液两相接触界面两侧存在着气膜和液膜,它们处于层流状态,气体分子从气相主体以分子扩散的方式经过气膜和液膜进入液相主体,氧转移的动力为气膜中的氧分压梯度和液膜中的氧的浓度梯度,传递的阻力存在于气膜和液膜中,而且主要是存在于液膜中。

影响氧转移的因素主要有温度、污水性质、氧分压、水的紊流程度、气液之间接触时间和面积等。

氧转移的基本方程式为

$$\frac{dc}{dt}=K_{La}(c_s-c) \tag{1}$$

$$K_{La}=\frac{D_L A}{X_f V} \tag{2}$$

式中：$\frac{dc}{dt}$为液相主体中氧转移速度，mg/(L·min)；c_s 为液膜处饱和溶解氧浓度，mg/L；c 为液相主体中溶解氧浓度，mg/L；K_{La}为氧总转移系数；D_L为氧分子在液膜中的扩散系数；A 为气液两相接触界面面积，m^2；X_f为液膜厚度，m；V 为曝气液体容积，L。

由于液膜厚度 X_f及两相接触界面面积很难确定，因而用氧总转移系数 K_{La}值代替。K_{La}值与温度、水紊动性、气液接触面面积等有关，它指的是在单位传质动力下，单位时间内向单位曝气液体中的充氧量，它是反映氧转移速度的重要指标。

$$K_{La}=\frac{1}{t-t_0}\ln\frac{\rho_s-\rho_0}{\rho_s-\rho_t} \tag{3}$$

式中：K_{La}为氧总转移系数，L/min；t、t_0为曝气时间，min；ρ_0为曝气开始时烧杯内溶解氧浓度，mg/L；ρ_s为烧杯内溶液饱和溶解氧值，mg/L；ρ_t为曝气某时刻 t 时，烧杯内溶液溶解氧浓度，mg/L。

评价曝气设备充氧能力的方法有两种：①不稳定状态下的曝气试验，即试验过程中溶解氧浓度是变化的，由零增加到饱和浓度；②稳定状态下的试验，即试验过程中溶解氧浓度保持不变。本实验仅进行清水和污水在不稳定状态下的曝气试验。

[实验器材]

模型曝气池(桶或玻璃缸，2 L)、充氧泵、秒表、50 mL 烧杯、长玻璃棒、无水亚硫酸钠氯化钴、溶解氧测定仪、空气压缩机。

[实验步骤]

(1)曝气池内加入适量的水，测定加入清水的体积 V(L)、水中溶解氧值 c(mg/L)。

(2)计算投药量：脱氧剂采用无水亚硫酸钠，根据 $2Na_2SO_3+O_2=2Na_2SO_4$，每次投药量 $G=(1.1\sim1.5)\times8\times c(\text{mg/L})\times V(\text{L})$，催化剂采用氯化钴，投加量为 1.6 Vmg。

(3)将所称药剂用温水化开，倒入池中，约 10 min 后，测定水中溶解氧值。

(4)当水中溶解氧为零或接近零后，打开空压机，打开流量计，当有气泡出现时开始记时；同时每隔一定时间(0.5 min)测 1 次溶解氧值，连续测 8 次后隔 1 min 测 1 次，而后拉长间隔测量，直至水中溶解氧不再增长(即达到饱和)为止，随后，关流量计，关闭空压机。

(5)实验中计量风量，水温、气温。

[实验数据记录及结果]

清水充氧实验数据见表 3-3。

表 3-3　清水充氧实验数据

水温/℃	水样体积/L	水样原始溶解氧/(mg/L)	亚硫酸钠量/g	氯化钴量/mg

(1)计算氧总转移系数 $K_{La}(T)$。

(2)计算温度修正系数 K,根据 $K_{La}(T)$,求氧总转移系数 $K_{La}(4)$。

$$K=1.024^{T-20}$$

修正后氧总转移速率为 $K_{Las}=\frac{K_{La}}{K}=\frac{K_{La}}{1.024^{T-20}}$ (4)

此为经验式,它考虑了水温对水的黏滞性和饱和溶解氧的影响,国内外大多采用此式,本次实验也以此进行温度修正。

(3)计算充氧设备充氧能量 E_L。

$$E_L=K_{La(20)}\times c_S \tag{5}$$

式中:c_S 为 1 atm 下,20 ℃时溶解氧饱和值,$c_S=9.17$ mg/L。

(4)计算曝气设备动力效率 E_P。

$$E_P=(E_L\times V)/N \tag{6}$$

式中:N 为理论功率,只计算曝气充氧所耗有用功;V 为曝气池有效体积。

(5)计算曝气设备氧利用率 E_A。

$$E_A=\frac{E_L\times V}{Q\times 0.28}\times 100\% \tag{7}$$

[注意事项]

(1)每个实验所用设备、仪器较多,事前必须熟悉设备、仪器的使用方法及注意事项。

(2)加药时,将脱氧剂与催化剂用温水化开后,从柱或池顶,均匀加入。

(3)无溶解氧测定仪的设备,在曝气初期,取样时间间隔宜短。

(4)实测饱和溶解氧值时,一定要在溶解氧值稳定后进行。

(5)水温、风温(送风管内空气温度)宜取开始、中间、结束时实测值的平均值。

[思考题]

(1)简述曝气在活性污泥生物处理法中的作用。

(2)简述曝气充氧原理及影响氧转移因素。

(3)氧总转移系数 K_{LA} 的意义是什么?

实验 3-5 混凝实验

[实验目的]

(1)学会求得高浓度悬浮物污水的最佳混凝条件(包括投药量、pH)的基本方法。

(2)掌握混凝工艺基本原理,了解针对实际废水采用混凝工艺的参数确定与优化。

(3)掌握水和废水混凝处理的最佳混凝条件的确定方法。

(4)加深对混凝机理的理解。

[实验原理]

分散在水中的胶体颗粒带有电荷,同时在布朗运动及其表面水化膜作用下,长期处于稳定分散状态,不能用自然沉淀法去除。向这种水中投加混凝剂后,可以使分散颗粒相互结合聚集增大,从水中分离出来。

(1)向水中投加混凝剂,通过电性中和或吸附架桥作用,而使分散在水中稳定状态的胶体颗粒脱稳,进而相互凝聚在一起形成矾花。

(2)混凝处理的效果不仅与混凝剂的投量有关,同时还与被处理水的pH、水温及处理过程中的水力条件等因素有密切的关系。

(3)水力条件对混凝效果有重大的影响,水中投加混凝剂后,要求水流具有由强至弱的混合强度,一方面保证脱稳的颗粒间相互接触的概率,另一方面防止已形成的絮体被水力剪切作用而打破,一般要求混合速度由大变小。

[实验器材]

1. 实验装置

混凝实验装置主要是实验搅拌机。搅拌机上装有电机的调速设备,电源采用稳压电源。

2. 实验器材

六联搅拌器JJ-4A型1台、7230G分光光度1台、pH试纸、烧杯500 mL 6个、量筒500 mL 1个、移液管(5.0 mL、10.0 mL)、滴管、玻璃棒等。

3. 试剂

在混凝实验中所用的实验药剂可参考下列浓度进行配制:

(1)硫酸铝[$Al_2(SO_4)_3 \cdot 18H_2O$]:浓度10 g/L。

(2)聚丙烯酰胺(PAM):浓度3%。

(3)聚合硫酸铁:浓度10 g/L。

(4)聚合氯化铝:浓度10 g/L。

(5)化学纯(1+10)盐酸HCl。

(6)化学纯氢氧化钠NaOH:浓度5%。

[实验步骤]

混凝实验分为最佳混凝剂选择、最佳投药量、最佳pH三部分。先进行最佳混凝剂的选择,选择最佳混凝剂后,用该种混凝剂进行最佳投药量实验,先选定一种搅拌速度变化方式和pH,求出最佳投药量,然后按照最佳投药量求出混凝最佳pH。

1. 浊度标准曲线的绘制及原水浊度的测定

(1)用标准浊度贮备液(浊度为400度)配制浊度标准系列溶液,用7230G分光光度计,在680 nm波长下,测标准系列溶液的吸光度,记录数据,绘制浊度标准曲线。

(2)测定原水水样浑浊度，并用 pH 试纸测其 pH，用温度计测其温度，记录数据。

2. 最佳混凝剂的确定

(1)取 4 个 500 mL 烧杯，用量筒分别量取 300 mL 水样倒入烧杯中。

(2)用滴管分别往 4 个烧杯中加 NaOH(5%)，调 pH 为 8。再往 4 个烧杯中分别加入硫酸铝[$Al_2(SO_4)_3 \cdot 18H_2O$](10 g/L)、聚丙烯酰胺(PAM)、聚合硫酸铁、聚合氯化铝，边加边搅拌，注意观察，并直至出现矾花为止。这时的混凝剂量作为形成矾花的最小投加量，记录下该值。

(3)静置 5 min，测上清液浊度。上清液浊度最小值的烧杯所投加的药剂即为最佳混凝剂，其出现矾花(絮体)的最小投加量为 V。记录数据。

3. 最佳投药量的确定

(1)用 6 个 500 mL 的烧杯，分别放入 300 mL 原水。

(2)用 NaOH(5%)，调节各烧杯的 pH 为 8～9。

(3)根据步骤 2 得出的形成矾花最小混凝剂投加量，取其 1/4 作为 1 号烧杯的混凝剂投加量，取其 2 倍作为 6 号烧杯的混凝剂投加量，用依次增加混凝剂投加量相等的方法求出 2～5 号烧杯混凝剂投加量。

(4)把以上 6 个烧杯放在六联搅拌机台上，启动六联搅拌机，调整转速约 260 r/min。按步骤 1 计算量分别投加混凝剂于 1～6 号烧杯中，快速搅拌 30 s，转速约 260 r/min；中速搅拌 3 min，转速约 120 r/min。

(5)关闭搅拌机、抬起搅拌桨、静止沉淀 5 min，用移液管移取烧杯中的上清液，测定浊度，记录数据。

4. 最佳 pH 的确定

(1)取 6 个 500 mL 烧杯分别放入 500 mL 原水。调整 pH，即调整 1 号烧杯水样使其 pH 等于 5，其他水样的 pH(从 1 号烧杯开始)依次增加一个 pH 单位。

用移液管向各烧杯中加入相同剂量的混凝剂。(投加剂量按照最佳投药量实验中得出的最佳投药量而确定)。

(2)把上述六个烧杯置于六联搅拌机台上，启动六联搅拌机，快速搅拌 30 s，转速约 260 r/min；中速搅拌 3 min，转速约 120 r/min。

(3)关闭六联搅拌机，静置 5 min，用移液管移取烧杯中的上清液，测定浊度，记录数据。

[数据处理]

1. 浊度标准曲线及原水浊度

(1)根据浊度标准溶液的浊度及其对应的吸光度。在坐标纸上以浊度为横坐标，以吸光度为纵坐标，绘制浊度标准曲线。

(2)测定原水吸光度，根据浊度标准曲线查出对应的浊度。

2. 最佳混凝剂的确定

根据投加不同混凝剂后上清液的吸光度，确定最佳混凝剂。

3. 最佳投药量的确定

以沉淀水浊度为纵坐标，混凝剂加注量为横坐标，绘出浊度与药剂投加量关系曲线，并从图上求出最佳混凝剂投加量。

4. 最佳 pH 的确定

以上清液浊度为纵坐标，水样 pH 为横坐标绘出浊度与 pH 关系曲线，从图上求出所投加混凝剂的混凝最佳 pH 及其适用范围。

[注意事项]

(1)在最佳投药量、最佳 pH 实验中，向各烧杯投加药剂时应同时投加，避免因时间间隔较长各水样加药后反应时间长短相差太大，混凝效果悬殊。

(2)在测定水的浊度、用移液管吸上清液时，不要扰动底部沉淀物。同时，各烧杯抽吸的时间间隔尽量减小。

[思考题]

(1)根据最佳投药量实验曲线，分析上清液浊度与混凝剂加入量的关系。

(2)本实验与水处理实际情况有哪些差别？如何改进？

实验 3-6　活性炭吸附实验

[实验目的]

(1)加深理解吸附的基本原理。

(2)了解活性炭吸附工艺，掌握测定吸附等温线的操作过程。

[实验原理]

活性炭吸附是利用活性炭固体表面对水中一种或几种物质的吸附作用，达到净化水质的目的。活性炭对水中所含杂质的吸附既有物理吸附也有化学吸附。

水中的溶解性物质在活性炭表面积聚而被吸附，同时也有一些被吸附物质由于分子的运动而离开活性炭表面，重新进入水中，即同时发生解吸现象。当吸附和解吸处于动态平衡状态时，称为吸附平衡。而此时被吸附物质在溶液中的浓度称为平衡浓度 C。活性炭的吸附能力以吸附量 q_e表示，用 m 克活性炭吸附溶液中的溶质，被吸附的溶质为 x 毫克，则吸附量 q_e可按下式计算：

$$q_e=\frac{x}{m}=\frac{(c_0-c_e)\times V}{m} \tag{1}$$

式中：q_e为平衡吸附量，mg/g；c_0 与 c_e 为吸附质的初始浓度与平衡浓度，mg/L；V 为溶液的体积，L；m 为所用的活性炭的质量，g。

q_e的大小除了决定于活性炭的品种之外，还与被吸附物质的性质、浓度、水的温度及 pH 有关。一般说来，当被吸附的物质不容易溶解于水而受到水的排斥作用，且活性炭对被吸附物质的亲和作用力强、被吸附物质的浓度又较大时，q_e值就比较大。由吸附量 q_e 和平衡浓度 c 的关系所绘出的曲线称为吸附等温线，表示吸附等温线的公式称为吸附等温式，比较常用的吸附等温式有 Langmuir、BET 和 Fruendlich 吸附等温式。

在水和废水处理中通常用 Fruendlich 吸附等温式来比较不同温度和不同溶液浓度时的活性炭的吸附容量，即

$$q_e = Kc^{\frac{1}{n}} \tag{2}$$

式中：q_e 为吸附容量，mg/g；K 为与吸附比表面积、温度有关的系数；n 为与温度有关的常数，$n>1$；c 为吸附平衡时的溶液浓度，mg/L。

这是一个经验公式，通常用图解方法求出 K、n 的值。为了方便易解，往往将式(2)变换成线性对数关系式

$$\lg q_e = \lg\frac{c_0 - c}{m} = \lg K + \frac{1}{n}\lg c \tag{3}$$

式中：c_0 为水中被吸附物质原始浓度，mg/L；c 为被吸附物质的平衡浓度，mg/L；m 为活性炭投加量，g/L。

[实验器材]

间歇式活性炭吸附装置、间歇式吸附采用三角烧瓶（在烧瓶内放入活性炭和水样进行振荡）、振荡箱、天平、烘箱、分光光度计、注射器、塑料滤头、滤膜等、活性炭。

[实验步骤]

1. 标准曲线的绘制

向一系列 50 mL 比色管中分别加入 0、0.2、0.4、0.6、0.8、1.0 mL 的 250 mg/L 亚甲基蓝标准溶液，用蒸馏水稀释至刻度，摇匀后在 660 nm 波长处，以蒸馏水为参比测定吸光度。以亚甲基蓝浓度为横坐标，吸光度为纵坐标，绘制亚甲基蓝标准曲线。

2. 间歇式吸附实验

(1)将活性炭放在蒸馏水中浸泡 24 h，然后在 105 ℃烘箱内烘 24 h，再将烘干的活性炭研碎，使其成为能通过 200 目以下筛孔的粉状活性炭。因为粒状活性炭要达到吸附平衡耗时太久，为使实验能在短时间内结束，所以多用粉状炭。

(2)在 6 个锥形瓶中分别加入 0.01～0.15 g（如，0.01、0.03、0.05、0.07、0.10、0.15 g）不同量粉状活性炭。

(3)在每个锥形瓶中加入 50 mL 的亚甲基蓝模拟废水。

(4)将上述 6 个锥形瓶放在振荡箱内振荡，控制温度 20 ℃，振荡速度 100～150 r/min，振荡 40 min 后取出锥形瓶（近似认为达到吸附平衡）。

(5)过滤锥形瓶中的废水，测定其浓度，求出吸附量。记录实验数据。

[实验数据记录及结果]

(1)根据记录的数据，根据公式计算吸附量。以 c 为横坐标，q_e 为纵坐标作吸附等温线。

(2)根据公式,以 $\lg q_e$ 为纵坐标,$\lg c$ 为横坐标,求出 Fruendlich 公式中的常数 K、n 值。

[注意事项]

(1)若 q_e 为负值,则说明不适于使用上述公式。

(2)在测水样的吸光度之前,应该取水样的上清液然后在分光光度计上测相应的吸光度。

(3)连续流吸附实验时,如果第一个活性炭柱进出水溶质浓度值很小,则可增大进水流量或停止第二、第三个活性炭柱进水,只用一个炭柱。反之,如果第一个炭柱进出水溶质浓度相差无几,则可减少进水量。

(4)进入活性炭柱的水中浑浊度较高时,应进行过滤去除杂质。

[思考题]

(1)为什么要将活性炭磨细?其吸附能力及吸附速度与原状活性炭相同吗?

(2)吸附等温线有何实际意义?

实验 3-7　压力溶气气浮实验

[实验目的]

(1)通过实验掌握气浮法的原理及影响因素。

(2)通过实验模型的运行掌握加压溶气气浮装置的工艺流程。

[实验原理]

气浮是固液分离或液液分离的一种技术,是指人为采取某种方式产生大量的微小气泡,使气泡与水中一些杂质物质微粒相吸附,形成相对密度比水轻的气浮体,气浮体在水浮力的作用下,上浮到水面而形成浮渣,进而达到杂质与水分离的目的。

加压气浮法实质是在一定的压力情况下,将空气溶入水中,并达到指定压力状态下的饱和值,然后突然降至常压,这时溶解在水中的空气即以非常细小的气泡释放出来。这些数量众多的细小气泡与欲处理污水中呈悬浮状态的颗粒产生黏附作用,使这些夹带了无数细微气泡的颗粒的相对密度小于水而产生上浮作用。此法是当今应用最广泛的一种气浮方法。

气体在水中的溶解度与压力、温度和接触时间有关。根据亨利定律可知,空气在水中的溶解度与所受压力成正比:

$$V = K_T p \tag{1}$$

式中:V 为空气在水中的溶解度,L/m^3;p 为溶解上方空气所受绝对压力,Pa;K_T 为溶解系数。各种温度下的 K_T 值见表 3-4。

表 3-4　各种温度下的 K_T 值

温度/℃	0	10	20	30	40	50
K_T	0.038	0.029	0.024	0.021	0.018	0.016

[实验器材]

加压溶气气浮实验装置、空压机、加压泵、流量计、止回阀、减压阀、水箱、混凝剂如 $Al_2(SO_4)_3$、分析原水出水的各种仪器。

(1)熟悉并检查气浮实验装置是否完好。

(2)往回流加压水箱与气浮池中注水，至有效水深的 90%高度。

(3)将含乳化油或其他悬浮物的原水加到原水配水箱中，并投 $Al_2(SO_4)_3$ 等混凝剂后搅拌混合，投加 $Al_2(SO_4)_3$ 的量为 50～60 mg/L。

(4)先开动空压机加压至 0.3 MPa。

(5)开启加压水泵，流量按 2～4 L/min 控制。

(6)待溶气罐中的水位升至一定高度，缓慢打开溶气罐底部的闸阀，其流量与加压水量相同(2～4 L/min)。

(7)当加压溶气的水在气浮池中释放并形成大量微小气泡时，再打开原水配水箱、原水进水流量可控制在 4～6 L/min。

(8)开启空压机加压至 0.3 MPa(并开启加压水泵)后，其空气流量可控制在 0.1～0.2 L/min，但考虑到加压溶气罐及管道中难以避免的漏气，其空气量可按水面在溶气罐内的液面计中间部分控制即可。多余的空气可以通过其顶部的排气阀排除。

(9)出水可以排至下水道，也可回流至回流加压水箱。

(10)测定原水与处理水的水质变化。也可以多次改变进水量、空气在溶气罐内的压力、加压水量等，来测定分析原水与处理水的水质。

[实验数据记录及结果]

(1)根据实验设备尺寸与有效容积，以及水和空气的流量，分别计算溶气时间、气浮时间等参数。

(2)观察实验装置运行是否正常，气浮池内的气泡是否很微小，若不正常，是什么原因？如何解决？

(3)计算不同运行条件下，原水中污染物(也可以用悬浮物来表示)的去除率，以其去除率为纵坐标，以某一运行参数(如溶气罐的压力、进水流量即气浮时间等)为横坐标，画出污染物去除率与某运行参数之间的定量关系曲线。

[注意事项]

(1)为了不弄脏气浮池与原水配水箱，也可做演示实验，用清水或浓度不大的原水进行实验。

(2)用原水做实验时，出水(处理水)最好不要回流至回流加压水箱，以免在处理装置运行不正常时，弄脏水箱与溶气罐。

[思考题]

(1)简述气浮法的含义及原理。
(2)简述加压溶气气浮装置的组成及各部分作用。
(3)加压溶气气浮法有何特点？与沉淀法有什么相同之处？有什么不同之处？

实验 3-8　污泥比阻实验

[实验目的]

(1)进一步加深理解污泥比阻的概念。
(2)通过测定污泥比阻评价污泥脱水性能。
(3)了解化学调理污泥对污泥比阻的影响。

[实验原理]

污泥比阻是衡量污泥过滤特性的综合性指标。其物理意义是:单位质量的污泥在一定压力下过滤时在单位过滤面积上的阻力,求此值的作用是比较不同的污泥(或同一种污泥加入不同量的混凝剂后)的过滤性能,污泥比阻越大,过滤性能越差。

由泊塞-达西(Poiseilles-Darcys)定律得出的过滤基本方程见式(1):

$$\frac{\mathrm{d}V}{\mathrm{d}t}=\frac{pA^2}{\mu rcV+\mu R_{\mathrm{m}}A} \tag{1}$$

式中:V 为滤出液体积,m^3;t 为过滤时间,s;p 为真空度,$\mathrm{N/m}^2$;A 为过滤面积,m^2;c 为单位体积滤液所得干固体质量,$\mathrm{kg/m}^3$;r 为污泥比阻,m/kg;R_{m} 为过滤介质的初始阻力,$\mathrm{m/m}^2$;μ 为滤液黏度,$\mathrm{N\cdot s/m}^2$。

当忽略滤液固体浓度时,单位体积滤液所得干固体质量可由式得出(2)。

$$c=\frac{c_{\mathrm{b}}\times c_{\mathrm{o}}}{c_{\mathrm{b}}-c_{\mathrm{o}}} \tag{2}$$

式中:c_{o}为原污泥固体浓度,$\mathrm{kg/m}^3$;c_{b}为滤饼固体浓度,$\mathrm{kg/m}^3$。

在定压条件下过滤,当 $t=0$,$V=0$ 时,将式(2)积分,可得$\frac{t}{V}$-V 的关系,见式(3)。

$$\frac{t}{V}=\frac{\mu rcV}{2pA^2}+\frac{\mu R_{\mathrm{m}}}{pA} \tag{3}$$

式中:$\frac{\mu rcV}{A^2}$为滤饼层产生的阻力;$\frac{\mu R_{\mathrm{m}}}{A}$为过滤介质产生的阻力。

采用布氏漏斗真空过滤实验所得数据绘制$\frac{t}{V}-V$ 关系曲线,可得一直线,由直线斜率 K,

可求得污泥比阻：

$$r=\frac{2KpA^2}{\mu c}\ \text{m/kg} \tag{4}$$

1 kg 力等于 9.81 N，将这个单位变换，见式(5)：

$$1\ \text{m/kg}=\frac{1\ \text{m}}{10^3\,\text{g}\times 9.81\,\text{m/s}^2}=\frac{\text{s}^2/\text{g}}{9.81\times 10^3} \tag{5}$$

因此，$1\text{s}^2/\text{g}=9.81\times 10^3\ \text{m/kg}$。

在污泥过滤过程中，过滤速度明显地受到污泥化学组成、颗粒形状、大小及液相成分的影响。所以，一般污泥在过滤前需要投加混凝剂以凝聚小的颗粒和减少细小颗粒的移动，细小颗粒的移动可以使过滤介质和泥饼紧结，致使滤率明显降低。所用混凝剂有 $FeCl_3$、石灰或高分子电解质，混凝剂的投加方式和最佳投量均可通过测定污泥比阻来确定，凝聚效果越好，污泥比阻就越小，一般混凝剂投量与污泥比阻之间具有一定的关系，作图可求得最佳投量。

[实验器材]

(1)实验装置：由真空泵、吸滤瓶、真空调节阀、真空表、布氏漏斗、橡胶塞、计量筒构成污泥比阻实验装置。

(2)实验工具：游标卡尺、秒表、黏度计。

(3)混凝剂：1% $FeCl_3$溶液或其他混凝剂。

(4)实验用污泥：田埂上的黑泥类有机污泥、城镇污水处理厂的脱水污泥(调整含水率为96%～98%)或城镇污水处理厂的曝气池污泥。

[实验步骤]

(1)往烧杯中盛入已计量好的 80～100 mL 污泥。

(2)在布氏漏斗里放入滤纸并用水润湿，启动真空泵使滤纸贴紧漏斗底面，然后通过游标卡尺测定布氏漏斗的外周长和壁厚，计算过滤面积 A。

(3)关闭真空泵，将烧杯中的污泥注入漏斗中。

(4)启动真空泵，迅速调节并稳定真空度为 0.03 MPa 左右，为了快速而比较准确地调节真空度到实验真空度，可以分段调节。先关闭污泥比阻实验装置中的阀门，预调真空度稍大于量程上限的 30%，然后打开该阀门，可以快速地将真空度调节到实验真空度。每隔 1 min 记录量筒内相应的滤液体积，直到真空破坏。

[实验数据记录及结果]

(1)测定并记录实验基本参数。参数包括：原污泥的含水率及固体浓度、实验真空度(mm Hg)、不加混凝剂滤饼的含水率、加混凝剂滤饼的含水率。

(2)将布氏漏斗实验所得数据进行处理。

(3)以 t/V 为纵坐标，V 为横坐标作图，求 b。

(4)根据原污泥的含水率及滤饼的含水率求出 c。

(5)列表计算比阻值 α。

(6)以比阻为纵坐标,混凝剂投加量为横坐标,作图求出最佳投加量。

[注意事项]

(1)检查计量管与布氏漏斗之间是否漏气。

(2)将滤纸进行称量并烘干,然后将其放入布氏漏斗中。用蒸馏水将滤纸润湿,接着用真空泵抽吸确保滤纸紧密贴合,防止漏气。

(3)当将污泥倒入布氏漏斗时,注意可能会有部分滤液流入计量筒。因此,在实验正式开始后,应记录计量筒内滤液的体积。

(4)污泥中加混凝剂后应充分混合。

(5)在整个过滤过程中,真空度确定后始终保持一致。

[思考题]

(1)判断消化污泥脱水性能好坏,分析其原因。

(2)测定污泥比阻在工程上有何实际意义。

实验 3-9　加氯消毒实验

[实验目的]

(1)掌握折点加氯消毒的实验技术原理和操作步骤。

(2)通过实验研究,探究在不同氯投加量与特定含氨氮水样接触一定时间后,水中游离性余氯、化合性余氯以及总余氯含量与投氯量之间的量化关系。

[实验原理]

(1)原水中不含氨氮时,向水中投加氯能够生成次氯酸和次氯酸根,反应式如下:

$$Cl_2+H_2O=HClO+H^++Cl^-$$
$$HClO=H^++ClO^-$$

次氯酸和次氯酸根均有消毒作用,但前者消毒效果较好。HClO 是中性分子,可以扩散到细菌内部破坏细菌的酶系统,妨碍细菌的新陈代谢,导致细菌死亡。

水中的 HClO 和 ClO^- 称为游离性氯。

(2)当水中含有氨氮时,加氯后生成次氯酸和氯胺,反应式如下:

$$Cl_2+H_2O=HClO+H^++Cl^-$$
$$NH_3+HClO=NH_2Cl+H_2O$$
$$NH_2Cl+HClO=NHCl_2+H_2O$$
$$NHCl_2+HClO=NCl_3+H_2O$$

次氯酸和氯胺均有消毒作用，次氯酸、一氯胺、二氯胺和三氯胺（又名三氯化氮）在水中均可能存在，它们在平衡状态下的含量比例取决于氨氮的相对浓度、pH 和温度。

当 pH<7 时，1 mol 氯与 1 mol 氨氮作用生成 1 mol 一氯胺，氯与氨氮（以 N 计）的质量比约为 5∶1。

当 pH=7～8 时，2 mol 氯与 1 mol 氨氮作用生成 1 mol 二氯胺，氯与氨氮（以 N 计）的质量比约为 10∶1。

当 pH>8 时，3 mol 氯与 1 mol 氨氮作用生成 1 mol 三氯胺，氯与氨氮（以 N 计）的质量比大于 10∶1，并出现游离氯，同时随着投氯量的不断增加，水中游离氯越来越多。

水中有氯胺时，依靠水解生成次氯酸起消毒作用，消毒作用比较缓慢，接触时间不能小于 2 h。

水中的 NH_2Cl、$NHCl_2$、NCl_3 称为化合性氯。化合性氯消毒效果不如游离性氯。

(3)氯还能与水中的含碳物质、铁、锰、硫化氢及藻类发生氧化作用。

水中含有氨氮和其他消耗氯的物质时，投氯量与余氯量的关系可以参见折点加氯曲线(图 3-1)。

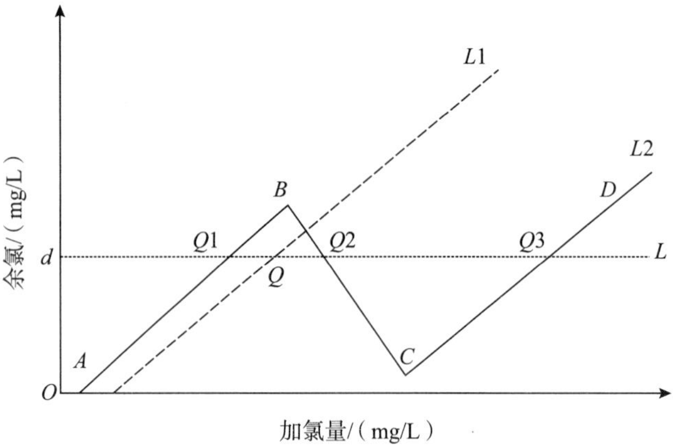

图 3-1 折点加氯曲线

OA 段，投氯量太少，氯完全被消耗，余氯量为 0。

AB 段，余氯主要为一氯胺。一氯胺与次氯酸作用，部分生成二氯胺，部分产生下面反应：

$$2NH_2Cl + HClO = N_2\uparrow + 3HCl + H_2O$$

BC 段，一氯胺和余氯均逐渐减少，二氯胺逐渐增加。

C 点，余氯值最少，称为折点。

CD 段，*C* 点后出现三氯胺和游离性氯，随着加氯量的增加游离性余氯越来越多。

按大于折点的量来投加氯称为折点加氯。它有两个优点：一是可以去除水中大多数产生臭味的物质；二是有游离性余氯，消毒效果好。

本实验采用 N,N-二乙基-1,4-苯二胺（DPD）滴定法来测定水中的游离氯和总氯。游离氯测定的原理是在 pH 为 6.2～6.5 条件下，游离氯与 DPD 生成红色化合物，用硫酸亚铁铵标准溶液滴定至红色消失。总氯测定的原理是在 pH 为 6.2～6.5 条件下，存在过量碘化钾时，单质氯、次氯酸、次氯酸盐和氯胺与 DPD 反应生成红色化合物，用硫酸亚铁铵标准溶液滴定至红色消失。本实验的检出限（以 Cl_2 计）为 0.02 mg/L，测定范围（以 Cl_2 计）为 0.08～5.0 mg/L。

[实验器材]

(1)实验仪器:20 L 水桶 1 个、50 mL 比色管若干、10 mL 酸式滴定管 1 支、1000 mL 烧杯 12 个、250 mL 锥形瓶若干、温度计 1 支、5 mL 移液管 1 个、2 mL 移液管 1 个、1 mL 移液管 1 个、50 mL 和 100 mL 胖肚移液管,各 1 个、洗耳球 2 个、1000 mL 容量瓶 1 个。

(2)实验试剂:1%浓度氨氮溶液 100 mL、约 1%(以有效氯含量计)浓度次氯酸钠溶液 100 mL、碘化钾(AR)固体、缓冲溶液(pH=6.5)500 mL、1 g/L DPD 溶液 200 mL、5 g/L 硫代乙酰胺溶液 50 mL、8 mmol/L 硫酸亚铁铵溶液 1 L。

(3)水样:取自来水 20 L,加入 1%浓度氨氮 2 mL,混匀,即为实验用水,其氨氮含量约为 1 mg/L。

[实验步骤]

(1)测量原水水温。

(2)水样配制。

(3)分别取 1000 mL 原水置于 12 个 1000 mL 烧杯中。

(4)投加约 1%浓度的次氯酸钠溶液,投加量分别为 0、0.2、0.5、0.8、1.0、1.4、1.8、2.0、2.2、2.5、3.0、3.5 mL,计算每个烧杯中的加氯量(mg/L)。

(5)用玻璃棒快速搅拌,混匀,静置 2 h。

(6)2 h 后测定水样中的游离氯、化合氯和总余氯的量。

(7)余氯的测定

①游离氯的测定。取烧杯中 100 mL 水样放入 250 mL 锥形瓶中,立即加入 10 mL 缓冲溶液,5 mL DPD 溶液,迅速混合,用硫酸亚铁铵溶液滴定至无色,记录硫酸亚铁铵溶液用量 A。

②总氯的测定。取烧杯中 100 mL 水样放入 250 mL 锥形瓶中,加入 1 g 左右的碘化钾固体,加入 10 mL 缓冲溶液,5 mL DPD 溶液,迅速混合,静置 2 min 后,用硫酸亚铁铵溶液滴定至无色,2 min 内如还有红色出现,则再滴定至无色,记录硫酸亚铁铵溶液用量 B。

③取烧杯中 100 mL 水样放入 250 mL 锥形瓶中,加入 1 mL 硫代乙酰胺,加入 10 mL 缓冲溶液,5 mL DPD 溶液,迅速混合,静置 2 min 后,用硫酸亚铁铵溶液滴定至无色,记录硫酸亚铁铵溶液用量 C。

注:如果 100 mL 水样中含氯量超过测定范围,则水样应进行适当稀释。

(8)次氯酸钠溶液含氯量的测定。用移液管移取 1.0 mL 1%次氯酸钠溶液,放入 1000 mL 容量瓶中,加蒸馏水定容至刻度线,盖塞,颠倒摇匀。准确吸取 50 mL 稀释后的次氯酸钠溶液于 250 mL 的三角烧瓶中,加入 50 mL 蒸馏水稀释,加入 1 g 左右的碘化钾固体,加入 10 mL 缓冲溶液,5 mL DPD 溶液,迅速混合,静置 2 min 后,用硫酸亚铁铵溶液滴定至无色,2 min 内如还有红色出现,则再滴定至无色,记录硫酸亚铁铵溶液用量 V'。

$$\text{次氯酸钠溶液含氯量}=\frac{c_{\text{硫酸亚铁铵}}V'}{V_{\text{待测水样}}}\times 70.91\times 2000\ \text{mg/L}$$

[实验数据记录及结果]

根据测定结果进行余氯计算,绘制游离余氯、化合余氯及总氯与投氯量的关系曲线。

[注意事项]

各水样加氯的接触时间应尽可能相同或接近,以利于互相比较。

[思考题]

(1)水中含有氨氮时,加氯量与余氯量关系曲线中为什么会出现折点?
(2)哪些因素会影响加氯量?

实验3-10 活性污泥耗氧速率测定及废水可生化性与毒性评价

[实验目的]

(1)了解活性污泥耗氧速率测定的意义。
(2)掌握溶解氧测定仪测定活性污泥耗氧速率的方法和原理。并利用该方法进行废水可生化性及毒性的测定。

[实验原理]

活性污泥中微生物需要消耗溶解氧,利用溶解氧测定仪测出一定量活性污泥在一定的时间内所消耗的溶解氧即为活性污泥的内源呼吸耗氧速率。

SOUR(比耗氧速率):在污水处理过程中,用于评估活性污泥稳定性的一个定量指标,具体是指单位质量的活性污泥在单位时间内消耗的氧气量。

[实验器材]

溶解氧测定仪;0.025 mol/L pH为7的磷酸盐缓冲液、活性污泥、250 mL广口瓶、磁力搅拌器、10% $CuSO_4$。

[实验步骤]

1.测定活性污泥的耗氧速率

方法一:

(1)取曝气池活性污泥混合液立即置于烧杯中,由于曝气池不同部位的活性污泥浓度和活性有所不同,取样时可取不同部位的混合样。调节温度至20 ℃并充氧至饱和。

(2)将已充氧至饱和的20 ℃的污泥混合液倒满内装搅拌棒的250 mL广口瓶中,并塞上安有溶氧仪电极探头的橡皮塞,注意瓶内不应存有气泡。

(3)在20 ℃的恒温室(或将250 mL广口瓶置于20 ℃恒温水浴中),开动电磁搅拌器,待稳定后即可读数并记录溶氧值,一般每隔1 min读数1次。

(4)待DO降至1 mg/L时即停止整个试验,注意整个试验过程控制在10~30 min,即尽量使每升污泥每小时耗氧量在5~40 mg内较宜,若DO值下降过快,可将污泥适当稀释后测定。

(5)测定反应瓶内挥发性活性污泥浓度(MLVSS)。

(6)根据污泥的浓度(MLVSS)、反应时间 t 和反应瓶内溶解氧变化率求得污泥的比耗氧速率 OUR：

$$\mathrm{OUR}=\frac{(DO_0-DO_t)}{t\cdot \mathrm{MLVSS}} \tag{1}$$

式中：DO_0 为初始时 DO 值，mg/L；DO_t 为测定结束时的 DO 值，mg/L；t 为时长，h；OUR 的单位为 mg/(L·h)。

方法二：

(1)将 2 个 250 mL 广口瓶，配好橡皮塞并编号，在其容积的一半处做一记号，然后将饱和溶氧的自来水用虹吸的方法装至广口瓶一半处，再用活性污泥混合液装满全瓶。

(2)装满后向 1 号瓶中迅速加入 10%$CuSO_4$溶液 10 mL，混匀。

(3)同时将 2 号瓶盖紧塞，不断颠倒瓶子，使污泥颗粒保持在悬浮状态。10 min 后向 2 号瓶加入 10% $CuSO_4$溶液 10 mL，再盖紧塞，混匀后静止。

(4)分别测定。1、2 号瓶中的溶氧浓度。通过下式计算耗氧速率 OUR。

$$\mathrm{OUR}=(a-b)\times 60\times 2/t \tag{2}$$

式中：a 为 1 号瓶中的溶解氧，mg/L；b 为 2 号瓶中的溶解氧，mg/L。

2. 工业废水可生化性及毒性的测定

(1)对活性污泥进行驯化，方法如下。取城市污水处理厂活性污泥，弃去少量上清液，再以待测工业废水补足，然后继续曝气，每天以此方法换水 3 次，持续 15～60 d，对难降解废水或有毒工业废水驯化时间往往取上限，驯化时应注意勿使活性污泥浓度有明显下降，若出现此现象，应减少换水量，必要时可适量添加氮、磷等营养物质。

(2)取驯化后的活性污泥放入离心管中，置于离心机中 3000 r/min，离心 10 min，弃去上清液。

(3)在离心管中加入预冷至 0 ℃的 0.025 mol/L、pH 7 的磷酸盐缓冲液，用滴管反复搅拌并抽吸污泥，洗涤污泥，洗涤后再离心，弃去上清液。

(4)重复步骤，洗涤污泥 2 次。

(5)将洗涤后的污泥移入 BOD 测定瓶中，再以 0.025 mol/L、pH 为 7.0、溶解氧饱和的磷酸盐缓冲液充满之后，按以上耗氧速率测定法测定污泥的耗氧速率，此即为该污泥的内源呼吸耗氧速率。

(6)按步骤将洗涤后污泥已充氧至饱和的待测废水为基质，按步骤测定污泥对废水的耗氧速率。将污泥对废水的耗氧速率同污泥的内源呼吸耗氧速率相比较，数值越高，该废水的可生化性越好。

(7)对有毒废水(或有毒物质)可稀释成不同浓度，按步骤测定污泥在不同废水浓度下的耗氧速率，并分析废水的毒性情况及其极限浓度。其中：

$$\text{相对耗氧速率}=\frac{RS_1}{RS_2}\times 100\% \tag{3}$$

式中:RS_1为污泥对被测废水的耗氧速率;RS_2为污泥的内源呼吸耗氧速率。

[实验数据记录及结果]

根据记录的溶解氧和时间,计算耗氧速率。

[注意事项]

整个试验过程应控制在10～30 min,即尽量使每升污泥每小时耗氧量在5～40 mg,若DO值下降过快,可将污泥适当稀释后测定。

[思考题]

(1)根据污泥的内源呼吸耗氧速率以及污泥对工业废水的耗氧速率和对不同浓度有毒废水的耗氧速率算得相对耗氧速率,然后评价该废水的可生化性或毒性,以供制定该废水处理方法和工艺时参考。

(2)耗氧速率的实质是什么?

实验3-11　Fenton试剂法处理难降解有机废水实验

[实验目的]

(1)掌握Fenton实验操作方法,观测反应前后水中典型有机染料的变化情况。

(2)测定Fenton试剂处理前后的水样相应指标,分析处理有机污染物的氧化降解效果。

[实验原理]

使用Fenton试剂进行的氧化处理废水的工艺称为Fenton试剂法,Fenton试剂是过氧化氢和亚铁盐的组合。Fenton试剂具有很强的氧化性,具有一般化学氧化法无法比拟的优点。其实质是H_2O_2在Fe^{2+}的催化作用下产生具有高反应活性的羟基自由基(·OH)

$$Fe^{2+}+H_2O_2 \longrightarrow Fe^{3+}+OH^-+\cdot OH$$

产生的羟基自由基能无选择地攻击有机分子,使其氧化分解为容易处理的物质。与一般化学氧化法相比,Fenton氧化技术具有设备简单、反应条件温和、操作方便、高效等优点。因此,Fenton试剂法作为一种高级化学氧化法,已成功运用于多种工业废水的处理。Fenton试剂既可单独作为一种处理方法氧化有机废水,也可与其他方法联用,实现用较低的运行费用达到较高的水处理效果。传统Fenton试剂法存在H_2O_2利用率不高,有机污染物降解不完全等缺点,另外,H_2O_2的价格较高,也制约了这一方法的广泛应用。随着研究的深入,人们开发出一系列有针对性的类Fenton氧化法,主要包括将紫外光或可见光引入体系的光-Fenton法,还有将Fenton和电解反应结合在一个反应器内进行的电-Fenton法,其基本原理与Fenton反应类似。

本实验以难降解的模拟罗丹明 B 染料废水为处理对象，溶液中的罗丹明 B 的生色基团会被 Fenton 反应氧化去除，从而实现脱色的目的。

[实验器材]

(1)仪器：紫外-可见分光光度计、磁力搅拌器、pH 计、电子天平、容量瓶、烧杯等。

(2)试剂：H_2O_2(30%，分析纯)、硫酸亚铁(分析纯)、罗丹明 B(分析纯)、稀硫酸溶液(0.5 mol/L)、氢氧化钠溶液(1 mol/L)。

[实验步骤]

(1)罗丹明 B 溶液的配制：准确称量罗丹明 B 100 mg 于烧杯中溶解，用蒸馏水定容于 1000 mL 容量瓶中，待用。

(2)罗丹明 B 溶液的浓度-吸光度工作曲线绘制：取一定量上述的罗丹明 B 溶液，将溶液稀释 2 倍、5 倍、10 倍、20 倍，通过紫外-可见分光光度计在 550 nm 波长处测定获得 5 组数据，浓度 c，吸光度 A，制作 c-A 曲线。通过测定样品吸光度，得染料浓度。

(3)配制 $FeSO_4$溶液：准确称量 5 g $FeSO_4 \cdot 7H_2O$，溶于 1000 mL 容量瓶中，定容待用。

(4)配制 H_2O_2溶液：用移液管准确量取 30% 的 H_2O_2 3.7 mL，溶于 1000 mL 容量瓶中，定容待用(硫酸亚铁和过氧化氢溶液均要现用现配)。

(5)模拟水样的制备：取 100 mg/L 罗丹明 B 溶液 200 mL 于烧杯中，用稀硫酸或氢氧化钠溶液调节模拟水样的初始 pH 为 3.0 左右。

(6)Fenton 试剂氧化降解模拟废水试验：用移液管向模拟水样中加入 $FeSO_4$溶液 5 mL 和 H_2O_2溶液 7.5 mL，置于磁力搅拌器上搅拌，开始计时，每隔 5～10 min 取水样测定其吸光度。

[实验数据记录及结果]

(1)根据实验获得的数据绘制各指标变化曲线。

(2)改变反应条件如过氧化氢添加量、硫酸亚铁添加量、初始 pH 以及罗丹明 B 的初始浓度，反复测试记录上述实验数据，分析总结各工艺参数对废水处理效率的影响。

[注意事项]

用移液管向模拟水样中加入 $FeSO_4$ 溶液和 H_2O_2 溶液后，实验开始计时，需要每隔 5～10 min 取水样测定其吸光度，随时监控实验进程。

[思考题]

(1)溶液 pH 对 Fenton 反应有何影响？这种影响是如何造成的？

(2)有何其他措施可以进一步提高 Fenton 反应的氧化效果？

第4章　大气污染控制工程实验

实验4-1　移液管法测定粉尘粒径分布

[实验目的]

(1)了解移液管法的测定原理,理解斯托克斯定律。

(2)掌握移液管法测定粉尘粒径分布的过程与步骤。

[实验原理]

移液管法:移液管法属液体重力沉降法,用于测定尘粒的斯托克斯直径,测定范围为0.5～40 μm。移液管法是利用粒径不同的尘粒在液体介质中重力沉降速度的不同而使粉尘分级的。粒子在液体(或气体)介质中作等速自然沉降时所具有的速度,称为沉降速度(m/s),可用斯托克斯公式表示:

$$\mu_s = \frac{d_p^2(\rho_p - \rho)g}{18\mu} \tag{1}$$

式中:μ_s 为液体动力黏性系数,Pa·s;g 为重力加速度,m/s;ρ_p为尘粒密度,kg/m^3;ρ 为液体密度,kg/m^3;d_p为粉尘直径,m。

这样,尘粒的粒径便可以根据其沉降速度反算而求得。尘粒的沉降速度并不容易测得,但考虑到沉降速度为沉降高度与沉降时间的比值,可以以此比值替换沉降速度。将式(1)变换为:

$$d_p = \sqrt{\frac{18\mu H}{(\rho_p - \rho)gt}} \tag{2}$$

$$t = \frac{18\mu H}{(\rho_p - \rho)g d_p^2} \tag{3}$$

式中:H 为粒子的沉降高度,m;t 为粒子的沉降时间,s。

若液体介质的温度一定(即 μ 和 ρ 一定),又给定沉降高度(H),便可由式(2)计算出沉降时间为 $t_1,t_2,\cdots,t_n$时的粒径 $d_1,d_2,\cdots,d_n$;或由式(3)计算出粒径为 $d_1,d_2,\cdots,d_n$ 的颗粒的沉降时间 $t_1,t_2,\cdots,t_n$。

尘粒在液体中的沉降情况可用图4-1表示。尘样放入玻璃柱内某种液体介质中,经搅拌后,均匀扩散在整个液体中,如图中状态A。经过 t_1时间后,悬浮体因重力作用由状态A变为状态B,直径为 d_1的粒子全部沉降到虚线以下。

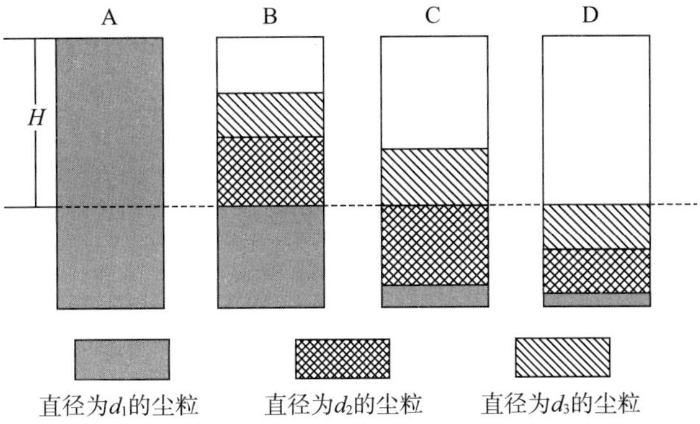

图 4-1　尘粒在液体中沉降示意图

由式(3)可得：

$$t=\frac{18\mu H}{(\rho_p-\rho)gd_1^2} \tag{4}$$

同理，直径为 d_2 的粒子全部沉降到虚线以下(状态 C)所需时间为：

$$t_2=\frac{18\mu H}{(\rho_p-\rho)gd_2^2} \tag{5}$$

直径为 d_3 的粒子全部沉降到虚线以下(状态 D)所需时间为：

$$t_3=\frac{18\mu H}{(\rho_p-\rho)gd_3^2} \tag{6}$$

由此推算，一定液体介质中的尘样经自由沉降一定时间后将出现按照粒径进行分层分布的现象。如果在不同沉降时间、不同沉降高度上取出一定量的液体，测定其中含有的粉尘样品量，便可以求出尘样的粒径分布。

将尘样充分地分散于液体介质中是移液管法测定粒径分布的关键问题，既要使粉尘在液体中保持原来的粒度状况，又不产生凝聚体，因此，选择适合的分散液很重要。在许多情况下，还需在液体中加入少量防止粉尘凝聚的分散剂。

分散液的选择依据主要是被测粉尘的物理、化学性质。所选液体应具有以下特性：不与粉尘发生化学反应；不使粉尘物质溶解或产生凝聚沉淀；能充分润湿颗粒表面，黏度适中而使粒子的沉降速度不致过快等。常用的分散液与分散剂见表 4-1。

本实验中的粉尘样品为滑石粉，分散液选用蒸馏水，分散剂选用六偏磷酸钠$(NaPO_3)_6$。

表 4-1　粉尘常用的分散液和分散剂

粉尘名称		分散液	分散剂
金属	铜	环己醇	
		丁醇	
	锌	环己醇	
		水	0.2%六偏磷酸钠

续表 4-1

粉尘名称		分散液	分散剂
金属	铅	环己醇	
		水	0.2%油酸钠
	铁	豆油+丙酮(1:1)	
	铅	环己醇	
金属氧化物	氧化铜	水	0.2%六偏磷酸钠
	氧化锌	水	0.2%六偏磷酸钠
	三氧化二铜	水	0.2%六偏磷酸钠
	二氧化硅	水	0.2%六偏磷酸钠
	氧化铅	水	0.2%六偏磷酸钠
	铅丹(Pb_2O_3)	水	0.2%六偏磷酸钠
		环己醇	
	三氧化二铁	水	0.2%六偏磷酸钠
		水	0.03 mol/L 焦磷酸钠
	氧化钙	乙二醇	0.2%六偏磷酸钠
无机物	玻璃	水	0.2%六偏磷酸钠
	黄石	水	0.2%六偏磷酸钠
	石灰石	水	
	菱镁矿	水	
	陶土	水	
	石棉	甘油+水(1+4)	
	滑石粉	水	0.2%六偏磷酸钠
		煤油	0.006 mol/L 油酸
	水泥	乙二醇	
		酒精	0.05%氯化钠
有机物	煤灰	酒精或煤油	
	焦炭	丁醇	
	煤	乙醇	
	纤维素	苯或轻油精	
	塑料粉尘	水	阴离子活性剂
	淀粉	水或异丁醇	
	蔗糖	异戊醇 异丁醇	
	石墨	水+亚油酸钠	
盐类	碳酸锰($MnCO_3$)	水	0.2%六偏磷酸钠
	碳酸钙($CaCO_3$)	水	0.2%六偏磷酸钠

[实验器材]

(1)试剂:粉尘样品:滑石粉(分析纯)、分散剂:六偏磷酸钠$(NaPO_3)_6$,分析纯,相对分子质量 611.8,浓度 0.2 mol/L。

(2)器材:分析天平(感量 0.0001 g)1 台、恒温水浴(深 30 cm,1 ℃)1 台、温控电烘箱 1 台、磁力搅拌器 1 台、秒表 1 只、水银温度计(量程 0～50 ℃,分度值 0.1 ℃)1 支、三管式移液管瓶装置 1 套、注射器(医用灌肠注射器)1 个、称量瓶(30 mL)8 个、干燥器(内装硅胶颗粒)1 个、烧杯(500 mL)2 个、量筒(1000 mL)1 个、洗瓶(塑料制)1 个、其他(乳胶管、支架及夹子、纱布、玻璃搅拌棒、漏斗、直尺等)。

[实验步骤]

1. 实验准备

(1)沉降管装置检定:①沉降管有效内容积检定。插入吸液管,调节液面恰好处于 600 mL 标线处,然后取出吸液管,将沉降管内的水倒入标准量筒内,测定其标线下有效容积,精确到 1 mL,如此反复进行 5 次,取平均值。②吸液球内容积检定。加水到沉降管标线附近,待水温稳定后,测其温度。然后用吸液管和注射器吸液,准确对齐吸液球刻度线,关闭旋塞。最后使三通旋塞处于排出位置,用事先称量过的称量瓶承接,盖好盖后用精密天平称量。反复进行 5 次,取平均值作为吸液球内容积。③沉降管液面下降量检定。调节沉降管水位至 600 mL 标线处,利用注射器、三通旋塞和吸液管由沉降管内吸液,每次准确取出 10 mL,共取出 100 mL,测定自 600 mL 标线至下降液面的高度。反复进行 5 次,取其平均值作为沉降管液面的下降量。④吸液管有效长度测定。将吸液管正确安装在沉降管内的状态下,利用给沉降管壁外贴纸条等方法进行测定,分别确定出 3 根吸液管插入液面下的有效长度。

(2)把所需玻璃仪器等洗刷干净,将称量瓶编号后放入电烘箱内烘干,然后置于干燥器中自然冷却至室温备用。

(3)配制浓度为 0.02 mol/L 的六偏磷酸钠水溶液作为分散液,数量多少按需要而定。

(4)用缩分法取有代表性的粉尘试样 30～40 g(使用前需筛分去除 86 μm 以上的大颗粒),放入电烘箱内,在(110±5)℃的条件下烘 1 h 或至恒重,然后放入干燥器内自然冷却至室温,或装入带磨塞的试样瓶中备用。

(5)把粉尘试样按粒径大小进行分组。例如 2～5 μm、5～10 μm、10～20 μm、20～30 μm、30～40 μm 等,按式(4)计算出每组内最大粒径粒子沉降到吸液管底部所需的时间,作为该粒径粒子的预定吸液时间,并记入记录表中。

(6)准备 1 只烧杯并装入蒸馏水,以备用来冲洗每次吸液后附在吸液球内壁面上的粉尘。

(7)调节恒温水浴温度,使与计算沉降时间时所用的温度相一致。若无恒温水浴,也可在室温下进行实验。

2. 测定操作

(1)称取 6～10 g 干燥过的粉尘试样(精确至 0.0001 g)放入烧杯中,先向烧杯中加入数毫升分散液,用玻璃棒搅拌使粉尘试样充分润湿。若有凝结的团块,需事先完全解开,再逐渐加入分散液至 300～400 mL,使尘粒完全分散开以制成悬浊液。

(2)把配制好的悬浊液在电磁搅拌机上搅拌 20 min 后，倒入沉降管中，并用洗瓶把烧杯和玻璃棒上黏附的尘粒用分散液全部冲洗到沉降管中。

(3)把吸液管插入沉降管中，由通气孔处继续加入分散液直到 600 mL 标线。

注：最后阶段液面的微调，要恰好使液面准确达到标线。

(4)堵住通气孔和吸液管上部端口，将沉降管上、下倒动与摇晃数次，使尘粒在分散液中充分分散均匀。停止摇动后，把沉降管正立于平台上，立即启动秒表计时，作为起始沉降时间($t=0$)。同时记下室温。

(5)按计算出来的预定吸液时间进行吸液。每次吸液时，注射器要匀速抽吸，分散液沿吸液管缓缓上升，当液面至吸液球上部 10 mL 刻度线时，立即关闭三通旋塞。然后，使吸液球和排液管相通，缓缓推动注射器，把 10 mL 悬浊液排入已称量好的称量瓶内。最后，再使用注射器由排液管抽吸蒸馏水冲洗吸液球，冲洗水也排入称量瓶中，反复冲洗 2～3 次。遵照上述步骤和方法，按预定吸液时间依次进行操作，直到测完最小粒径为止。记录室温。

(6)将盛放抽液的称量瓶放入电烘箱中，先在小于 100℃ 的温度下烘干，待水分全部蒸发后，再调至(110±5)℃，烘 1 h 或至恒重。然后放入干燥器中自然冷却至室温，取出称量。

[实验数据记录及结果]

(1)将实验数据记入表 4-2 和表 4-3。

表 4-2 移液管法测定粒径分布记录表

粉尘名称：________ 粉尘真密度/ρ_p：________ 分散剂名称：________ 分散剂含量/m^3：________

取样顺序	吸液管编号	吸液管底部刻度 H_1/cm	悬浊液液面刻度 H_2/cm	沉降高度 $H=H_1-H_2$/cm	吸液初始时间 t_1/s	吸液终止时间 t_2/s	吸液时间 $t=(t_1+t_2)$ /s
1							
2							
……							

表 4-3 移液管法测定粒径分布记录表

粉尘名称：________ 粉尘总质量：________ 10 mL 悬浊液中粉尘质量 m_0：________ 温度：________

最大粒径/m $d_p=\sqrt{\dfrac{18\mu H}{(\rho_p-\rho)gt}}$	称量瓶编号	烘干后称量瓶质量 m_1/g	称量瓶净重 m_2/g	10 mL 吸液中粉尘质量/g	筛下累计频率分布 G_i $G_i=\dfrac{m_i}{m_0}\times100\%$

$d_{50}=$________ μm；$d_{15.9}=$________ μm；$d_{84.1}=$________ μm；$\sigma_g=$________

粒径范围 Δd/ μm	0～5	5～10	10～20	20～30	30～40	40～50
频率分布 g/%						

(2)粒径小于 d_i 的粒子质量(在 10 mL 悬浊液中)为：

$$m_i = m_1 - m_2 - m_3 \tag{7}$$

式中：m_1 为烘干后的称量瓶和其中残留物(包括小于 d_i 的粒子与分散剂)的质量，g；m_2 为称量瓶净重，g；m_3 为 10 mL 分散液中分散剂的质量，g。

可由下式得到：

$$m_3 = 611.8 \times 0.02 \times \frac{10}{100} = 1.22 \tag{8}$$

(3)将各组粒径为 d_i 的筛下累计频率分布 G_i 的测定值，标绘在专用坐标纸(对数正态概率纸)上，则由各实验点可以画出一条直线。若实验点无法连成一条直线或不遵从对数正态分布规律，说明实验误差太大。

(4)确定频率分布(g_i)：根据粒径分组 Δd 分别为 0～5、5～10、10～20、20～30、30～40、>40 μm，求出各个粒径间隔的粒径频率分布(g_i)，并记录。g_i 值可以按照 d_{50} 和 σ_{50} 计算，或直接由实验直线查出，其计算公式为：

$$g_i = \Delta G_i = \Delta G_{i+1} - G_i \tag{9}$$

[注意事项]

(1)每次吸液 10 mL 样品要在 15 s 左右完成，开始吸液时间应比预定吸液时间提前 7.5 s。

(2)每次吸液应力求达到 10 mL 标线，偏离值应在±3 mm 以内。否则该次抽样作废，应将已吸上的悬浊液从排液管排出，而不应放回沉降管内。待 1～2 min 后方可重新抽液，但必须更正相应的抽液时间。

(3)每次抽液应均匀进行，且不允许吸液管内液体倒流。

(4)向称量瓶中排液时，应防止液体溅出。

[思考题]

(1)为什么要选择分散液和分散剂？选用时的要求有哪些？

(2)用吸液管吸液时，吸液速度过大或过小对测定结果可能有何影响？

(3)为什么吸液过程中不允许吸液管内液体倒流？

(4)在测定过程中，因故未按预定吸液时间进行某次吸液，而把吸液时间向后延迟了数分钟。这种情况对测定结果有无影响？为什么？

(5)你认为实验中还存在哪些问题？应如何改进？

实验 4-2　室内空气总 VOCs 的快速测定

[实验目的]

(1)了解室内污染现状和产生的危害以及室内 VOCs 种类。

(2)熟悉室内 VOCs 采样和监测方法。

(3)掌握 VOCs 快速测定仪的原理和使用方法。

[实验原理]

室内空气中 VOCs 种类繁多,成分复杂,浓度差异很大,通常采用一个量化指标总挥发性有机物(total volatile organic compounds, TVOCs)浓度来表示室内空气挥发性有机化合物的总污染水平。TVOCs 是指室内空气中挥发性有机化合物总质量浓度。

室内空气 TVOCs 的快速测定方法可采用 VOCs 快速测定仪在现场直接测定 VOCs 浓度,其具有响应快速、实时显示、操作简便、可连续监测等特点。这种方法的样品采集、分析测定都在现场进行,分析速度快,测定结果直接读数。VOCs 快速测定仪一般使用光离子化检测器(photoionization detector, PID),PID 的关键部件是一个能发出特定波长的紫外光光源,紫外光束射入一个测试腔,当被测有机挥发性气体由泵抽入该测试腔时,受到紫外光的轰击,高能量的紫外辐射可使腔内空气中几乎所有的有机物发生电离,但仍保持空气中的基本成分 N_2、O_2、CO_2、H_2O、CO 及 CH_4 等不被电离,有机物电离后产生带正负电荷的离子,分裂成带正负电性的二类基团。在测试腔的出口处,装有一对施加适当工作电压的电极,在正负电场的作用下,带电基团向相应电极运动而形成正比于 VOCs 浓度的电流,通过测量该电流大小,确定 VOCs 浓度。分裂的基团经过电极后又重新复合,被抽出测试腔。PID 稳定性好,线性范围宽,对浓度差别较大的各组分均可准确定量。PID 结构简单,体积小,重量轻,可形成便携式装置用于现场分析。

[实验器材]

VOCs 快速检测仪(型号 PGM-7340,美国华瑞),1 台,仪器见图 4-2;清洁空气 1 瓶、标准气体 1 瓶、调节阀 1 个、校正连接器 1 套。

图 4-2　PGM-7340 VOCs 快速检测仪

[实验步骤]

1. 仪器的校正

“清洁空气”和“标准气体”的两点校正方法。

(1)清洁空气校正:仪器零点校正。

①同时按住 Mode 和 N 键,保持 3 s,仪器进入编程模式,进入“Calibrate/Select Gas?”(是否校正/选择气体)选项,仪器显示“Fresh air Cal?”(是否进行清洁空气校正?)。

②连接好仪器和纯净空气瓶，按 Y 键开始零点校正，仪器显示"Zero in Progress"（调零过程中）及"wait"和倒计时。

③大约 15 s 后，仪器显示"Zeroed…reading＝x. x ppb"（零点校正结束）。按下任意键仪器返回"Fresh air Cal?"子菜单。

(2)标准气体校正：曲线第二点校正。

①同时按住 Mode 和 N 键并保持 3s，仪器进入编程模式，进入"Calibrate/Select Gas?"（是否校正/选择气体）选项，选择"Span Cal?"（是否进行标准气体校正?）。

②在"Span Cal?"下，按 Y 键，仪器显示出气体名称及其标准值。

③当仪器显示"Apply gas now!"（供气）时，开启标准气体的阀门，仪器显示"Wait 30"，并开始倒计时。当计数为零时，仪器显示校正值。

④校正完成后，仪器显示"Span Cal Done! Turn off gas"（校正结束，关闭气瓶），关闭气瓶，断开与仪器的连接。按任意键，仪器返回"Span cal?"子菜单。

2. 仪器操作

(1)参数设置：同时按住 Mode 和 N 键并保持 3 s，仪器进入编程模式，对仪器参数进行设置。连续按 Mode 键数下，仪器返回"Ready"状态。

(2)开机：按住 Mode 键并保持 3 s，鸣音一次，仪器启动，液晶屏显示"ON"，仪器开始自检，自检完成后，显示"Ready"，仪器处于待机状态。

(3)测定：在"Ready"状态下，按 Y 键，内置泵启动，开始采集气体，测定结果直接显示。测定结束后，按下 Mode 键，仪器显示"stop?"，再按 Y 键，仪器停止工作，重新回到待机状态。

(4)关机：按住 Mode 键并保持 5 s，仪器鸣声，并倒计时，液晶屏显示"Off"，仪器关闭，显示屏空白。

3. 实验操作

(1)测试点布置。选择一房间作为室内空间，采用随机布点方法布置测试点，房间面积 30 m^2，测试点 1 个，测试点离墙壁 1 m 以上，高度为呼吸带高度。

(2)仪器参数设置。对仪器工作参数进行设置：预热时间 2 min；开启自动采集数据功能；数据采集时间间隔 30 s。

(3)测定。将仪器固定于布置的测试点，开启仪器，记录时间，10 min 后，停止测定，同时记录温度、相对湿度、大气压力值。

(4)测定结果。读取仪器数据，取 10 min 测定的平均值为测定结果，测定 3～5 次。

[实验数据记录及结果]

将实验测量值填写在表 4-4 中。

表 4-4　室内空气总 VOCs 测定数据表

室内气压：________ MPa　空温：________℃　相对湿度：________%

序号	1	2	3	平均值
Ⅰ				
Ⅱ				
Ⅲ				

[注意事项]

(1)当仪器从运输箱中取出时,可能有少量残余气体,PID会有读数,可以在没有有机和有毒气体的环境中开启仪器,气体排空后仪器读数回零。

(2)仪器电池即使在仪器关闭的情况下也会缓慢放电,仪器在10 d内未充电,电池电压会很低,需要充电1次,在初次使用前建议充电至少10 h。

[思考题]

(1)室内VOCs种类有哪些?

(2)室内VOCs测定方法还有哪些?

(3)VOCs快速测定仪的原理是什么?

实验4-3 基于离子色谱法的甲醛含量的测定

[实验目的]

(1)了解室内空气污染物的种类和它们的危害。

(2)了解甲醛的物理化学性质和采样方法。

(3)掌握室内空气中甲醛污染物的测定方法。

(4)掌握离子色谱法测定空气中甲醛污染物的方法。

[实验原理]

室内空气中的甲醛主要来源于建筑材料、家具、各种黏合剂涂料、合成织品等。甲醛是一种具有强烈刺激性、挥发性的有机化合物,对人体健康的影响表现在刺激眼睛和呼吸道,造成肺肝免疫功能异常。室内空气中甲醛污染物对人体健康的影响最为显著,世界卫生组织也将室内空气污染与高血压、胆固醇过高症以及肥胖症等共同列为人类健康的十大威胁,并确定为一类致癌物,认为甲醛与白血病发生之间存在着因果关系。目前甲醛是我国新装修家庭中的主要污染物,儿童是室内环境污染的高危人群,甲醛污染与儿童白血病之间的关系应该引起全社会关注。室内空气污染监测是评价居住环境的一项重要工作。

甲醛的测定方法有乙酰丙酮分光光度法、变色酸分光光度法、酚试剂分光光度法、离子色谱法等。其中乙酰丙酮分光光度法灵敏度略低,但选择性较好,操作简便,重现性好,误差小;变色酸分光光度法显色稳定,但使用很浓的强酸,操作不便,且共存的酚干扰测定;酚试剂分光光度法灵敏度高,在室温下即可显色,但选择性较差,该法是目前测定甲醛较好的方法;离子色谱法是新方法,现在推广使用。近年来随着室内污染监测的开展,相继出现了无动力取样分析方法,该法简单、易行,是一种较为理想的室内测定方法。

本实验采用离子色谱法。空气中的甲醛经活性炭富集后,在碱性介质中用过氧化氢氧化成甲酸。用具有电导检测器的离子色谱仪测定甲酸的峰高,以保留时间定性,峰高定量,间接测定甲醛浓度。该方法的检出限为 0.06 μg/mL，当采样体积为 48 L、样品定容 25 mL、进样量为 200 μL 时，最低检出浓度为 0.03 mg/m^3。

[实验试剂和仪器]

1. 试剂

四硼酸钠，分析纯；甲酸钠，分析纯。

(1)0.005 mol/L 淋洗液：称取 1.907 g 四硼酸钠($Na_2B_4O_7 \cdot 10H_2O$)，溶解于少量水，移入 1000 mL 容量瓶中，用水稀释至标线，混匀。

(2)甲酸标准贮备液：称取 0.778 8 g 甲酸钠($HCOONa \cdot 2H_2O$)，溶解于少量水，移入 250 mL 容量瓶中，用水稀释至标线，混匀。该溶液每毫升含 1000 μg 甲酸根离子，分析样品时，用去离子水将甲酸标准贮备液稀释成与样品水平相当的甲酸标准使用溶液。

2. 仪器

玻璃砂芯漏斗 1 个、空气采样器 1 台(流量 0～1 L/min)、微孔滤膜(若干，0.45 μm)、超声波清洗器 1 台、离子色谱仪 1 台(具电导检测器)、活性炭吸附采样管(10 只，长 10 cm、内径 6 mm)。

采样管为玻璃管，内装 20～50 目粒状活性炭 0.5 g，分 A、B 两段，中间用玻璃棉隔开。活性炭预先在马弗炉内经历 350 ℃灼烧 3 h，放冷后备用。

[实验步骤]

1. 采样

打开活性炭采样管两端封口，将一端连接在空气采样器入口处，以 0.2 L/min 的流量，采样 4 h。采样后，用胶帽将采样管两端密封，带回实验室。

2. 测定

(1)离子色谱条件的选择。按以下各项确定离子色谱条件。

淋洗液：0.005 mol/L 四硼酸钠溶液；流量：1.5 mL/min；纸速：4 mm/min；柱温：室温±0.5 ℃(不低于 18 ℃)；进样量：200 μL。

(2)样品溶液的制备。取一小烧杯，内盛有 1.50 mL 水、2.0 mL 的 0.01 mol/L 氢氧化钠溶液、1.50 mL 的 0.3%过氧化氢水溶液。将采样管内的活性炭全部取出，置于上述存有溶液的小烧杯中，在超声清洗器中处理 20 min，再放置 2 h。用 0.45 μm 滤膜过滤于 25 mL 容量瓶中，然后分次各用 2.0 mL 水洗涤烧杯及活性炭，洗涤液并入容量瓶中，并用水稀释至标线，混匀，即为待测样品溶液。

(3)样品的测定。按所用离子色谱仪的操作要求分别测定标准溶液、样品溶液，得出峰高值。以单点外标法或绘制标准曲线法，将甲酸根离子的浓度换算为空气中甲醛的含量。

[实验数据记录及结果]

(1)空气中甲醛的含量：

$$\rho=\frac{30.03\,H \cdot K \cdot V_t}{45.02\,V_N \cdot \eta} \tag{1}$$

式中：ρ 为空气中甲醛的含量，mg/m³；H 为样品溶液中甲酸根离子的峰高，mm；K 为定量校正因子，即标准溶液中甲酸根离子浓度与其峰高的比值，g/(L·m)；V_t 为样品溶液总体积，mL；η 为甲醛的解吸效率；V_N 为标准状态下的采样体积，L。

（2）实验结果：通过实验数据的处理，得到的结果记录于表 4-5。

表 4-5　空气中甲醛浓度结果记录表

气压：________ MPa　　气温：________ ℃

采集量	H/mm	K/[g/(L·m)]	V_t/mL	V_N/L	η	ρ/(mg/m³)	备注

[注意事项]

（1）活性炭采样管性能不稳定，因此每批活性炭采样管应抽 35 支，测定甲醛的解吸效率，供计算结果使用。

（2）如乙酸产生干扰，淋洗液四硼酸钠浓度应改用 0.0025 mol/L，甲酸和乙酸的分离度有所提高。

（3）当乙酸的浓度为甲酸的 5 倍，可溶性氯化物为甲酸浓度的 200 倍时，对甲酸测定有影响，改变淋洗液的浓度，可增加甲酸和乙酸的分离度。

[思考题]

（1）离子色谱法测定空气中甲醛关键步骤是什么？

（2）为什么对每批活性炭采样管抽取 3～5 支，测定甲醛的解吸效率？

（3）若有乙酸干扰时，如何排除干扰的影响？

（4）可溶性氯化物对测定有何影响？

实验 4-4　活性炭吸附含苯有机废气实验

[实验目的]

（1）熟悉活性炭吸附剂的特性和在有机废气净化方面的应用。

（2）掌握活性炭吸附法的流程和在实验过程中各参数的控制方法。

（3）了解主要参数变化对吸附效率的影响。

（4）掌握吸附等温线概念和测定方法。

[实验原理]

在石油、化工、印刷、喷漆及军工等行业的生产过程中，常排放含有不同浓度的苯及二甲苯等有机废气。苯类化合物对人体健康造成危害，是一类极为严重的有机污染物，但是也是很有用的有机溶剂，应当加以回收利用。活性炭吸附法治理含苯有机废气是工业上较为常用的方法，这种方法通常用来治理低浓度的含苯废气，对于高浓度含苯废气的治理需要考虑活性炭吸附剂的容量及其再生循环使用的经济效果，通常高浓度有机废气的治理采用燃烧法。

吸附是利用气体混合物通过多孔性固体时，混合气中的一种或数种组分富集于固体表面上，达到和气体中其他组分分离的目的。产生吸附作用的力一般有两种，分子间的引力，表面分子与气体分子间的化学键力，前者称为物理吸附，后者称为化学吸附。在用吸附法净化有机废气时，在多数情况下发生的是物理吸附。吸附了有机组分的吸附剂，在温度、压力等条件改变时，被吸附组分可以脱离吸附剂表面。利用这一点，吸附剂可以重复或循环使用。

[实验器材]

(1)试剂：活性炭(果壳型，粒径 200 目或 GHC-18)、苯(分析纯)。

(2)仪器：硬质玻璃吸附器 1 个、稳压阀 1 个、蒸汽瓶 1 只、冷凝器 1 只、加热套 1 个、流量计 2 个、缓冲罐 1 个、气体发生器 1 个、调压器 1 台、医用注射器 1 只、气相色谱仪 1 台。

(3)实验装置与流程：实验装置及流程如图 4-3 所示，实验采用一硬质玻璃夹套管吸附器，夹套为保温层，吸附器内填装活性炭。实验装置由两部分组成。

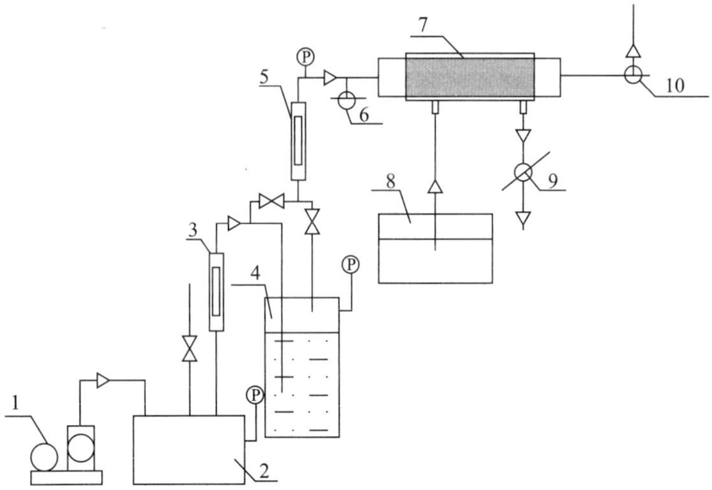

1. 空压机　2. 缓冲罐　3,5. 流量计　4. 混合气发生器　6,10. 取样阀　7. 吸附器　8. 蒸汽发生器　9. 水冷器

图 4-3　吸附法净化含苯有机废气装置流程

①配气部分。气体压缩机，缓冲罐，转子流量计，气体发生器。气体经流量计计量后分成两股，一股进入装有苯的气体发生器，将发生器中挥发的苯带出；另一股不经气体发生器直接通过。两股气体在进入吸附器前混合，混合气的含苯浓度通过调节两股气的流量比例来控制。

②吸附部分。混合气体经压差计测压后进入吸附器，吸附器中装有活性炭，吸附后气体经取样后排空。在吸附器前后设置两个取样点，在实验时按需要分别与色谱仪相连(或用针筒取

样，再用色谱仪分析取出的样品），以测定吸附柱进出口气体中的苯浓度。

[实验步骤]

（1）吸附剂活性炭装量：分别称取 10 g 和（15±0.1）g 活性炭，同时称量吸附器中两个吸附管空管的质量，将其分别装入吸附器中两个吸附管；再分别准确称量吸附管的质量（±0.0001 g），同时测量炭层高度。将其中的一根吸附管安装在流程上，另一根管备用。

（2）系统气密性检查：关闭吸附器出口阀、缓冲罐放空阀，开启空压机，调节缓冲罐进气阀使系统增压至 0.15 MPa，关闭缓冲罐进气阀，使系统密封。观察压力计，若压力在 10 min 内保持不变（不下降），则系统气密性良好。

（3）气体流量的确定：开启空压机，调节缓冲罐进气阀使系统压力在 0.11～0.12 MPa，开启吸附器出气口阀和放空阀，调节气体流量在 48～50 L/h，并稳定在 50 L/h。

（4）气体浓度的确定：调节气体发生器出口阀和空气气阀，使两股气体在进入吸附器前混合，在吸附器进气口取样阀取样，分析混合气中苯浓度，在浓度达到 280 mg/m^3 时稳定气瓶气阀，确定混合气含苯浓度为 280 mg/m^3。

（5）开始记录吸附时间，运行 10 min 后，在吸附器出气口取样阀取样分析，此后每 10 min 取 1 次样，每次取 3 个平行样。

（6）当吸附器出口浓度不等于零（出口出现苯）时，关闭缓冲罐进气阀，停止吸附操作。

（7）将吸附管从流程上卸下，准确称重，并记录质量。

（8）将另一根吸附管装入流程，重复（3）～（6）的操作，在操作中保持相同的实验条件。

（9）关闭缓冲罐出气阀，开启蒸汽发生器（事先处于备用状态）进出阀，使缓冲罐处于解吸状态，打开冷却水管开关，向吸附器及其保温夹层通入水蒸气进行解吸和保温。通入水蒸气对活性炭加热，使吸附在活性炭上的苯解吸出来，经冷凝器后，苯和水蒸气一起被冷凝成稀混合液。

（10）将活性炭放入烘箱中，在 100 ℃以下烘 1～2 h，过筛为下次实验备用。

（11）实验完毕后，关闭压缩机，切断电源，清洗、整理仪器药品。

[实验数据记录及结果]

（1）有机废气净化效率

$$\eta=\left(1-\frac{c_2}{c_1}\right)\times 100\% \tag{1}$$

式中：c_1 为吸附器入口处气体中苯的浓度，mg/m^3；c_2 为吸附器出口处气体中苯的浓度，mg/m^3。

（2）吸附容量

$$Q=\frac{W_2-W_1}{V} \tag{2}$$

式中：W_1 和 W_2 为吸附前后的吸附剂质量；V 为吸附剂体积。

（3）依据所得实验结果，通过绘图确定希洛夫公式中 K、t_0 值。

$$t=KL-t_0 \tag{3}$$

式中：t 为保护作用时间；L 为炭层高度。

(4)实验数据记录。实验数据记录在表 4-6 中。

表 4-6　实验数据记录表

吸附剂：直径 $d=$________ mm；高度 $H=$________ mm。

活性炭：种类________；粒径 d ________ mm；装填高度：________ mm；装填量________ g。

操作条件：气体浓度________ mg/m^3；室温________℃；气体流量________ L/h；气压________ kPa。

管号	Ⅰ	Ⅱ	Ⅲ
炭层高度			
吸附管体积			
气体流量			
进气浓度			
出气浓度			
保护作用时间			
活性炭质量			
苯吸附量			
净化效率			
希洛夫公式(K/t_0)			

(5)根据实验结果绘出净化效率随吸附操作时间的变化曲线。

[注意事项]

(1)活性炭吸附处理中，高浓度含苯废气毒性强，注意实验装置气密性检查和通风橱抽风有效性。

(2)活性炭吸附处理中，低浓度含苯废气由于容易达到吸附解析平衡，即使去除效率很低，也并非吸附材料达到饱和，依然要注意实验安全。

(3)工艺设计时，可把活性炭含苯率达 35%作为确定活性炭再生周期的依据，对于非再生式工艺，当活性炭含苯率大于 45%时，应考虑及时更换活性炭。

[思考题]

(1)影响吸附容量的因素有哪些？

(2)在实验中气速和浓度值的变化，将会对吸附容量值产生什么影响？

(3)根据实验结果，设计一个炭层高度为 1.0 m 的吸附床层，它的保护作用时间为多少？

实验 4-5 填料塔反应器回收烟气中 CO_2 实验

[实验目的]

(1)了解用填料塔吸收回收 CO_2 的方法。

(2)了解填料塔结构,塔内气液接触状况和吸收过程的基本原理。

(3)熟悉用吸收法净化烟气的原理和效果。

(4)改变气流速度,观察填料塔内气液接触状况和液泛现象。

(5)掌握测定填料吸收塔的吸收效率。

[实验原理]

烟气是复杂的混合气体,其中含有 10%～25% CO_2,CO_2 是主要的温室气体,由温室气体引起的温室效应是引起全球气候变化的主要原因之一。因此,回收烟气中的 CO_2 可以减少大气中的温室气体含量,减轻温室效应。填料塔化学吸收法回收烟气中 CO_2 是工业上最常用的方法之一。化学吸收剂可采用各种无机碱和有机碱,如 NaOH、KOH、Na_2CO_3、K_2CO_3 和有机醇胺化合物等。本实验采用有机醇胺化合物 MEA(一乙醇胺)溶液作吸收剂,吸收过程发生的主要化学反应为:

$$H_2O \rightleftharpoons H^+ + OH^-$$

$$CO_2 + H_2O \rightleftharpoons HCO_3^- + H^+$$

$$CO_2 + OH^- \rightleftharpoons HCO_3^-$$

$$RNH_2 + H^+ \rightleftharpoons RNH_3^+$$

$$RNH_2 + HCO_3^+ \rightleftharpoons RNHCOO^- + H_2O$$

总反应方程式:

$$CO_2 + 2RNH_2 \rightleftharpoons RNH_3^+ + RNHCOO^-$$

实验过程中,通过测定填料吸收塔进出口烟气中 CO_2 气体的含量,即可计算出吸收塔的平均回收效率以及解吸效果。气体中 CO_2 含量的测定采用奥氏气体分析仪,液相 CO_2 的含量采用酸解体积法,溶液总碱度采用标准酸碱滴定法。

实验中通过测出填料塔进出口气体的全压,即可计算出填料塔的压降;若填料塔的进出口管道直径相等,用 U 形管压差计测出其静压差即可求出压降。

[实验器材]

(1)试剂:MEA(一乙醇胺),99.5%;KOH,分析纯;H_2SO_4,分析纯;CO_2,99.9%;N_2,99.9%;甲基橙,分析纯。

①吸收液:30% MEA 溶液。

②混合气(模拟烟气)：15% CO_2、85% N_2。

③气相组成分析液：40% KOH。

④液相组成酸解液：40% H_2SO_4。

(2)仪器：配气系统 1 套、混合气钢瓶 1 个、转子流量计 2 个、蠕动泵 2 台、吸收塔 1 个、再生塔 1 个、冷却器 2 个、气液分离器 1 个、伏特电控仪 1 个、溶液贮槽 1 个、U 形管压力计、奥氏气体分析仪、酸解体积分析仪。

(3)实验装置：填料塔反应器实验装置采用吸收-常压再生流程，见图 4-4。填料为陶瓷拉西环，散装方式填装，柱设备和管道外部均有保温材料包裹保温。溶液循环由两台计量蠕动泵完成，输送溶液进吸收塔的泵为贫液泵，输送溶液进再生塔的泵为富液泵。吸收塔和再生塔均由一段填料层组成，再生热来自电加热器，通过调节电压控制再生温度。另外，流量计预先校正。

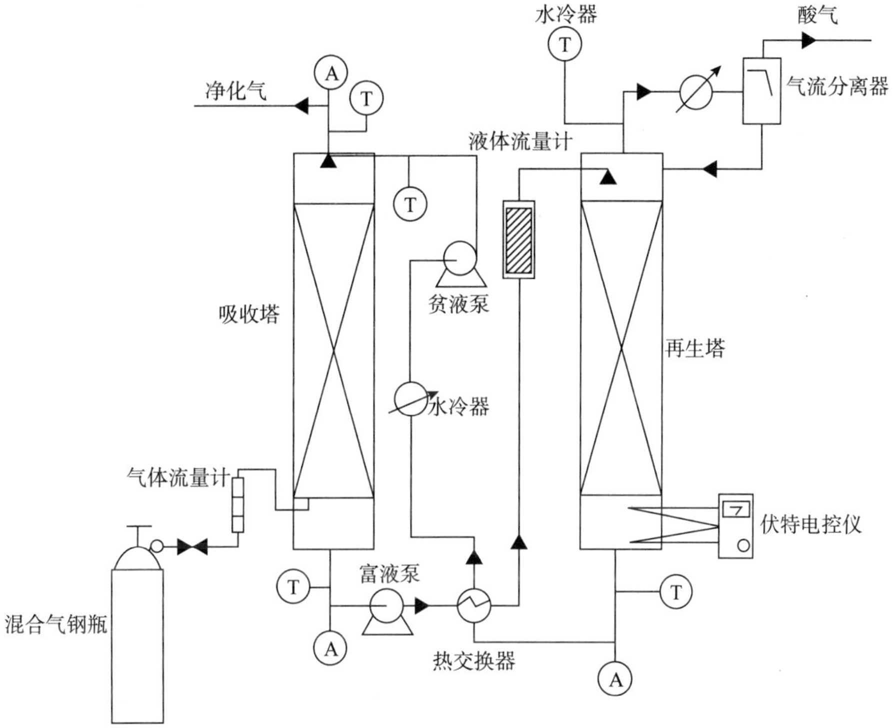

图 4-4　填料塔实验装置

[实验步骤]

(1)在配气系统上，按实验要求预先将混合气(模拟烟气，N_2/CO_2)进行配制：15% CO_2、85%N_2。

(2)在溶液贮槽，按实验要求预先将吸收剂 MEA 溶液进行配制：30% MEA 溶液。

(3)启动贫液泵，使溶液在吸收塔中建立液位。

(4)启动富液泵，使溶液在再生塔中建立液位；并使溶液在系统中循环。

(5)启动电源，调节伏特电控仪，电压控制在 210～240 V，使再生塔升温，再生温度控制在

110～118 ℃。

(6)调节钢瓶减压阀和吸收塔进口阀，使流量达到实验要求的指标。

(7)混合气从吸收塔塔底进入吸收塔，在填料层与从塔顶流下的溶液逆向接触，气相中的酸性气体被吸收剂吸收，吸收后的气流(净化气)由塔顶排出。

(8)吸收酸性气体后的富液从吸收塔塔底流出，由富液泵送至再生塔塔顶。

(9)富液在再生塔填料层被蒸汽加热再生，富液释放出酸性气体，形成再生气，富液转化为贫液。

(10)再生气从再生塔塔顶排出，经冷却器冷却和气液分离器分离，酸性气体排出系统，冷凝液回流再生塔。

再生蒸汽由电加热器加热再生塔塔底的溶液产生；再生塔塔底的贫液流出再生塔，在热交换器与富液进行热交换，再由贫液泵送至吸收塔塔顶，水冷却器可以控制进入吸收塔塔顶贫液的温度。溶液在系统内得到循环。操作系统达到稳定状态约需 0.5 h，气液相分析样品由各取样点取得。

(11)设置实验操作条件(表 4-7)，按照上述操作步骤进行实验，分别记录气体流量和液体流量数据、贫液和富液温度，分别对气体和液体取样点取样分析，记录分析数据。

表 4-7　实验操作条件和分析取样点

气体流量/(L/min)	液体流量/(L/min)	取样分析	备注
5.0	0.5	气体、液样	分析进出口气液样 CO_2 含量
	1.0	气体、液样	分析进出口气液样 CO_2 含量
	1.5	气体、液样	分析进出口气液样 CO_2 含量
2.0	1.0	气体、液样	分析进出口气液样 CO_2 含量
4.0		气体、液样	分析进出口气液样 CO_2 含量
6.0		气体、液样	分析进出口气液样 CO_2 含量

[实验数据记录及结果]

实验记录气体流量和液体流量、贫液和富液温度，分析数据，将获得的数据填入表 4-8，并计算回收率、气体负载和溶液容量。

表 4-8　数据记录表

大气压力：________ MPa　室温：________℃

序号	流量/(m^3/s)		温度/℃		气体组分/%		液相负载/(mol/L)		β	η
	气体	液体	贫液	富液	y_{in}	y_{out}	α_{in}	α_{out}		
1										
2										
3										
4										
5										
6										

(1)回收率 η 的计算：回收率为烟气混合气经吸收塔吸收后，气相中已被溶液吸收的酸性气体组分 $i(i=CO_2)$ 与烟气中的酸性气体组分含量的比值，根据物料平衡可以得到下列计算式：

$$\eta=\left[1-\left(\frac{y_{i,out}}{1-y_{i,out}}\right)\left(\frac{1-y_{i,in}}{y_{i,in}}\right)\right]\times 100\% \tag{1}$$

或：

$$\eta=\left(1-\frac{y_{i,out}}{y_{i,in}}\right)\times 100\% \tag{2}$$

式中：$y_{i,out}$ 和 $y_{i,in}$ 分别为吸收塔出口和进口气相组分 $i=CO_2$ 的摩尔分数，y 值由分析数据获得。

(2)酸性气体负载 α 的计算：溶液的酸性气体负载是指酸性气体 $i=CO_2$ 溶解在溶液中物理溶解量和化学吸收量的和。其表达为单位溶液体积含酸性气体的量(L/L 或 mol/L)，或溶液单位有机胺浓度下的酸性气体的量(mol/mol)。负载表明了吸收剂在某一操作条件下吸收酸性气体的能力，由分析数据获得。

(3)溶液容量 β 的计算：溶液的容量为在某一操作条件下溶液吸收酸性气体组分 i 在吸收塔出口溶液负载与进口溶液负载之差。

$$\beta=\alpha_{out}-\alpha_{in} \tag{3}$$

[注意事项]

(1)实验装置气密性检查是实验成功的关键步骤，实验前应该检查各个接触点，确保可靠牢固。

(2)加料过程应该穿戴好相关的作业防护用品。

(3)操作时应该熟悉接触所有物料的相关理化性质，做好预备应急方案。

(4)调压器指示位置应适宜，防止出现触电、暴沸和冲塔现象。

[思考题]

(1)有机醇胺化合物的结构有何特征，其吸收 CO_2 的原理是什么？

(2)气液分离器的作用是什么？

(3)除了本实验设置的操作条件外，本实验装置还能测定什么工艺参数？

(4)从实验结果你可以得出哪些结论？

实验 4-6　烟气脱硫性能实验

[实验目的]

为控制我国严重的酸沉降污染，必须进行烟气脱硫。喷射鼓泡烟气脱硫工艺与传统的湿式石灰石-石膏法脱硫技术相比，具有首期投资费用和运行成本低、不会有堵塞、较少出现结垢、脱硫效率高的优势。本实验采用喷射鼓泡洗涤塔，进行烟气脱硫。通过本实验，要求了解湿法脱硫的工艺和用喷射鼓泡塔净化烟气中 SO_2 的效果，理解喷口浸没深度、气速、吸收液浓度对脱硫效率与压降的影响规律。

[实验原理]

在喷射鼓泡脱硫反应器中，液体猛烈地和由气体喷雾装置分散到液体里的部分烟气混合起来，气泡受到液体的作用而破碎。在大面积气液界面层里，有效发生二氧化硫清除作用。由于反应充分，能保证脱硫效率。

由于 SO_2 在水中的溶解度不高，常采用化学吸收方法，对含 SO_2 的气体进行净化。SO_2 的脱除方法较多，常用的有钙法、钠法、氨法。

钙法脱硫采用石灰石浆液作吸收剂(石灰石-石膏法脱硫)时，发生的化学反应为：

$$SO_2+\frac{1}{2}O_2+2H_2O+CaCO_3 = CaSO_4\cdot 2H_2O+CO_2$$

钠法脱硫采用 Na_2CO_3 溶液作吸收剂时，发生的化学反应为：

$$Na_2CO_3+SO_2 = Na_2SO_3+CO_2$$

$$Na_2SO_3+SO_2+H_2O = 2NaHSO_3$$

氨法脱硫以氨水作为吸收剂，发生的化学反应如下：

$$NH_3+H_2O+SO_2 = NH_4HSO_3$$

$$2NH_3+H_2O+SO_2 = (NH_4)_2SO_3$$

可采用不同的脱硫吸收液进行实验。

[实验器材]

喷射鼓泡烟气脱硫实验装置流程如图 4-5 所示。实验系统包括二氧化硫气瓶发生系统、喷射鼓泡吸收反应塔、充氧鼓风机、高压引风机和连接管道系统等。烟气进口管段上设置有自动粉尘发生装置，用于在需要进行脱硫除尘一体化试验时发生粉尘。

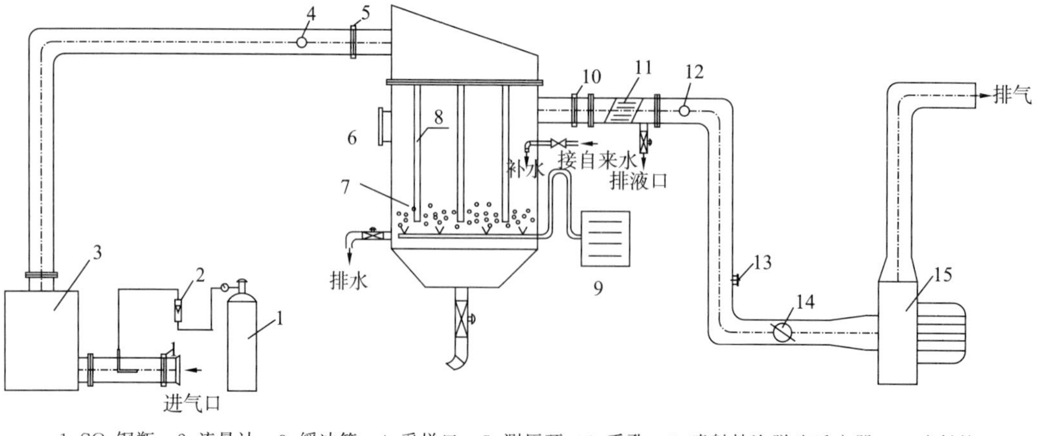

1. SO_2 钢瓶　2. 流量计　3. 缓冲箱　4. 采样口　5. 测压环　6. 手孔　7. 喷射鼓泡脱硫反应器　8. 喷射管　9. 鼓风机　10. 测压环　11. 除雾器　12,13. 采样口　14. 调风阀　15. 风机

图 4-5　喷射鼓泡烟气脱硫实验装置

实验开始后，吸收液通过进水阀进入反应塔吸收槽，浸没喷射管。空气与来自钢瓶的 SO_2 气体相混合，进入缓冲箱，配制成一定浓度的烟气。含 SO_2 的烟气从塔顶进气口进入塔内，通过插入吸收液内的喷射器以鼓泡形式喷射到吸收液中，烟气中的 SO_2 在鼓泡过程中被吸收。由反应塔出来的气体再经设置于塔下游的除雾管段除去雾滴。实验系统尾部的风机为实验系统提供动力。

入口气体动压测定管用于测量动压，以计算气体流量；玻璃转子流量计用于配制所需浓度的入口 SO_2 气体；烟气入口气体采样孔，用于入口气体的采样和测定；塔下游管段的采样口用于对净化后气体进行采样和测定。

[实验步骤]

(1)检查设备系统和全部电气连接线有无异常(如管道设备无破损等)，一切正常后开始操作。

(2)打开电控箱总开关，合上触电保护开关。

(3)确保关闭洗涤器底部的排空阀和侧面的水位调节排水阀，打开洗涤塔进水开关。如需要采用碱液吸收，则先从洗涤塔的手孔口加入一定量吸收剂的浓溶液或固体，然后通过进水阀进水稀释至所需初始浓度。当洗涤塔中液位达到设定的喷管浸没高度时，关闭进水开关(如水位高于设定的喷管浸没高度时，可通过侧面的水位调节排水阀排水调节)。通过开曝气氧化搅拌鼓气泵可将洗涤器内溶液混合均匀，引风机启动前确保洗涤器手孔密闭归位。

(4)通过控制箱启动风机，调节管道阀门至所需的实验风量。

(5)将 SO_2 测定仪密闭连接到气体入口采样管口，采样阀处于开通状态。

(6)在风机运行的情况下，首先确保 SO_2 钢瓶减压阀处于关闭，然后小心拧开 SO_2 钢瓶主阀门，再慢慢开启减压阀，通过观察转子流量计刻度读数和入口处 SO_2 测定仪所指示的气体 SO_2 浓度，调节阀门至所需的入口浓度。

(7)在 SO_2 气瓶和风机均关闭的情况下调节喷射鼓泡管浸没深度后进行不同浸没深度吸收试验，也可调节风量进行不同气体喷射速度的吸收洗涤效果试验，也可通过调节吸收液的组分和浓度进行实验；(吸收实验时，为保证吸收液的均匀，一般需开启鼓气搅拌泵)。

(8)实验结束后，先关闭 SO_2 气瓶主阀，待压力表指数回零后关闭减压阀。

(9)在完全关闭 SO_2 气瓶 5 min 后，依次关闭主风机、鼓气泵的电源。

(10)每天试验结束后，打开洗涤器底部的排水阀排空洗涤器，并通过手孔用清水冲洗干净。

(11)关闭控制箱主电源。

(12)检查设备状况，没有问题后离开。

[实验数据记录及结果]

将所测数据及计算结果填入表 4-9。

[注意事项]

(1)洗涤器加水时切忌使水位高过鼓气泵的水封管最高标高。

(2) SO_2 气瓶阀门一定要在主风机已运行的状态下才打开。

(3)洗涤器采用钙盐吸收剂或进行除尘脱硫一体化试验后，切记及时用清水冲洗。

表 4-9 实验数据记录表

环境温度		环境湿度	
工况 1-1			
风量		风速	
SO_2入口浓度		SO_2出口浓度	
风压		效率	
工况 1-2			
风量		风速	
SO_2入口浓度		SO_2出口浓度	
风压		效率	
工况 1-3			
风量		风速	
SO_2入口浓度		SO_2出口浓度	
风压		效率	
工况 2-1			
风量		风速	
SO_2入口浓度		SO_2出口浓度	
风压		效率	
工况 2-2			
风量		风速	
SO_2入口浓度		SO_2出口浓度	
风压		效率	
工况 2-3			
风量		风速	
SO_2入口浓度		SO_2出口浓度	
风压		效率	

[思考题]

(1)通过实验观察,简述喷射鼓泡烟气脱硫的原理。

(2)试对影响喷射鼓泡吸收器脱硫效率的因素进行分析。

(3)试分析湿法脱硫装置的除尘功效。如何对实验装置进行改进,进行脱硫除尘一体化实验?

实验 4-7　袋式除尘器性能测定实验

[实验目的]

通过对袋式除尘器的除尘效率和压力损失进行测定，进一步提高对袋式除尘器结构形式和除尘机理的认识。通过本实验，掌握袋式除尘器主要性能的实验研究方法，并了解袋式除尘器压力损失及除尘效率的影响因素。

[实验原理]

袋式除尘器性能与其结构形式、滤料种类、清灰方式、粉尘特性及其运行参数等因素有关。本实验是在其结构形式、滤料种类、清灰方式和粉尘特性一定的前提下，测定处理气体量 Q 对袋式除尘器压力损失(ΔP) 和除尘效率(η) 的影响。

(1)处理气体量的测定和计算：采用动压法测定处理气体量。测得除尘器进、出口管道中气体动压，气速可按下式计算：

$$v_1=\sqrt{\frac{2P_{v1}}{\rho_g}} \tag{1}$$

$$v_2=\sqrt{\frac{2P_{v2}}{\rho_g}} \tag{2}$$

式中：v_1、v_2 为除尘器进、出口管道气速，m/s；P_{v1}、P_{v2} 为除尘器进、出口管道断面平均动压，Pa；ρ_g 为气体密度，kg/m^3。

除尘器进、出口管道中的气体流量 Q_1、Q_2 分别为：

$$Q_1=F_1\cdot v_1 \tag{3}$$

$$Q_2=F_2\cdot v_2 \tag{4}$$

式中：F_1、F_2 为除尘器进、出口管道断面面积，m^2。

取除尘器进、出口管道中气体流量平均值作为除尘器的处理气体量 Q：

$$Q=\frac{1}{2}(Q_1-Q_2) \tag{5}$$

(2)压力损失的测定和计算：除尘器压力损失(ΔP)为其进、出口管道中气流的平均全压之差。当除尘器进、出口管道的断面面积相等时，则可采用其进、出口管道中气体的平均静压之差计算，即：

$$\Delta P=P_{s1}-P_{s2} \tag{6}$$

式中：P_{s1}、P_{s2} 为除尘器进、出口管道中气体的平均静压，Pa。

考虑到袋式除尘器在运行过程中，其压力损失随运行时间产生一定变化。因此，在测定压力损失时，应每隔一定时间连续测定(一般可考虑 5 次)，并取其平均值作为除尘器的压力损失(ΔP)。

(3)除尘效率的测定和计算:除尘效率采用质量浓度法测定,即同时测出除尘器进、出口管道中气流的平均含尘浓度 c_1 和 c_2,按下式计算:

$$v=\left(1-\frac{c_2Q_2}{c_1Q_1}\right)\times 100\% \tag{7}$$

实验中,粉尘浓度是采用光学原理通过专门的粉尘传感器来测定的。

[实验器材]

本实验系统装置如图 4-6 所示。实验系统主要由透明玻璃进气管、测压环、自动粉尘加料装置(调速电机)、布袋除尘器、出口管段、风量调节阀、高压离心通风机、仪表电控箱等组成。本实验选用的袋式除尘器共 6 条滤袋,总过滤面积为 2.1 m^2,滤料为涤纶针刺毡覆膜,采用机械振打清灰方式。

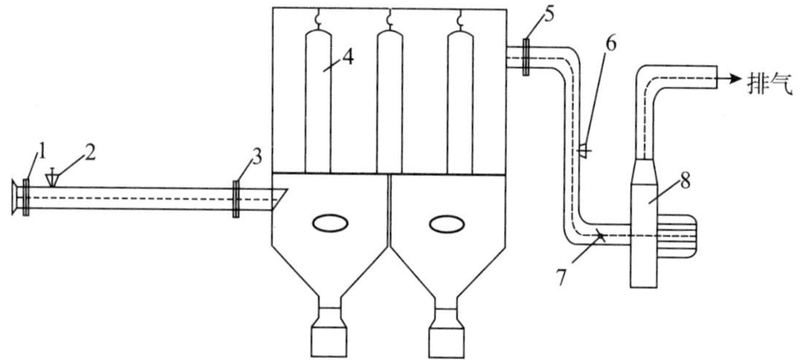

1,3,5.测压环　2.自动粉尘加料装置　4.布袋除尘器　6.出口管段的采样口
7.风量调节阀　8.高压离心通风机

图 4-6　袋式除尘器性能测定实验装置图

实验流程如下:含尘气流从进气管进入,从下部进入圆筒形滤袋,在通过滤料的孔隙时,粉尘被捕集在滤料上,透过滤料的清洁气体由排气管排出。沉积在滤料上的粉尘,可在振动的作用下从滤料表面脱落,落入灰斗中。除尘系统入口管段的测压环与微压计配合使用可测定进口管道流速和流量;入口管段采样口用于入口气体粉尘采样,也可利用比托管和微压计在此处测定管道内气体流速;布袋除尘器入口、出口测压环,与 U 形压差计一道用来测定布袋除尘器的压力损失。除尘系统出口管段的测压环与微压计配合使用可测定出口管道流速和流量;出口管段采样口用于出口气体粉尘采样,也可利用比托管和微压计在此处测定管道流速;风量调节阀,用于调节系统风量;高压离心通风机,为系统运行提供动力。

[实验步骤]

(1)检查设备系统外况和全部电气连接线有无异常(如管道设备无破损,卸灰装置是否安装紧固等),一切正常后开始操作。

(2)打开电控箱总开关,合上触电保护开关。

(3)在风量调节阀关闭的状态下,启动电控箱面板上的主风机开关。

(4)调节风量调节开关至所需的实验风量。

(5)将一定量的粉尘加入自动发尘装置灰斗,然后启动自动发尘装置电机，调节转速控制加灰速率。

(6)启动显示屏开关,读取实验系统自动采集到的风量、风速、风压、除尘效率、粉尘出、入口浓度、环境空气湿度和温度数据;也可启动打印开关,将数据输出。

(7)调节风量调节开关、发尘旋钮,进行不同处理气体量、不同发尘浓度下的实验。

(8)实验完毕后依次关闭发尘装置、主风机,然后启动振打电机进行清灰 5 min，待设备内粉尘沉降后,清理卸灰装置。

(9)关闭控制箱主电源,检查设备状况,没有问题后离开。

(10)整理实验数据,完成实验报告。

[实验数据记录及结果]

将所测数据及计算结果填入表 4-10。

表 4-10　实验数据记录表

环境温度		环境湿度	
工况 1-1			
风量		风速	
粉尘入口速度		粉尘出口速度	
风压		效率	
工况 1-2			
风量		风速	
粉尘入口速度		粉尘出口速度	
风压		效率	
工况 1-3			
风量		风速	
粉尘入口速度		粉尘出口速度	
风压		效率	
工况 2-1			
风量		风速	
粉尘入口速度		粉尘出口速度	
风压		效率	
工况 2-2			
风量		风速	
粉尘入口速度		粉尘出口速度	
风压		效率	
工况 2-3			
风量		风速	
粉尘入口速度		粉尘出口速度	
风压		效率	

[注意事项]

(1)一般情况下,除尘系统应先于粉尘发生装置运行,而在粉尘发生装置停止运行 5~10 min 再关闭除尘系统,以避免粉尘在除尘设备和管道中沉积,或因除尘系统滞后运行造成污染物的泄漏,为防止电动机过载,需在低风量(调节风门关闭)下启动引风机。

(2)使用前,检查清灰机构和各转动部位的工作情况,应定期注油或做必要的保养。

(3)若排出口含尘浓度增大,表明已有滤袋破漏,应及时更换滤袋。更换时,先停引风机,再打开除尘器上部的检修门。如果滤袋口处有积灰,则说明该滤袋已破损,须更换或修补。

(4)袋式除尘器停机后,在无引风的情况下仍应开动喷吹清灰机构,连续喷吹一段时间,使附着在滤袋表面的粉尘尽可能抖落,以防止滤袋堵塞,又便于检查漏袋情况或停机封存。

[思考题]

(1)根据实验数据,分析影响袋式除尘器除尘效率的因素。

(2)结合袋式除尘实际工程应用案例,理清实验室装置和实际工程装置的工作原理与工作过程差异。

实验 4-8 静电除尘器性能实验

[实验目的]

除尘效率是除尘器的基本性能指标之一,除尘器除尘效率的测定是了解除尘器工作状态和运行效果的重要手段。通过本实验,要求掌握静电除尘器的除尘效率测定方法,并了解影响静电除尘器除尘效率的主要因素。

[实验原理]

静电除尘器的实验原理同袋式除尘器。

[实验器材]

本实验中使用的装置如图 4-7 所示。实验装置主要由自动粉尘加料装置、高压 静电发生器、静电除尘器、引风机及数据采集系统组成。自动粉尘加料装置中采用调速电机,可用于配制不同浓度的含灰气体。静电除尘器为有机玻璃壳体板式高压静电除尘器,包含放电极、收尘极板、收尘极板振动清灰电机及卸灰斗等。在静电除尘器进、出口管段上设有测压环及采样口,各采样口所测量的数据可直接接入系统自带的数据采集系统进行在线采集打印也可采用外加仪器进行测量,如进、出口测压环处的静压值可外加 U 形管或倾斜微压计进行测量。静电除尘器进、出口管段上设置的采样口可用于测定管道流速,得到进、出口粉尘流量。

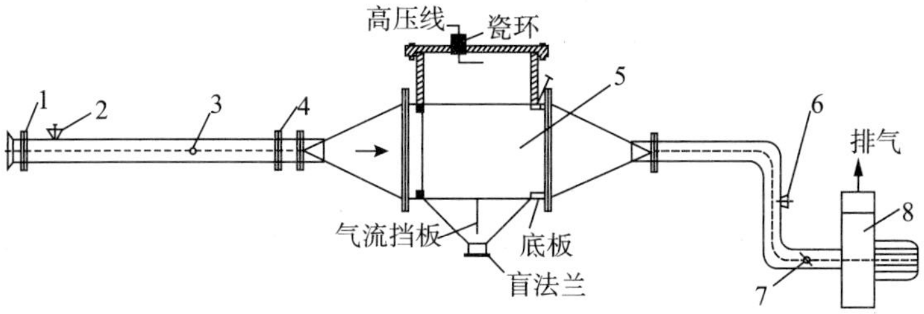

1.测压环　2.加灰漏斗　3.采样口　4.测压环　5.静电除尘器　6.采样口　7.调风阀　8.风机

图 4-7　静电除尘器实验装置图

[实验步骤]

(1)首先检查设备系统外况和全部电气连接线有无异常(如管道设备无破损，卸灰装置是否安装紧固等),一切正常后开始操作。

(2)打开电控箱总开关,合上触电保护开关。

(3)打开控制开关箱中的高压电源开关,电除尘器开始工作。

(4)在风量调节阀关闭的状态下,启动电控箱面板上的主风机开关,调节风量调节开关至所需的实验风量。

(5)将一定量的粉尘加入自动发尘装置灰斗,然后启动发尘电机,调节转速控制加灰速率。

(6)启动显示屏开关,读取实验系统自动采集到的风量、风速、风压、除尘效率、粉尘出、入口浓度、环境空气湿度和温度数据;也可启动打印开关,将数据输出。

(7)调节风量调节开关、发尘旋钮,进行不同处理气体量、不同发尘浓度下的实验。

(8)在加灰装置启动 5 min 后,周期启动控制箱面板上振打电机开关后开始极板清灰。每周期清灰时间 3 min,停止 5 min。

(9)实验完毕后依次关闭发尘装置、高压电源和主风机,然后启动振打电机进行清灰 5 min,待设备内粉尘沉降后,清理卸灰装置。

(10)关闭控制箱主电源。

[实验数据记录及结果]

将所测数据及计算结果填入表 4-11。

表 4-11　实验记录表

环境温度		环境湿度	
工况 1-1			
风量		风速	
粉尘入口速度		粉尘出口速度	
风压		效率	
工况 1-2			
风量		风速	
粉尘入口速度		粉尘出口速度	
风压		效率	

续表 4-11

环境温度		环境湿度	
工况 1-3			
风量		风速	
粉尘入口速度		粉尘出口速度	
风压		效率	
工况 2-1			
风量		风速	
粉尘入口速度		粉尘出口速度	
风压		效率	
工况 2-2			
风量		风速	
粉尘入口速度		粉尘出口速度	
风压		效率	
工况 2-3			
风量		风速	
粉尘入口速度		粉尘出口速度	
风压		效率	

[注意事项]

(1)实验前必须先熟悉仪器的使用方法。

(2)实验前首先确保除尘器外壳接地螺丝处于接地状态。

(3)实验中要注意人身安全,不可靠近高压电源及高压进线箱等处,以免发生意外。

[思考题]

(1)试述静电除尘器的基本原理。

(2)试通过实验,分析影响静电除尘器除尘效率及压降的因素。

实验 4-9 旋风除尘器性能实验

[实验目的]

通过实验,掌握旋风除尘器性能测定的主要内容和方法,全面了解影响旋风除尘器压力损失、除尘效率的主要因素。

[实验原理]

旋风除尘器的实验原理同袋式除尘器。

[实验器材]

本实验装置如图 4-8 所示，其主要由加灰漏斗、旋风除尘器、风机及数据采集系统等组成。加灰漏斗中采用调速电机，可用于配制不同浓度的含灰气体。旋风除尘器为有机玻璃壳体除尘器，其主要技术参数：风量（可用系统调节阀调节）：300～700 m^3/h；入口气体含尘浓度：<50 g/m^3；除尘效率：70%～80%；压力降：<2000 Pa。在旋风除尘器进、出口管段上设有测压环及采样口，各采样口所测得的数据可直接接入系统自带的数据采集系统进行在线采集打印也可采用外加仪器进行测量，如进、出口测压环处的静压值可外加 U 形管或倾斜微压计进行测量。除尘器进、出口管段上的采样口可接比托管和微压计在此处测定管道流速，以得到进、出口气体流量。

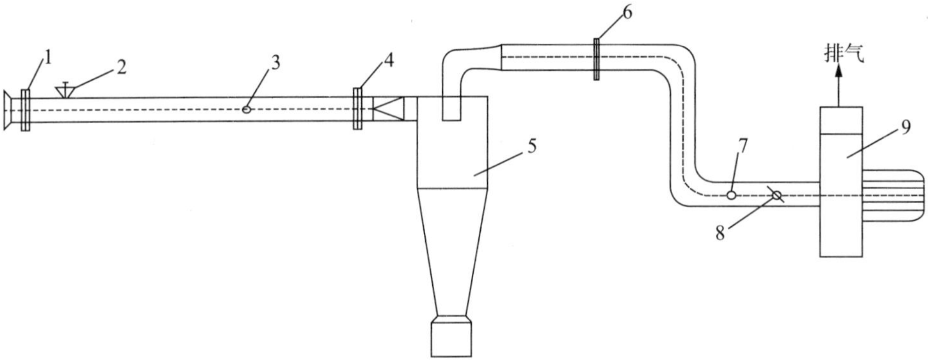

1,4,6. 测压环　2. 加灰漏斗　3,7. 采样口　5. 旋风除尘器　8. 调风阀　9. 风机

图 4-8　旋风除尘器性能实验装置

[实验步骤]

(1)首先检查设备系统外况和全部电气连接线有无异常(如管道设备无破损，卸灰装置是否安装紧固等)，一切正常后开始操作。

(2)打开电控箱总开关，合上触电保护开关。

(3)在风量调节阀关闭的状态下，启动电控箱面板上的主风机开关。

(4)调节风量调节开关至所需的实验风量。

(5)将一定量的粉尘加入自动发尘装置灰斗，然后启动自动发尘装置电机，并可调节转速控制加灰速率。

(6)启动显示屏开关，读取实验系统自动采集到的风量、风速、风压、除尘效率、粉尘出、入口浓度、环境空气湿度和温度数据；也可启动打印开关，将数据输出。

(7)调节风量调节开关、发尘旋钮，进行不同处理气体量、不同发尘浓度下的实验。

(8)实验完毕后依次关闭发尘装置、主风机，并清理卸灰装置。

(9)关闭控制箱主电源，检查设备状况，没有问题后离开。

[实验数据记录及结果]

将所测数据及计算结果填入表 4-12。

表 4-12　实验记录表

环境温度		环境湿度	
工况 1-1			
风量		风速	
粉尘入口速度		粉尘出口速度	
风压		效率	
工况 1-2			
风量		风速	
粉尘入口速度		粉尘出口速度	
风压		效率	
工况 1-3			
风量		风速	
粉尘入口速度		粉尘出口速度	
风压		效率	
工况 2-1			
风量		风速	
粉尘入口速度		粉尘出口速度	
风压		效率	
工况 2-2			
风量		风速	
粉尘入口速度		粉尘出口速度	
风压		效率	
工况 2-3			
风量		风速	
粉尘入口速度		粉尘出口速度	
风压		效率	

[注意事项]

(1)测量管道直径:确定分环数和测点数,求出各测点距管道内壁的距离,并用胶布标志在皮托管和采样管上。

(2)测定各点流速和风量:用倾斜微压计和皮托管测出各点气流的动压和静压,以及均流管处气流的静压,求出气体的密度、各点的气流速度、除尘器前后的风量。

(3)测定除尘效率:启动风机后开始发尘,记录发尘时间和发尘量。观察除尘系统中的含尘气流和粉尘浓度的变化情况。关闭风机后,收集旋风除尘器灰斗中捕集的粉尘,然后称量,计算除尘效率。

[思考题]

(1)旋风除尘器的除尘效率和压力损失随处理气体量的变化规律是什么？它对旋风除尘器的选择和运行控制有何意义？

(2)你认为实验中还存在什么问题？应如何改进？

实验 4-10　机动车尾气中 CO、HC、NO_x 和颗粒物的测定

[实验目的]

汽车主要使用内燃机作为动力源，在行驶过程中，内燃机燃烧所产生的有害气体是汽车的主要污染源，由于是从汽车后通过排气管排出的，所以汽车排放的废气常称为尾气。汽车尾气中的有害成分主要是 CO、HC、NO_x 和炭烟，它们也是目前汽车排污标准及净化措施主要针对的成分，尾气中各有害成分产生的原因是不同的，CO 是因燃烧时供氧不足造成的，在汽油机中，主要是由于混合气较浓，在柴油机中是由于局部缺氧。HC 是由于燃烧时不完全，及低温缸壁使火焰受冷熄灭，电火花微弱，混合气形成条件不良而造成的。NO_x 是燃烧过程中，在高温、高压条件下，原子氧和氮化合的结果。炭烟是燃油在高温缺氧条件下裂解生成的，汽油机正常工作时很少出现炭烟，柴油机因局部混合气很浓，易产生炭烟。

目前，在国外大部分汽车及国内部分汽车上装有空气喷射装置——热反应器或催化反应器，使 HC、NO_x、CO 降到最低程度，其中催化反应器是目前采用最多的，也是未来汽车尾气净化的方向，它使废气通过催化反应器时，在催化剂的作用下，与空气产生化学反应，其结果是 CO 氧化为 CO_2，HC 氧化为 CO_2 和 H_2O，NO_x 还原为 N_2。炭烟是柴油机尾气中的重要组成部分，它由多孔性碳粒构成，常黏带有 SO_2。炭烟的处理可采用过滤的方法，使高温废气通过蒸发器水层使水蒸发，冷却后形成以碳粒为核心的水滴，被过滤器过滤，而水流回蒸发器重复利用，过滤材料采用氨基甲酸乙酯。

本实验拟采用 NDIR 法(不分光红外线吸收法)测定 CO、HC 的浓度，用盐酸萘乙二胺比色法测定 NO_x 的浓度，采用过滤称量法测定颗粒物含量。

[实验原理]

(1)NDIR 法测定 CO、HC 的原理：当具有电极性的气体分子受到红外线照射时产生振动能级的跃迁，吸收一部分其频率对应于气体分子固定振动频率的红外线，从而在红外光谱上形成吸收带，不同的气体分子具有不同的吸收波长，利用这一点可对气体进行定性分析。

CO 对波长 4.6 μm 的红外线有选择性吸收、HC 对波长为 3.3 μm 的红外线有选择性吸收。测量时，光源的两束相等的红外光，被切光电机周期地打开切断。若工作室流过的气体为零气，当光束打开时，到达两个接受室的红外光能量相等，室内气体吸收相同的光能量后热膨胀产生的压力也相等，薄膜无位移，电容量不变化，当光束遮断时，两个接收室均不接收能量，电容量也不变化。若工作室流过一定浓度的待测气体，当光束打开时，由于到达两接收室的红

外光量不相等(左室大于右室),左室压力大于右室压力,在这一压差作用下,金属箔向右鼓起,极间距离增大,电容量变小,在光束遮断后,金属箔复位,电容量还原。这样,当切光片旋转,检测器的电容量就产生了周期性变化,其变化量与气体浓度呈一定函数关系(图 4-9)。

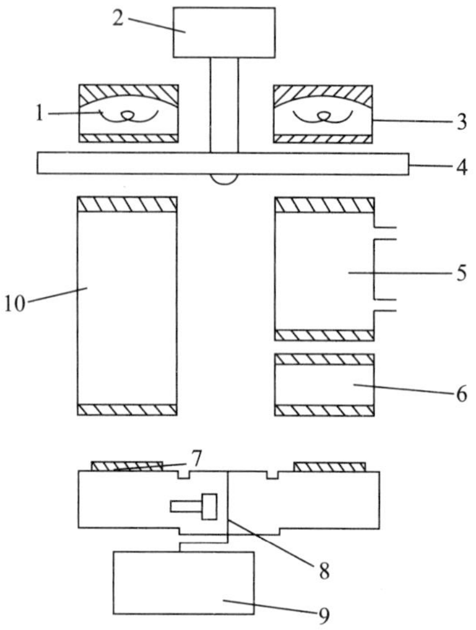

1,3. 光源　2. 同步电机　4. 截光器　5. 试样室　6. 过滤室　7. 检测室
8. 电容器动极膜片　9. 前置放大器　10. 比较室

图 4-9　NDIR 分析仪原理图

(2)盐酸萘乙二胺比色法测定 NO_x 的原理:尾气中的 NO_x 主要是 NO 和 NO_2。测定时先将气体通过三氧化铬氧化管把 NO 氧化成 NO_2。然后将 NO_2吸收在用冰醋酸、对氨基苯磺酸和盐酸萘乙二胺配制成的吸收液中形成亚硝酸,与对氨基苯磺酸起重氮化反应,再与盐酸萘乙二胺偶合,生成玫瑰红色偶氮染料,根据颜色的深浅,进行比色测定。

[实验器材]

(1)采样仪器:采样器 1 个、双球玻璃氧化管(内装三氧化铬-砂子)1 个、测量装置(包括转子流量计、温度计、压力计)1 套、采样泵(0～1 L/min)1 台。

(2)分析仪器:红外线气体(NDIR)分析仪 1 台、分光光度计 1 台、具塞比色管(10 mL)10 支、吸收管、滴定管 1 个、容量瓶(100 mL、1000 mL)各 1 个、锥形瓶(250 mL)4 个、分析天平(感量 0.1 mg)1 台、移液管、胶头滴管、注射器、干燥滤纸等。

(3)实验试剂:冰醋酸、对氨基苯磺酸、盐酸萘乙二胺、亚硝酸钠、标准 CO 气体、标准 HC 气体、标准 NO_2气体。

[实验步骤]

1. 采样

本实验采用直接取样法,在汽车尾气排气管处用取样探头将废气引出,探头插入的深度不得小于 300 mm。因为废气中含有水分、烟尘、油污等,为防止其影响分析结果,故要经冰冷(气凝除水）、玻璃棉过滤（滤除油尘等），经取样泵将气体引出。取样时，用 100 mL 注射器直接抽取，抽取前先用样气冲洗 3 遍，然后再取样。气样要避光放置，以备分析用。由于废气成分复杂互相易起化学反应，因而取样器内废气成分很容易变化，尤其是 NO_x 在光的影响下，取样后约半天再分析，NO_x 浓度减少近 5%～10%，所以取样后应尽快进行分析（采样流程见图 4-10）。

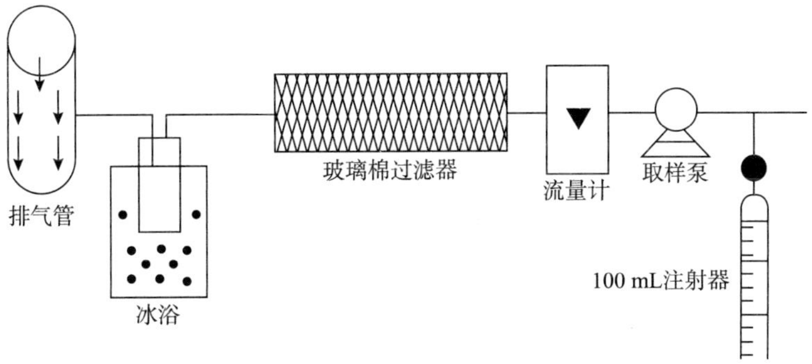

图 4-10　采样流程图

2. CO、HC 浓度的测定

（1）CO 浓度的测定：向红外线气体分析仪仪器分析室内通入浓度为 ρ_s（mg/m³）的 CO 标准气，由指示仪表读取分度值 U_s（格数或毫伏数），再向仪器分析室通入待测气样，读取分度值 U_x。气样中 CO 的浓度 ρ_x 可按下式求得

$$\rho_x=\frac{\rho_s U_x}{U_s} \tag{1}$$

（2）HC 浓度的测定：向红外线气体分析仪仪器分析室内通入浓度为 ρ_s（mg/m³）的 HC 标准气，由指示仪表读取分度值 U_s（格数或毫伏数），再向仪器分析室通入待测气样，读取分度值 U_x。气样中 HC 的浓度 ρ_x 可按上式求得。

用来测定 HC 的红外线气体分析仪和用来测定 CO 的分析仪不同之处在于要采用不同的干涉滤光片，使其分别可以允许 3.3 μm 和 4.6 μm 波长范围的红外光透过。

3. NO_x 浓度的测定

（1）配制吸收液：称取 5.0 g 对氨基苯磺酸，通过玻璃小漏斗直接加入 1000 mL 容量瓶中，加入 50 mL 冰醋酸和 900 mL 水，盖塞振摇使其溶解，待对氨基苯磺酸完全溶解后，加入 0.050 g 盐酸萘乙二胺溶解后，用水稀释至标线。此为吸收原液，贮于棕色瓶中，在冰箱中可保存 2 个月。使用时按 4 份吸收原液和 1 份水的比例混合。

（2）配制亚硝酸钠标准溶液：称取 0.1500 g 粒状亚硝酸钠（预先在干燥器内放置 24 h 以上），溶解于水，移入 1000 mL 容量瓶中，用水稀释至标线。此溶液每毫升含 100.0 μg 亚硝酸根，贮于棕色瓶保存于冰箱中，可稳定 3 个月。临用前，吸取贮备液 5.00 mL 于 100 mL 容量瓶中，用水稀释至标线，此溶液每毫升含 5.0 μg 亚硝酸根。

（3）取两个各装有 4 mL 吸收液的 U 形多孔玻板吸收管，中间串联一个氧化管，如图 4-11 所示，将 A 中的气样以 100 mL/min 的速度注入吸收管 1 中，经氧化管再进入吸收管 2 之中，此时为克服阻力，在排气口处连有注射器B，以缓慢速度往外抽，A中的气样进量应视进入吸收液后颜色变浅粉红色而定，记下进样量体积。

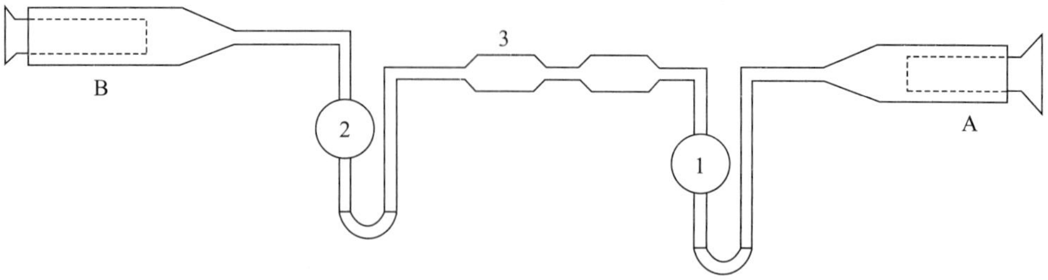

1，2. 吸收管　3. 氧化管　A，B. 注射器

图 4-11　比色分析流程图

(4)将吸收管1的进口和吸收管2的出口夹死，然后将B注射器中的气体再注入系统中，吸收管2的出口处仍用一新注射器抽，此操作重复2次。

(5)最后用100～200 mL新鲜空气冲洗系统将残存在管道及氧化管中的样气都冲洗至吸收液中，使吸收更完全。

(6)将吸收管1、2避光放置15 min，待吸收液颜色稳定后倾入比色皿中进行比色，前管为NO_2的含量，后管为NO的含量，两个含量之和即为NO_x含量。如果吸收液颜色太浓，可再将溶液用吸收液冲洗若干倍再测定。但最好采用进气量适当的办法来解决比色液颜色过浓的问题，以免引进稀释后造成误差。

(7)比色测定按以下步骤进行。标准曲线的绘制：取7支10 mL具塞比色管，按表4-13绘制标准色列，各管摇匀后，避开直射阳光，放置15 min；在波长540 nm处，用1 cm比色皿，以水为参比，测定吸光度。以吸光度对亚硝酸根含量(μg)，绘制标准曲线。

表 4-13　亚硝酸钠溶液的标准溶液系列

管号	亚硝酸钠标准溶液/mL	吸收原液/mL	水/mL	亚硝酸根含量/μg
0	0	4.00	1.00	0
1	0.10	4.00	0.90	0.5
2	0.20	4.00	0.80	1.0
3	0.30	4.00	0.70	1.5
4	0.40	4.00	0.60	2.0
5	0.50	4.00	0.50	2.5

样品测定：采样后，放置15 min，将样品溶液移入1 cm比色皿中，用绘制标准曲线的方法测定试剂空白液和样品溶液的吸光度，若样品溶液的吸光度超过标准曲线的测定上限，可用吸收液稀释后再测定吸光度。计算结果时应乘以稀释倍数。

(8)计算如下：

$$\rho=\frac{A}{V_0\times 0.76\times 1000} \tag{2}$$

式中：ρ为被分析气体中NO_2的浓度，mg/m^3；V_0为进样量的体积换算成标准状况下的体积，

m^3;A 为 NO_2 的含量,μg;0.76 为二氧化氮和亚硝酸根离子的转换系数。

$$\rho_{NO_x}=\rho_{NO_2}+\rho_{NO} \tag{3}$$

式中:ρ_{NO_x} 为排气中总的 NO_x 浓度,mg/m^3;ρ_{NO_2} 为排气中 NO_2 的浓度,mg/m^3;ρ_{NO} 为排气中 NO 的浓度,mg/m^3。

4. 颗粒物含量的测定

(1)用分析天平预先称量已干燥的滤筒的质量,记为 m_1。

(2)将称量后的滤筒放入采样器中的过滤器内,开动采样泵用适当的流量进行采样,记下流量 Q 与采样时间 t。

(3)停止取样后,取出过滤器内的滤筒,放入 105 ℃的烘箱内烘 2 h,取出置于玻璃干燥器内冷却 20 min 后用分析天平称量,质量记为 m_2。

采用下式计算被采气体中颗粒物的浓度。

$$\rho_p=\frac{m_2-m_1}{Q_t} \tag{4}$$

式中:ρ_p 为颗粒物质量浓度,mg/m^3;m_1 为采样前滤筒经恒重后的质量,mg;m_2 为采样后滤筒经恒重后的质量,mg;Q 为采样器的流量,m^3/min;t 为采样时间,min。

[实验数据记录及结果]

将所测数据及计算结果填入表 4-14。

表 4-14　实验数据记录表

项目	ρ_s/(mg/m^3)	U_s	U_x		ρ_x/(mg/m^3)
CO					
HC					
NO_x	A_1/μg	A_2/μg	ρ_{NO}/(mg/m^3)	ρ_{NO_x}/(mg/m^3)	ρ_{NO_x}/(mg/m^3)
颗粒物	m_1/mg	m_2/mg	Q/(m^3/min)	t/min	ρ_p/(mg/m^3)

[注意事项]

(1)该实验流程较多且复杂,实验前,应该准备好所有试剂、记录表格等材料,尽可能完善所有测试细节再开展实验。

(2)测量时车辆工况变化剧烈,提前做好气密性检测。

[思考题]

(1)机动车尾气中对环境危害最大的是哪一种?为什么?

(2)实验中哪些操作或步骤易带来测量误差,实验中如何减小误差?

(3)你认为该实验中还存在哪些问题,应如何解决?

实验 4-11 催化还原法脱硝实验

[实验目的]

氮氧化物(NO_x)是造成大气污染的主要污染物之一。对冷却后的烟气进行处理,以降低 NO_x 的排放量,通常称为烟气脱硝,选择性催化还原(SCR)是目前烟气脱硝的主流方法。通过本实验,要求掌握催化还原法脱除气态污染物的实验方法,加深对烟气脱硝技术的理解。

[实验原理]

选择性催化还原法脱硝以 NH_3 作还原剂,在含有催化剂的反应器内 NO_x 被还原为 N_2 和 H_2O,催化剂的活性材料通常由贵金属、碱性金属氧化物和/或沸石等组成,该还原反应的最佳温度为 250～400 ℃,反应方程式如下:

$$4NO+4NH_3+O_2 \xrightarrow{Cat,250\sim400℃} 4N_2+6H_2O$$

$$2NO+4NH_3+O_2 \xrightarrow{Cat,250\sim400℃} 3N_2+6H_2O$$

[实验器材]

实验系统如图 4-12 所示。实验用 NO_x 气体由 NO 气瓶提供。系统流程如下:含 NO 的空气与来自高压钢瓶中的氨气,在气体阻火器(可防止事故情况下的回火)内充分混合。混合气进入可控温气体预加热器,气体快速加热到较高温度后,进入可控温催化反应器,反应后气体经冷却器冷却,水分由冷却器排液口排出,尾气流经出口管段排出。实验系统设有进气与尾气取样口,可通过注射器或气袋取样分析反应器进出口处 NO 浓度,也可通过系统配置的氨气传感器间接反映反应器对 NO 的去除情况。

[实验步骤]

1. 反应器的拆卸

(1)在反应器温度接近常温、电源箱总开关关闭的情况下,旋松反应器左侧端面中间的反应管旋帽至分离。

(2)断开反应器右侧中间的反应管上 6 mm 气体支管的快速接头。

(3)旋松反应器右侧中间的反应管旋帽至分离,小心拔出热电偶。

(4)从右侧小心拔出不锈钢反应管。

(5)取出不锈钢反应器内部端口 A 处的固定玻璃棉,倒出石英砂,用工具旋转取出内部的玻璃棉,最后倒出催化剂。

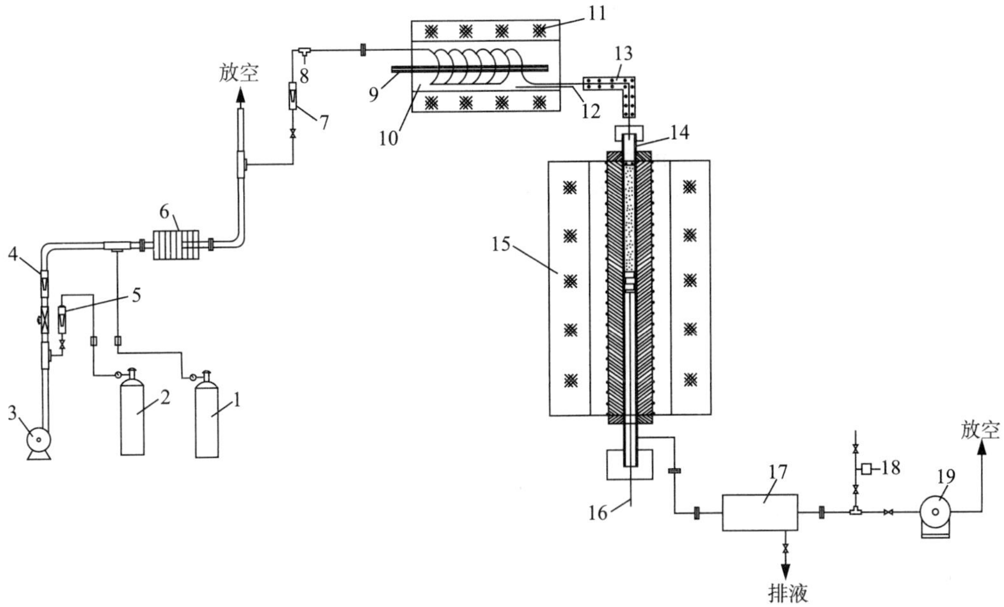

1. NH_3 钢瓶　2. NO 钢瓶　3. 气泵　4. 制气主气体流量计　5. 制气辅助气体流量计　6. 气体阻火器　7. 气体流量计　8. 采样口　9. 控温电加热　10. 气体预加热器　11. 耐温隔热材料　12. 遥控探头　13. 保温层　14. 铠装热电偶套管　15. 可控温催化反应器　16. 铠装热电偶套管　17. 反应后气体冷却器　18. 出口气体采样孔　19. 湿式流量计

图 4-12　催化还原法脱硝实验系统图

2. 催化剂的安装

(1)小心清洁拆卸下的反应器,水洗、烘干。

(2)将若干量催化剂(颗粒态,粒径不小于 0.4 mm)从反应器 A 端口装入,然后装填入 5～10 mm 厚度的玻璃棉,再装填石英砂至距管口 20～30 mm 处(约 60 mL),最后用玻璃棉封堵。

注:催化剂最大装填量 16 mL。

(3)将反应管 A 端小心从加热炉的右侧水平插入至从反应器左侧端面的中孔中露出,整理好炉膛密闭挡板,旋上入口气体旋帽。

(4)小心旋上反应器右侧 B 端旋帽,小心安装上热电偶探头。

(5)连接反应器右侧中间的反应管上 6 mm 气体支管的快速接头。

3. 催化系统的运行

(1)检查设备系统外况和全部电气连接线有无异常,采样口隔垫是否需要更换,放空阀是否均已打开,管线的速接是否连接到位,NO、NH_3 气体钢瓶是否有气(根据压力表指示定)等,一切正常后开始操作。

(2)打开电控箱总开关,合上触电保护开关。

(3)按实验要求设定反应加热器控制温度,启动加热器开关。

(4)设定预热器温度(通常低于预定反应温度 20 ℃左右)。

(5)通过 NO 气体钢瓶调节阀,根据主气体流量计设定 NO 入口浓度,通过制气辅助流量计调节 NO 气源至所需的数值。

(6)通过 NH_3 气体钢瓶调节阀,根据主气体流量计及气流中 NO 浓度的化学计量比,通过流量计调节 NH_3 气流至所需的数值。

(7)当反应炉温度达到指定温度时,可通过 NH_3 传感器测定不同气体流量下的进、出口气体中 NH_3 的浓度,根据 NH_3 浓度的变化量反算出反应前后 NO 的量,从而确定催化转化率。

(8)调节反应炉温度,测定不同反应炉温度下(200、250、300、350 ℃)NO 的催化转化率。

(9)实验结束时,首先关闭 NO 和 NH_3 气体钢瓶的阀门,及反应加热炉的电源开关。

(10)关闭制气辅助流量计开关,同时调节试验气体流量为最大对实验系统进行清洁。

(11)待反应器温度下降到 150 ℃以下时关闭气泵。

(12)关闭控制箱主电源。

(13)打开气体冷却器的排液口阀门,排空可能有的液体,然后关闭排液口阀门。

(14)整理实验数据,完成实验结果分析。

[实验数据记录及结果]

将所测数据及计算结果填入表 4-15。

表 4-15 实验数据记录表

环境温度		环境湿度	
工况 1-1			
风量		风速	
NH_3入口浓度		NH_3出口浓度	
NO 入口浓度		NO 出口浓度	
风压		效率	
工况 1-2			
风量		风速	
NH_3入口浓度		NH_3出口浓度	
NO 入口浓度		NO 出口浓度	
风压		效率	
工况 1-3			
风量		风速	
NH_3入口浓度		NH_3出口浓度	
NO 入口浓度		NO 出口浓度	
风压		效率	
工况 1-4			
风量		风速	
NH_3入口浓度		NH_3出口浓度	
NO 入口浓度		NO 出口浓度	
风压		效率	

[注意事项]

(1)实验应重点注意烟气温度,烟气温度是实验成功的重要前提。

(2)气密性和催化系统电气连接是装置成功运行的关键,实验前,需反复确认装置气密性和电气连接是否正确。

[思考题]

(1)作 NO 催化还原转化率随反应温度的变化关系曲线。

(2)对实验条件下催化还原脱硝性能进行评价。

实验 4-12　吸附法治理恶臭气体实验

[实验目的]

本实验根据吸附原理,以甲硫醇为目标污染物,经过实验室配气,完成低浓度甲硫醇吸附净化。吸附剂采用活性炭,主要的吸附装置为活性炭填料塔。在填料塔内,甲硫醇被活性炭填料吸附,干净的气体通过排出口排出。实验中需要完成配气,吸附装置启动、测试以及吸附装置停止等各项操作,重点掌握和了解以下几项内容:

(1)甲硫醇的基本性质和配气原理。

(2)活性炭吸附甲硫醇的基本原理和工艺流程。

(3)甲硫醇的测定方法及其原理。

[实验原理]

凡是能刺激人的嗅觉器官、普遍引起不愉快或厌恶、损害人体健康的气体称为恶臭气体。恶臭污染是大气、水、废弃物等物质中的异味通过空气介质,作用于人的嗅觉思维而感知的一种污染,是一种日益引起全球重视的大气污染公害。

地球上存在的 200 多万种化合物中,1/5 具有气味,约有 10000 种为重要的恶臭物质。除硫化氢和氨外,恶臭物质大多为有机物。这些有机物具有沸点低、挥发性强特征,简称 VOC(挥发性的有机化合物)。恶臭物质分布广、影响大,它除了刺激人的嗅觉器官使人觉得不愉快外,还对人的呼吸系统、消化系统、内分泌系统、神经系统和精神产生不利影响,高浓度情况下会导致急性中毒甚至死亡。

治理恶臭气体的主要方法有物理法、化学法和生物法三类。

物理法不改变恶臭物质的化学性质,只是用一种物质将它的臭味掩蔽和稀释,或者将恶臭物质由气相转移至液相或固相。常见方法有掩蔽法、稀释法、冷凝法和吸附法等。

化学法是使用另外一种物质与恶臭物质进行化学反应,改变恶臭物质的化学结构,使之转变为无臭物质或臭味较低的物质。常见方法有燃烧法、氧化法和化学吸收法(酸碱中和法)等。

生物法是 20 世纪 50 年代发展起来的新兴脱臭技术,是应用自然界中微生物能够在代谢过程中降解恶臭物质这一原理开发的大气污染控制新技术。生物法是指利用微生物的代谢活动降解恶臭物质，使之氧化为最终产物，从而达到无臭化、无害化的目的。常见方法有生物过滤池法、生物滴滤池法和生物制剂法。

吸附法是使得恶臭气体通过吸附剂填充层而被吸附去除的方法，常用的吸附剂一般为活性炭、硅藻土以及陶瓷碎片等。有时也根据吸附气体成分的特殊性使用添加药剂的吸附填料。在吸附法中较常用的方法是活性炭吸附法。利用气体吸附来治理恶臭气体是一种行之有效的方法。被吸附到固体表面的物质称为吸附质，附着吸附质的物质成为吸附剂。吸附现象的发现及其应用具有悠久的历史，广泛应用于基础有机、石油化工等生产部门，成为必不可少的分离手段。由于吸附过程能有效地捕集浓度很低的有害物质，在环境保护方面的应用越来越广泛。如有机污染物的回收净化、低浓度二氧化硫和氮氧化物尾气的净化处理等。吸附过程既能使尾气达到排放标准保护大气环境，又能回收这些气态污染物，实现废弃物资源化。

虽然所有的固体表面，对于流体或多或少都具有物理吸附作用，但合乎工业要求的吸附剂，必须具备以下几个条件：

(1)要具有巨大的内表面，而其外表面往往仅占总表面的极小部分，故可看作是一种极其疏松的固态泡沫体。

(2)对不同气体具有选择性的吸附作用。

(3)较高的机械强度、化学与热稳定性。

(4)吸附容量大。

(5)来源广泛，造价低廉。

(6)良好的再生性能。

活性炭是应用最早、用途较广的一种优良吸附剂。它是由各种含碳物质干馏炭化并经活化处理而得到的，炭化温度一般低于 873 K，活化温度为 1123～1173 K，通常活化剂为水蒸汽或热空气。近年来，氯化锌、氯化镁、氯化钙及硫酸盐也用作活化剂。

活性炭是孔穴十分丰富的吸附剂，比表面积为 600～1600 m^2/g，具有优异的吸附能力。制作活性炭的原材料来源非常广泛，各种木材、木屑、果壳、泥煤、褐煤、烟煤和无烟煤以及各种含碳的工业废弃物都可以制成活性炭。

[实验器材]

(1)实验装置：实验装置与流程如图 4-13 所示，包括鼓风机、恶臭气体发生器、缓冲罐和活性炭填料柱。

(2)实验仪器试剂：活性炭、100 mL 注射器(带橡皮封头)10 根、气相色谱仪、甲硫醇。

[实验步骤]

1. 实验准备

(1)按流程图搭好实验装置并试漏。

(2)校定流量计并绘出流量曲线图。

(3)将活性炭放入烘箱中，在 100 ℃以下烘 1～2 h，过筛备用。

2. 实验步骤

(1)标准曲线绘制：用 6 支 100 mL 注射器分别吸 0、5、10、20、30、50 mL 甲硫醇标准气

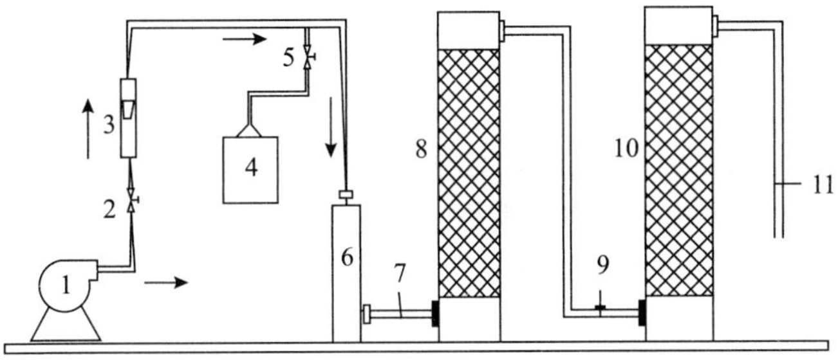

1. 鼓风机　2. 进气流量控制阀门　3. 流量计　4. 恶臭气体发生器　5. 恶臭气体发生器出口阀
6. 缓冲罐　7. 进口取样点(c_0)　8. 一级活性炭填料柱　9. 一级吸附取样点(c_1)
10. 二级活性炭填料柱　11. 二级吸附取样点(c_2)

图 4-13　实验装置与流程图

(1 mg/mL),用清洁空气稀释至 100 mL,其浓度分别为 0、50、100、200、300、500 mg/m^3;用气相色谱对标准样品进行测定,测量峰面积或峰高,绘制标准曲线。

(2)称取适量活性炭,装入填料柱(填料装填高度约为 30 cm),对一级填料柱进行称重。

(3)开启进气流量控制阀。

(4)开启鼓风机并调节流量,根据填料柱直径,计算空塔流速为 0.2 m/s 时的流量。

(5)将甲硫醇(分析纯)试剂置入恶臭气体发生器内的鼓泡瓶,鼓泡口低于液面高度;小鼓泡瓶置于超级恒温水浴槽内,根据不同废气浓度选择不同的水浴温度;开启恶臭气体发生器出口阀,控制入口甲硫醇浓度约为 300 mg/m^3。

(6)每间隔 5 min 取样检测一级吸附塔出口气体中甲硫醇浓度。

(7)当一级活性炭吸附柱出口甲硫醇浓度有甲硫醇检出时,停止实验。

(8)停止实验时,先关闭恶臭气体发生器出口阀,然后停掉鼓风机。

(9)拆下一级填料柱进行称重。

(10)整理实验室内务,切断所有带电设备电源。

[实验数据及处理]

(1)实验数据记录在表 4-16 中。

表 4-16　吸附实验记录表

第________组　姓名________　实验日期________　温度________℃　相对湿度________

时间	气体流量/(L/min)	c_0/(mg/m^3)	c_1/(mg/m^3)	c_2/(mg/m^3)	吸附量/mg
1					
2					
3					
4					
5					

(2)吸附等温线

①根据测定数据绘制吸附曲线。

②确定常数 K、n。

(3)连续流系统

①绘制第一根吸附柱的穿透曲线。

②计算甲硫醇在不同时间内转移到活性炭表面的量。计算法可以采用图解面积法(矩形法或梯形法),求得吸附管进气或出气曲线与时间的面积。

③画出甲硫醇去除量与时间的关系曲线。

[注意事项]

(1)实验中应确保系统密封无泄漏。

(2)入口甲硫醇浓度可通过温度控制,必要时可引入小股气流进入恶臭气体发生器。

(3)应定期对二级吸附活性炭填料进行更换。

(4)取样品时,应在取样前开启取样阀,取样后迅速关闭取样阀。

(5)注意操作顺序,避免室内污染。

[思考题]

(1)影响吸附容量的因素有哪些?在实验中若空塔气速、进口浓度值发生变化,将会对吸附容量值产生什么影响?

(2)若要测定气体进口浓度的变化对吸附容量的影响,该怎样做实验?请你设计一下。

实验 4-13　生物洗涤降解法净化 VOC 实验

[实验目的]

(1)了解生物法控制 VOC 的原理。

(2)掌握生物降解法处理 VOC 方法。

(3)熟悉污染物负荷对降解性能的影响。

[实验原理]

挥发性有机物(volatile organic compounds,VOC)是指沸点在 50～260 ℃、室温下饱和蒸汽压大于 133.32 Pa 的有机化合物。它们主要来自有机化工原料的加工和使用过程、有机质的不完全燃烧过程以及汽车尾气的排放。此外,植物也排放大量的 VOC。VOC 成分复杂,其对人体健康产生的影响不可忽视。此外,VOC 还可与 NO 等发生光化学反应,引起光化学污染,并通过吸收红外线引起温室效应。

传统的 VOC 控制技术包括燃烧法、吸收法、冷凝法和吸附法等,而生物净化技术是近年来发展起来的新技术。与常规法理论相比,生物净化方法具有设备简单、运行费用低,较少形成二次污染等优点,特别是在处理低浓度、生物可降解的气态污染物时具有很大的优势。

VOC 生物净化过程的实质是附着在滤料介质上的微生物在适宜的环境条件下,利用废气中的有机成分作为碳源和能源，维持其生命活动，并将有机物分解为 CO_2 和 H_2O 的过程。气相主体中的 VOC 首先经历由气相到固/液相的传质过程，然后才在固/液相中被微生物降解。由于气、液相（或固体表面液膜）之间的有机物浓度梯度和水溶性的作用，废气中的污染物首先要经过气、液相间的传质过程，然后在液相中被微生物降解，产生的代谢产物，一部分溶于液相，一部分作为细胞物质或细胞代谢能源，还有一部分（如 CO_2）则从液相转移到气相，废气中的污染物通过上述过程不断减少，从而被净化。

用来进行气体污染物降解的微生物种类繁多，特定的气态污染物都有其特定的适宜处理微生物群落。根据营养来源来分，能进行气态污染物降解的微生物可分为自养菌和异养菌两类。自养菌主要适用于进行无机物的转化，如硝化、反硝化和硫酸菌可在无有机碳和氮的条件下靠氨、硝酸盐和硫化氢、硫及铁离子的氧化获得能量，进行生长繁殖。由于自养菌的新陈代谢活动较慢，它只适用于较低浓度无机废气的处理。异养菌是通过对有机物的氧化代谢来获得能量和营养物质，在适宜的温度、pH 和氧条件下，它们能较快地完成污染物的降解，这类微生物多用于有机废气的净化处理。

目前，适于生物处理的气态污染物主要有乙醇、硫醇、酚、甲酚、吲哚、脂肪酸、乙醛、酮、二硫化碳、氨和胺等。

微生物群落对有机物有一个适应过程，通常情况下，对易降解有机物，大约需驯化 10 d；对于难降解有机物，必须接种相应微生物，才能缩短培养驯化周期，确保生物降解正常运行。

生物法处理 VOC 的工艺设备通常采用生物洗涤塔、生物滴滤塔和生物过滤塔等。表 4-17 对 3 种生物处理设备进行了比较。

表 4-17　3 种生物处理工业 VOC 设备的对比

设备	适用范围	优点	缺点
生物洗涤塔	适宜于处理净化气量较小、浓度大、易溶且生物代谢速率较低的废气以及含颗粒物的废气	中等投资、占地面积相对较小、能适应各种负荷、技术非常成熟	运行费用昂贵、大量沉淀时性能下降化学进料系统复杂、不能除去大部分的 VOC、需要有毒或危险的化学物质
生物过滤池	适宜于处理气量大、浓度低的废气	投资和运行费用低、低压降、有较强的抗冲击负荷能力	占地面积大、每隔 1～2 年需要更换填料、有时湿度和 pH 难以控制、颗粒物质会堵塞滤床
生物滴滤池	适宜于处理负荷较高以及污染物降解后会生成酸性物质或产碱的有害物质	简单、成本低、中等投资、运行费用低、低压降、去除效率高	建造和操作比生物过滤床复杂、针对不同成分、浓度及气量的气态污染需要不同的有效的生物净化系统

生物洗涤塔具有设备紧凑、压力损失小、适用于较高浓度 VOC 废气处理、反应条件易于控制、运行费用低等特点。洗涤塔由吸收和生物降解两部分组成。含有经有机物驯化的微生物的活性污泥溶液，与从塔的下部上升的有机废气接触，废气中的有机物和氧气转入液相，有机物在活性污泥中被微生物氧化分解。该法适用于气相传质速率大于生化反应速率的有机物的降解。可以采用比降解速率（$-\gamma$）来表征生物洗涤塔降解性能的关键性参数，它直接反映

了装置内微生物对有机物的降解能力和有机物的活性，$-\gamma$ 越大，表明微生物对有机物的降解能力越强。比降解速率公式如下：

$$-\gamma=\frac{Q(\rho_{in}-\rho_{out})}{XV} \tag{1}$$

式中：$-\gamma$ 为比降解速率，mg/(g・h)；ρ_{in} 为废气进口质量浓度，mg/m^3；ρ_{out} 为废气出口质量浓度，mg/m^3；Q 为气体流量，m^3/h；V 为装置内活性污泥的体积，L；X 为污泥挥发性悬浮固体浓度(MLVSS)，mg/L。

[实验器材]

(1)试剂：氯苯(分析纯)、Na_2CO_3(分析纯)、葡萄糖(分析纯)、Na_2HPO_4(分析纯)、NH_4Cl(分析纯)、$FeCl_3$(分析纯)、$MgSO_4$(分析纯)、NaCl(分析纯)。

营养液：按 C∶N∶P=100∶5∶1 的比例配制，营养液成分含有葡萄糖、Na_2HPO_4、NH_4Cl、$FeCl_3$、$MgSO_4$ 和 NaCl，维持微生物正常生长和较强的降解能力。

(2)仪器与设备：洗涤器 1 台、定压机 1 台、缓冲罐 1 台、流量计 2 个、VOC 发生器 1 台、气相色谱仪[带火焰离子化检测器(FID)]1 台、pH 计 1 台、分析天平 1 台、干燥箱 1 台。

(3)装置与流程：实验装置与流程见图 4-14，由两部分组成。

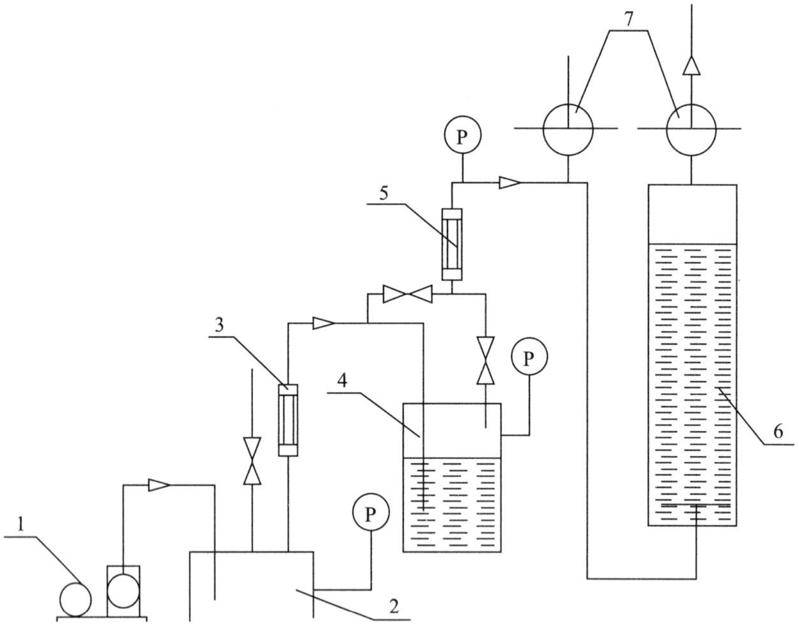

1.空压机　2.缓冲罐　3,5.流量计　4.VOC 发生器　6.生物洗涤器　7.取样阀

图 4-14　生物洗涤降解法净化 VOC 装置与流程

①VOC 气体发生部分：包括气体压缩机、缓冲罐、转子流量计、VOC(氯苯)气体发生器。气体经流量计计量后分成两股，一股进入装有 VOC 的气体发生器，将发生器中挥发的 VOC 带出，另一股不经气体发生器直接通过。两股气体在进入生物洗涤器前混合，混合气的含 VOC 浓度是通过调节两股气的流量比例来控制。

②生物洗涤降解系统：生物洗涤器由内径 120 mm、高 800 mm 的有机玻璃塔组成，塔底有气体分布器，塔中为活性污泥溶液，液体高度为 600 mm。配好的含 VOC 气体由气体分布器进入洗涤器，被活性污泥中的微生物降解，进而得到净化，降解前后气体中氯苯的浓度由带火焰离子化检测器(FID)的气相色谱仪进行测定。

[实验步骤]

系统在室温下运行，气体流量 $Q=0.03\sim0.25\ m^3/h$，入口氯苯质量浓度低于 $500\ mg/m^3$，活性污泥溶液的 pH 通过定期加入 Na_2CO_3 溶液来调整，控制在 6～8，营养元素通过定期加入营养液来控制。

(1)污泥驯化在自然环境下。氯苯属于生物难降解物质，因此要选择适宜的环境条件，用氯苯对活性污泥进行培养、驯化，使其具有降解的功能。

①接种石化污水处理场二沉池中的活性污泥于洗涤器中，加入营养液，控制有机负荷与污泥浓度的比例在 0.2～0.7 的范围内，培养 10 d。

②10 d 后开始驯化，利用氯苯作为碳源，逐步替代葡萄糖，驯化 20 d 左右。

加入活性污泥，提高装置中的污泥浓度。40 d 后开始运行生物洗涤器。

(2)氯苯生物降解性能实验

①运行生物洗涤塔，利用流量调节阀调节气体流量。并通过调节主气流和辅气流的比例来控制入口氯苯浓度，使得实验条件满足：气体氯苯浓度为 $50\sim500\ mg/m^3$，气体流量为 $0.05\sim0.25\ m^3/h$。活性污泥溶液的 pH 控制在 6～8，通过定期加入 Na_2CO_3 溶液来调整。

②稳定运行 30 min 后，记录气体流量，测定进出口氯苯浓度。同时采用烘干称重法测定活性污泥浓度(MLVSS)。

③调节气体流量及分配比例，使其满足(1)中实验条件，测定在一定气体流量下、不同进口氯苯浓度(由低到高选取 6 组)时对应的出口气体氯苯的浓度。同时测定活性污泥浓度(MLVSS)。

考虑到实验时间的限制，学生需要分成若干个实验小组，要求每组学生各完成一个实验条件(如不同的进气 VOC 浓度)，实验完成后，进行数据整理，再将各组数据汇总，得到相应的结果(如不同停留时间下的降解效率等)，最终完成生物洗涤塔的操作曲线。

[实验数据记录及结果]

(1)比降解速率：利用式(1)计算比降解速率值。

(2)降解效率计算按式(2)：

$$\eta=\left(1-\frac{c_2}{c_1}\right)\times100\% \tag{2}$$

式中：c_1 为反应器入口处气体中 VOC 浓度，mg/m^3；c_2 为反应器出口处气体中 VOC 浓度，mg/m^3。

(3)生物降解氯苯实验结果数据记录于表 4-18。

表 4-18　生物降解氯苯实验结果记录表

气压：________ kPa　　　　室温：________℃

实验次数	气体流量/($m^3 \cdot h$)	停留时间/s	入口浓度/(mg/m^3)	氯苯负荷/(mg/h)	出口浓度/(mg/m^3)	降解效率	MLVSS/(mg/L)	比降解速率/(h^{-1})
1								
2								
3								
4								
5								
6								

(4)绘制降解效率随进气浓度的变化曲线 η-ρ。

(5)绘制生物洗涤塔的操作的曲线 η-t-ρ。

(6)绘制比降解速率随负荷的变化曲线(γ-W)。

[注意事项]

(1)VOC 具有一定毒性,注意气密性检查与通风橱运行状况。

(2)微生物对温湿度等环境信息比较敏感,合理控制好环境参数有利于实验更好进行。

[思考题]

(1)分析实验数据,在负荷增加时降解效率如何变化的?

(2)根据绘制的曲线,分析降解效率随停留时间的变化关系。

(3)根据操作曲线,设计一套处理能力为 1000 m^3/h 的氯苯废气处理系统。条件:氯苯最大入口浓度为 500 mg/L,处理后的浓度小于 50 mg/L。

(4)讨论比降解速率在本实验中意义。并讨论改进实验哪些地方可以提高比降解速率。

第 5 章　固体废弃物处理与处置实验

实验 5-1　固体废弃物热值的测定

[实验目的]

热值是固体废弃物的一个重要物理化学指标。固体废弃物热值的大小直接影响着固体废弃物处理、处置方法的选择。通过本实验,希望达到以下目的:

(1)学会使用氧弹量热计测定固体废弃物的热量。

(2)掌握氧弹量热计的原理、构造及使用方法。

(3)掌握测定固体废弃物热值的条件。

(4)掌握雷诺图法校正温度改变值。

(5)掌握固体废弃物热值的测定方法。

(6)培养学生动手能力,使其熟悉相关仪器设备的使用方法。

[实验原理]

根据热化学定义,1 mol 物质完全氧化时的反应热称为该物质的燃烧热。对生活垃圾和无法确定相对分子质量的混合物,其单位质量完全氧化时的反应热称为热值。

测量热效应的仪器称为量热计或卡计,量热计的种类很多,本实验采用氧弹量热计,图 5-1 为氧弹量热计外形图,图 5-2 为氧弹量热计剖面图。

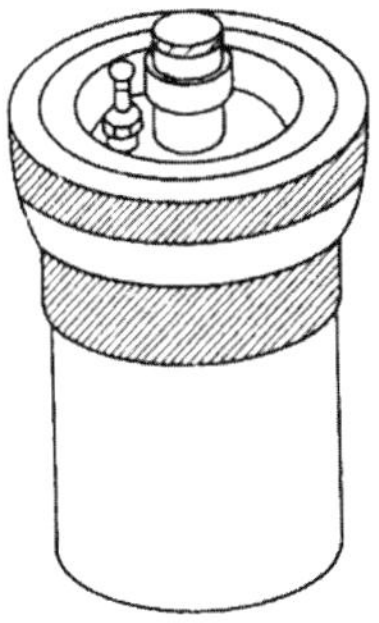

图 5-1　氧弹量热计外形图

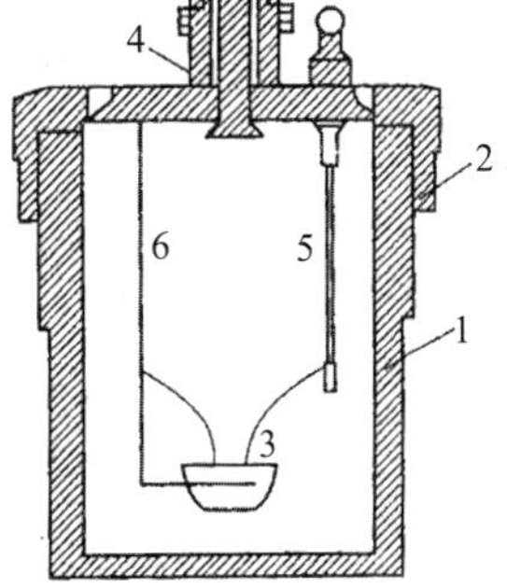

1.筒　2.盖　3.小皿　4.出气道

5.进气管(作为电极)　6.另一根电极

图 5-2　氧弹量热计剖面图

测量基本原理：根据能量守恒定律，样品完全燃烧时放出的能量会使氧弹量热计本身及周围的介质（本实验用水）温度升高，通过测量介质燃烧前后温度的变化，就可以求出该样品的热值，其关系式为：

$$mQ_V=(3000\rho C+C_{卡})\Delta T-2.9L$$

式中：m 为样品质量，kg；Q_V 为热值，J/g；ρ 为水的密度，g/cm^3；C 为水的比热容，J/(℃·g)，数值为 4.2；$C_{卡}$ 为量热计的水当量，J/℃；ΔT 为温度差值，℃；L 为用去的铁丝长度，cm；3000 为实验用水量，mL。

氧弹量热计的水当量 $C_{卡}$ 一般用纯净苯甲酸的燃烧热来进行标定，苯甲酸的恒容燃烧热 Q_V= 26460 J/g。

为了实验的准确性，实验的第一步是完全燃烧，要保证样品完全燃烧，氧弹中必须有充足的 25～30 atm 高压氧气（或者其他氧化剂），因此氧弹必须密封、耐高压、耐腐蚀，同时粉末样品必须压成片状，以免充气时冲散，使燃烧不完全而引起实验产生大的误差；实验的第二步是使燃烧后放出的热量不散失，不与周围环境发生热交换，全部传递给量热计及其放在其中的水，使量热计和水的温度升高。为了减少量热计与环境的热交换，量热计放在一个恒温的筒内，故氧弹量热计也称环境恒温或外壳恒温量热计。量热计壁须高度抛光，这也是为了减少热辐射，量热计和套壳中间有一层挡屏，以减少空气的对流量。虽然如此，热漏还是无法避免，因此燃烧前后温度变化值必须经过雷诺图法校正，其校正方法如下：称适量待测物质，使燃烧后水温升高 1.5～2.0 ℃，预先调节水温低于室温 0.5～1.0 ℃，然后将燃烧前后历次观察的水温对时间作图，时间为横坐标，温度为纵坐标，连成 $FHIDG$ 折线（图 5-3），图中 H 为开始燃烧点，D 为最高的温度读数点，作相当于室温之平行线 JI 交折线于 I，过 I 点作 ab 垂线，然后将 FH 线和 GD 线外延分别交 ab 线于 A、C 两点，A 点与 C 点表示的温度差即是欲求温度的升高值。图中 AA' 为开始燃烧至温度上升至室温这一时间段的 Δt_1 内，由于环境辐射和搅拌造成量热计的温度升高值，必须扣除。CC' 为由室温升高至最高点 D 这一段时间 Δt_2 内，量热计向环境辐射出能量而造成量热计的温度降低值，因此需要加上。由此可见，A、C 两点的温度差较客观地表示了样品燃烧促使量热计温度升高的数值。

当量热计的绝热良好时，热漏小，而搅拌功率大，不断引进微能量使燃烧后的最高点不出现时，这种情况下 ΔT 值仍然可以按照上述方法校正并求得（图 5-4）。

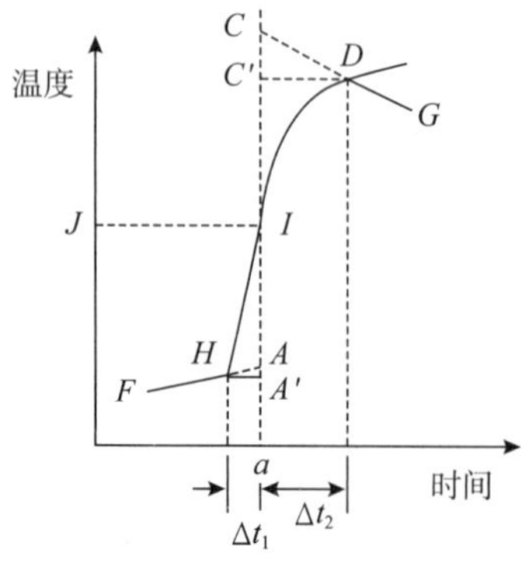

图 5-3 绝热较差时的雷诺校正图

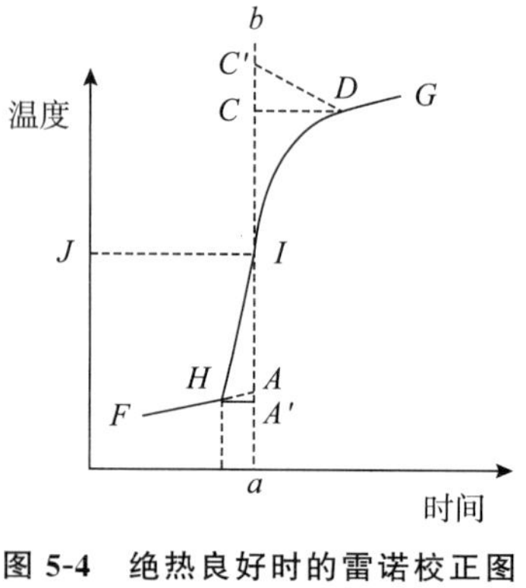

图 5-4 绝热良好时的雷诺校正图

温度测量采用贝克曼温度计，其工作原理和调节方法参阅其说明书。

[实验器材]

氧弹量热计 1 支、放大镜 1 个、氧气钢瓶 1 个、贝克曼温度计 1 支、氧气表 1 块、0～100 ℃温度计 1 支、压片机 1 台、万用电表 1 只、变压器 1 台、托盘天平 1 台、苯甲酸(分析纯或燃烧专用)若干、铁丝若干。

[实验步骤]

1. 测定量热计的水当量 $C_{卡}$

(1)样品压片(图 5-5)。用托盘天平称取约 1 g 苯甲酸(切勿超过 1.1 g)。用分析天平准确称量长度为 15 cm 的铁丝的质量。将铁丝穿在模板内，下面填以托板，徐徐旋紧压片机的螺丝，直到压紧样品为止(压得太紧会压断铁丝，以致样品点火不能燃烧起来)。抽去模底下的托板，再继续向下压，则样品和模底一起脱落。压好的样品在分析天平上准确称量至±0.0002 g 后即可供燃烧用。

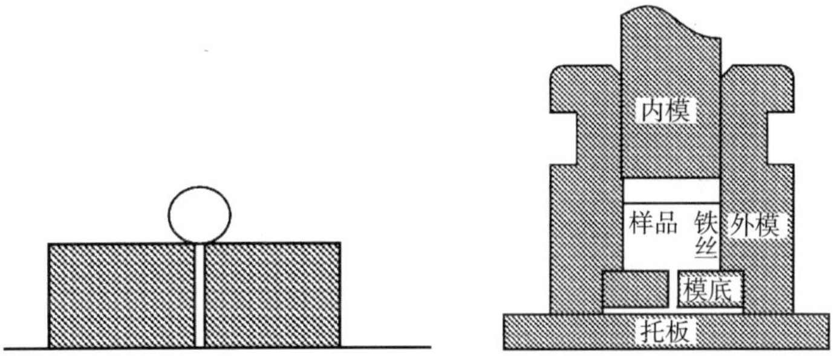

(a)铁丝穿在模板内　　(b)压片机　　(c)压好的样品

图 5-5　样品压片示意图

(2)充氧气。在氧弹中加入 1 mL 蒸馏水，再将样品片上的铁丝绑牢于氧弹中的两根电极上(图 5-2)。打开氧弹出气道，旋紧氧弹盖。用万用电表检查进气管电极与另一根电极是否连通。若为通路，则旋紧出气道后就可以充氧气了。充气设备如图 5-6 所示。充氧气程序如下：将氧气表头的导管和氧弹的进气管接通，此时减压阀门 2 应逆时针旋松(即关紧)。打开阀门 1，直至表 1 指针指在表压 100 kg/cm^2(1 kg/cm^2＝98.0665 kPa)左右，然后渐渐旋紧侧方减压阀门 2(即渐渐打开)，使表 2 指针指在表压 20 kg/cm^2，此时氧气已充入氧弹中。1～2 min 后旋松(即关闭)减压阀门 2，关闭阀门 1，再松开导气管，氧弹已充有 21 atm (1 atm＝101325 Pa)的氧气(注意不可超过 30 atm)，可作燃烧之用。但阀门 2 到阀门 1 之间尚有余气，因此要旋紧减压阀门 2 以放掉余气，再旋松阀门 1，使钢瓶和氧气表头恢复原状。

(3)燃烧和测量温度。将充好氧气的氧弹再用万用电表检查是否为通路，若为通路则将氧弹放入恒温套层内。用容量瓶准确量取已被调节到低于室温 0.5～1.0 ℃的自来水 3000 mL，并倒入盛水桶内。装好搅拌电动机，盖上盖子，将已调节好的贝克曼温度计插入水中，将氧弹两电极用电极线连接在点火变压器上。接着开动搅拌电动机，待温度稳定上升后，每隔 1 min 读取贝克曼温度计 1 次(读数时用放大镜准确读至 0.001 ℃)，这样继续 10 min，然后按下变压器上电键，通电点火。若变压器上指示灯亮后熄掉而温度迅速上升，则表示氧弹内样品已燃烧，

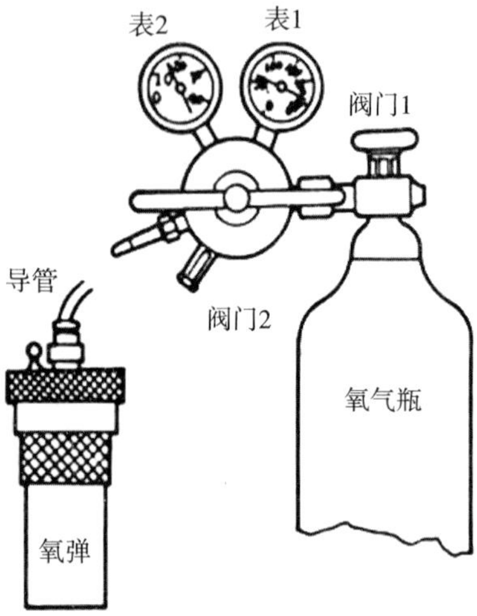

图 5-6　充气设备示意图

可以停止按键;若指示灯亮后不熄,表示铁丝没有烧断,应立即加大电流引发燃烧;若指示灯根本不亮或者虽加大电流也不熄灭,而且温度也没有迅速上升,则可以当温度升到最高点以后,每隔 1 min 读数一次,继续 10 min,方可停止实验。

实验停止后,小心取下温度计,拿出氧弹,打开氧弹出气口,放出余气,最后旋出氧弹盖,检查样品燃烧结果。若氧弹中无燃烧的残渣,表示燃烧完全;若氧弹中有许多黑色的残渣,表示燃烧不完全,实验失败。燃烧后剩下的铁丝长度必须用尺测量,并记录数据。最后倒去自来水,擦干盛水桶待下次实验用。

2. 样品热值的测定

(1)固体样品的测定。将已混匀的具有代表性的生活垃圾或固体废弃物粉碎成粒径为 2 mm 的碎粒;若含水率高,则应于 105℃下烘干,并记录水分含量,然后称取 1.0 g 左右,同法进行上述实验。

(2)流动性样品的测定。对于流动性污泥或不能压成片状物的样品,则称取 1.0 g 左右样品置于小皿,铁丝中间部分浸在样品中,两端与电极相连,同上法进行实验。

[实验数据记录及结果]

(1)用图解法求出由苯甲酸燃烧引起的量热计温度变化值 ΔT_2,并根据公式计算量热计的水当量。

(2)用图解法求出样品燃烧引起的量热计温度变化值 ΔT_2,并根据公式计算样品的热值。

[注意事项]

(1)样品代表性:在进行固体废弃物热值测定实验前,需要对样品进行充分混合和均匀化,以确保取样时样品具有代表性。

(2)样品处理:在进行固体废弃物热值测定实验前,需要对样品进行干燥、粉碎等处理,以确保样品的水分含量和颗粒大小均匀。

(3)实验条件:在进行固体废弃物热值测定实验时,需要控制好实验室的温度、湿度和通风情况，并且避免使用易燃易爆的试剂和设备。

(4)测量方法：在进行固体废弃物热值测定实验时，需要选择恰当的测量方法，并按照标准操作规程进行操作。

(5)数据分析：在进行固体废弃物热值测定实验后，需要对实验数据进行统计和分析，以获得可靠的结果。

[思考题]

(1)本实验中测出的热值与高热值及低热值的关系是什么？

(2)固体样品与流动性样品的热值测量方法有何不同？

(3)在利用氧弹量热计测量固体废弃物的热值时，哪些因素可能影响测量分析的精度？

实验 5-2　固体废弃物的风力分选实验

[实验目的]

风力分选是垃圾分选中常用的方法之一，以空气为分选介质，将轻物料从较重物料中分离出来。风选实质上包含两个分离步骤：①分离具有低密度、空气阻力大的轻质部分(提取物)和具有高密度、空气阻力小的重质部分(排出物)；②进一步将轻颗粒从气流中分离出来。后一分离步骤常由旋流器完成。本实验测定在不同风速条件下不同粒径颗粒的分选效果与风速的关系。通过本实验，希望达到以下目的。

(1)初步了解风力分选的基本原理和基本方法。

(2)了解水平风力分选机的构造与原理。

[实验原理]

与水相比较，空气密度和黏度都较小，并具有可压缩性。当压力为 1 MPa，温度为 20 ℃时，空气密度为0.00118 g/cm^3，黏度为 0.018 mPa・s。因为在风选过程中采用的风压不超过 1 MPa，所以实际上可以忽略空气的压缩性，而将其视为具有液体性质的介质。颗粒在水中的沉降规律同样适用于在空气中的沉降。但由于空气密度较小，其密度与颗粒相比可忽略不计，所以颗粒在空气中的沉降末速(v_0)可用下式计算：

$$v_0=\sqrt{\frac{\pi d\rho_s g}{6\psi\rho}} \tag{1}$$

式中：d 为颗粒的直径；ρ_s 为颗粒的密度；ρ 为空气的密度；ψ 为阻力系数；g 为重力加速度。

从上式可以明显地看出，颗粒粒度一定时，密度大的颗粒沉降末速大；颗粒密度相同时，直径大的颗粒沉降末速大。颗粒的沉降末速同时与颗粒的密度、粒度及形状有关，因而在同一介质中，密度、粒度和形状不同的颗粒在特定的条件下可以具有相同的沉降速率，这样的颗粒称为等降颗粒。其中，密度小的颗粒粒度(d_{r1})与密度大的颗粒粒度(d_{r2})之比，称为等降比，以 e_0

表示，即

$$e_0=\frac{d_{r1}}{d_{r2}}>1 \tag{2}$$

等降比的大小可由沉降末速的个别公式或通式写出，如两颗粒等降，则 $v_{01}=v_{02}$，那么

$$\sqrt{\frac{\pi d_{r1}\rho_{s1}g}{6\psi_1\rho}}=\sqrt{\frac{\pi d_{r1}\rho_{s2}g}{6\psi_2\rho}}$$

$$\frac{d_{r1}\rho_{s1}}{\psi_1}=\frac{d_{r2}\rho_{s2}}{\psi_2}$$

$$e_0=\frac{d_{r1}}{d_{r2}}=\frac{\varphi_1\rho_{s2}}{\psi_2\rho_{s1}} \tag{3}$$

上式即为自由沉降等降比(e_0)的通式。从该式可见，等降比(e_0)随两种颗粒密度差($\rho_{s2}-\rho_{s1}$)的增大而增大；e_0 同时还是阻力系数的函数。理论与实践都表明，e_0 随颗粒粒度变细而减小。颗粒在空气中的等降比远远小于在水中的等降比，为其 1/5～1/2。因此，为了提高分选效率，在风选之前需要将固体废弃物进行分级，或通过破碎使粒度均匀，再按密度差异进行分选。

颗粒在空气中沉降时所受到的阻力远小于在水中沉降时所受到的阻力。因此，颗粒在静止空气中沉降到达末速所需的时间和沉降距离都较长。颗粒在上升气流中达到沉降末速时，其沉降速率(v_0')等于颗粒对介质的相对速率(v_0)与上升气流速率(v_a)之差，即

$$v'_0=v_0-v_a \tag{4}$$

上升气流可以缩短颗粒达到沉降末速的时间和距离。因此，在风选过程中常采用上升气流。

颗粒在实际的风选过程中的运动是干涉沉降。在干涉条件下，当上升气流速率远小于颗粒的自由沉降末速时，颗粒群就呈悬浮状态。颗粒群的干涉末速(v_{hs})为

$$v_{hs}=v_0\ (1-\lambda)^n \tag{5}$$

式中：λ 为物料的容积浓度；n 为与物料的粒度及状态有关的系数，大多在 2.33～4.65。

在颗粒达到末速并保持悬浮状态时，上升气流速率(v_a)和颗粒的干涉末速(v_{hs})相等。使颗粒群开始松散和悬浮的最小上升气流速率(v_{min})为

$$v_{min}=0.125v_0 \tag{6}$$

在干涉沉降条件下，使颗粒群按密度分选时，上升气流速率的大小应根据固体废弃物中各种成分的性质通过实验确定。

在风选中还常采用水平气流。在水平气流分选器中，物料是在空气动压力和本身重力的作用下按粒度或密度进行分选的。由图 5-7 可以看出，若在缝处有一直径为 d 的球形颗粒，并且通过缝隙的水平气流速率为 v，那么，颗粒将受到以下两个力的作用。

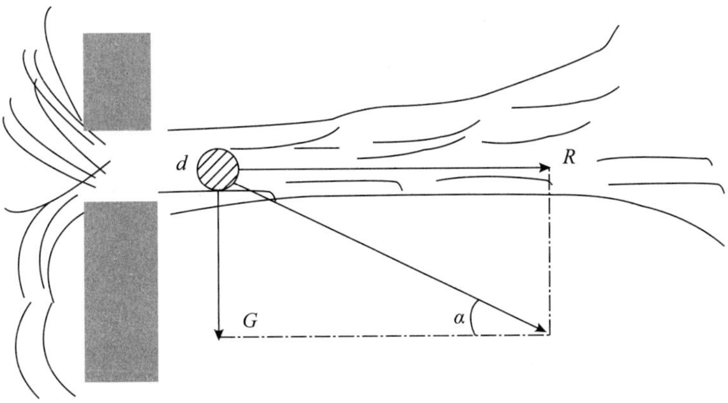

图 5-7　颗粒(直径为 d)的受力分析

1. 空气的动压力(R)

$$R=\psi d^2 v^2 \rho \tag{7}$$

式中:ψ 为阻力系数;ρ 为空气的密度;v 为水平气流速率。

2. 颗粒本身的重力(G)

$$G=mg=\frac{\pi d^3 \rho_s}{6} g \tag{8}$$

式中:m 为颗粒的质量;ρ_s为颗粒的密度。

颗粒的运动方向将与两力的合力方向一致,且由合力与水平方向夹角(α)的正切值来确定

$$\tan\alpha=\frac{G}{R}=\frac{\pi d^3 \rho_s g}{6\psi d^2 v^2 \rho}=\frac{\pi d \rho_s g}{6\psi v^2 \rho} \tag{9}$$

由上式可知,当水平气流速率一定、颗粒粒度相同时,密度大的颗粒沿与水平方向夹角较大的方向运动;密度较小的颗粒则沿夹角较小的方向运动,从而达到按密度差异分选的目的。

风选方法工艺简单。作为一种传统的分选方式,风选在国外主要用于城市垃圾的分选,将城市垃圾中以可燃性物料为主的轻组分和以无机物为主的重组分分离,以便分别回收利用或处置。

[实验器材]

图 5-8 是水平气流分选机工作原理示意图,生活垃圾卧式分选机(图 5-9)即采用此工作原理,该机从侧面送风,固体废弃物经破碎机破碎和圆筒筛筛分至粒度均匀后,定量给入机内,当固体废弃物在机内下落时,被鼓风机鼓入的水平气流吹散,固体废弃物中的各种组分沿着不同的运动轨迹分别落入重物质、中重物质和轻物质槽中。要使物料在分选机内达到较好的分选效果,就要使气流在分选筒内产生湍流和剪切力,从而把物料团块分散。水平气流分选机的最佳风速为 20 m/s。

选取功率为 1.5 kW 的涡流式风机,其风压范围是 250～380 kPa,风速范围是 7.5～17.4 m/s。风选设备主体的尺寸为长×高×宽=1.6 m×1.8 m×0.6 m。

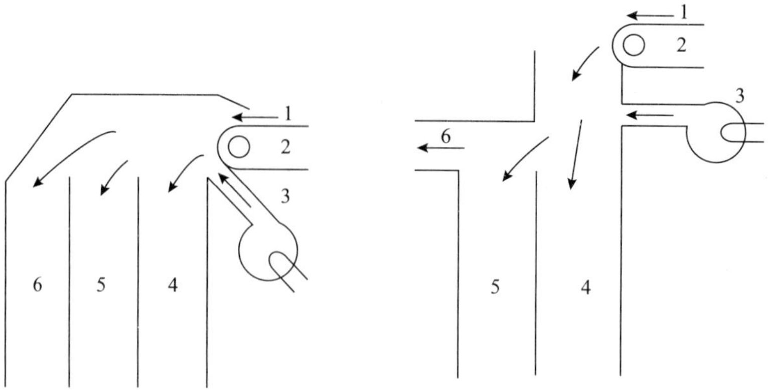

1.给料　2.给料机　3.空气　4.重颗粒　5.中等颗粒　6.轻颗粒

图 5-8　水平气流分选机工作原理示意图

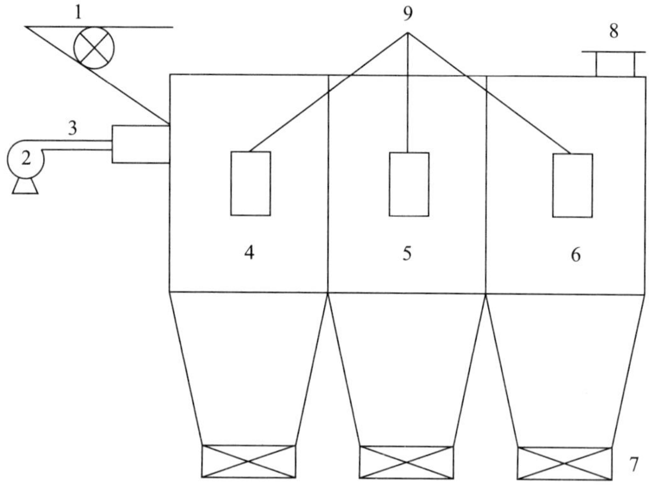

1.进料口　2.风机　3.进风口　4.轻物质槽(长×宽=0.6 m×0.8 m)　5.中重物质槽(长×宽=0.6 m×0.8 m)　6.重物质槽(长×宽=0.4 m×0.8 m)　7.出料口　8.出风口　9.观察窗

图 5-9　生活垃圾卧式分选机设备示意图

[实验步骤]

不同密度的垃圾混合物在不同风速下的分离比例就是其分离效率。实验步骤如下。

(1)进行单一组分的风选。选取纸类、金属(尺寸小于 15 cm)等密度不同的物质，每种物质先单独进行风选实验。

(2)开启风机后，首先利用风速测定仪测定风机出口的风速，然后将单一物质均匀地投入进料口中，通过观察窗观察物料在风选机内的运行状态。收集各槽中的物料并称重。

(3)调节不同的风速(7.5～17.4 m/s)测定不同风速下轻物质、中重物质、重物质槽中该物质颗粒的分布比例，从而了解单一组分的风选情况，收集各槽中的物料并称重。

(4)将选取的单一物质混合均匀。开启风机后，利用风速测定仪测定风机出口的风速，然后将混合物质(X 和 Y)(无比例要求)均匀地从进料口投入，通过观察窗观察物料在风选机内的运行状态。收集各槽中的物料并称取各单一物质的质量。

(5)重复步骤(3),调节不同的风速(7.5～17.4 m/s)测定不同风速下轻物质、中重物质、重物质槽中物质颗粒的分布比例,从而了解混合物料风选情况。收集各槽中的物料并称取各单一物质的质量。

(6)利用公式(10)计算分选物料的纯度和分选效率(E)。

$$纯度=\frac{X_i}{X_i+Y_i}\times 100\% \text{ 及 } E=\left|\frac{X_i}{X_0}-\frac{Y_i}{Y_0}\right|\times 100\% \tag{10}$$

式中:X_0和Y_0为进料物X和Y的质量,g;X_i和Y_i为同一槽中出料物X和Y的质量,g。

[实验数据记录及结果]

记录不同风速下轻物质、中重物质、重物质槽中物质颗粒的分布比例。

[注意事项]

(1)风机速率应逐渐增大,开始时速率不宜过大。

(2)风机是系统中最重要的设备,很大程度上决定系统性能的优劣。适用于风选的风机,一般选用高速离心式通风机,与同一机号的中、低速离心式通风机比较,其叶轮和机壳均较窄,进出风口也较小,在转速相同的情况下,产生的风压较高,但风量较小。

(3)根据分选精度,及时调整风机速率。

[思考题]

(1)与立式分选相比,水平分选有什么优缺点?如何加以改进?水平风选机的分选效率与什么因素有关?怎样提高分选效率?

(2)根据实验及计算结果,确定水平分选的最佳风速。

实验 5-3　固体废弃物的重介质分选实验

[实验目的]

在重介质中使固体废弃物中的颗粒群按密度分开的方法称为重介质分选。通过本实验,希望达到以下目的。

(1)了解重介质分选方法的原理。

(2)了解重介质分选中重介质的正确制备方法。

(3)了解重介质密度的准确测定方法。

(4)掌握重介质分选实验的操作过程和实验数据的整理。

[实验原理]

为使分选过程有效地进行,需选择重介质密度(ρ_C)使其介于固体废弃物中轻物料密度

(ρ_L)和重物料密度(ρ_W)之间,即

$$\rho_L<\rho_C<\rho_W$$

在重介质中,颗粒密度大于重介质密度的重物料将下沉,并集中于分选设备底部成为重产物;颗粒密度小于重介质密度的轻物料将上浮,并集中于分选设备的上部成为轻产物,从而重产物和轻产物可以分别排出,实现分选的目的。

[实验器材]

(1)实验材料:根据各地的具体情况确定实验的物料,物料中的成分有一定的密度差异,能满足按密度分离即可,如可以选含磷灰石、铜铅锌的矿山尾矿等作为实验的物料。

(2)实验仪器:浓度壶1个、玻璃杯(250 mL以上)10个、量筒(高和直径均大于200 mm)10个、玻璃棒10根、漏勺4把、重介质加重剂(硅铁或磁铁矿)1 kg、托盘天平(2 kg)1台、烘箱1台、标准筛(8、5、3、1、0.074 mm)各1个、铁铲2把。

[实验步骤]

1. 实验物料的制备

将物料进行破碎,并按筛孔尺寸8、5、3、1、0.074 mm进行分级,然后将其分成不同的级别并分别称量。

2. 重介质的制备

按照分选要求制备不同密度(ρ_p)的重介质,所需加重剂的质量为

$$m=\frac{\rho_p-\rho_1}{\rho_s-\rho_1}V \tag{1}$$

式中:m为加重剂的质量;V为重介质的体积;ρ_s为加重剂的密度;ρ_1为水的密度。

3. 重介质悬浮液密度的测定

采用浓度壶测定的原理和方法如下:设空比重瓶的质量为m_1,注满水后比重瓶与水的总质量为m_2,注满待测液后比重瓶与待测重介质悬浮液的总质量为m_3,待测重介质悬浮液的密度为ρ,水的密度为ρ_1,则

$$\rho=\frac{m_3-m_1}{m_2-m_1}\times\rho_1 \tag{2}$$

4. 实验过程

(1)按照实验的要求破碎物料,进行分级并称量,按照分选要求配制重介质悬浮液,并用配制好的悬浮液浸润物料。

(2)将配制好的悬浮液注入分离容器,不断搅拌,保证悬浮液的密度不变。在缓慢搅拌的同时,加入用同样悬浮液浸润过的试样。

(3)停止搅拌,5~10 s后用漏勺从悬浮液表面(插入深度约相当于最大块物料的尺寸)捞出悬浮物,然后取出沉物。如果有大量密度与悬浮物相近的物料,则单独取出收集。

(4)取出的产品分别置于筛子上用水冲洗,必要时再利用带筛网的盛器置清水桶中淘洗。

待完全洗净黏附于物料上的重介质后，分别烘干、称量、磨细、取样、化验。

(5)记录整理实验数据，并进行计算。

[实验数据记录及结果]

(1)计算固体废弃物分选后各产品的质量分数

$$\text{产品的质量分数}=\frac{\text{某产品的质量}}{\text{给入作业的总质量}}\times 100\% \tag{3}$$

(2)计算分选效率(回收率)

$$\text{回收率}=\frac{\text{排料口排出的某一组分质量}}{\text{进入分选机的该组分的质量}}\times 100\% \tag{4}$$

[注意事项]

(1)物料在实际分离前，应筛去细粒部分，对于大密度物料，粒度下限 2～3 mm，轻密度物料粒度下限 3～6 mm。采用重悬浮液时，粒度下限可降至 0.5 mm。入选颗粒粒度过小，特别是重介质密度与分离物质密度相近时沉降速度很小，分离很慢。

(2)由于重介质分选是在液相介质中进行，不适合包含可溶性物质的分选，也不适合成分复杂的城市垃圾分选。且重介质本身稳定性好的成本高，成本低易于回收的稳定性差。

[思考题]

(1)探讨物料按密度分离的可能性和难易度，并分析重介质分选方法的原理。

(2)掌握重介质分选实验中重介质的正确制备方法。

(3)根据实验结果分析重介质分选法进行分级的重要性。

实验 5-4　焚烧灰热灼减率的测定

[实验目的]

焚烧灰指标是判断焚烧炉运行是否正常最有力的证据，通过测定焚烧灰的热灼减率，可以推断焚烧的完成状况，定期测定热灼减率还可以检验焚烧炉的异常和老化程度。通过本实验，要求达到以下目的：

(1)了解焚烧灰热灼减率的定义和焚烧灰热灼减率的测定原理。

(2)掌握焚烧灰热灼减率的测定方法。

[实验原理]

热灼减率是指焚烧灰灼热后(通常指在 600 ℃下灼烧 3 h)减少的质量占原焚烧灰质量的百分数。先称量一定质量的焚烧灰，然后放在马弗炉中灼烧，灼烧完全后再次称重，两次质量之差即为灼减的质量。

[实验器材]

(1)实验样品:焚烧灰。

(2)实验器材:电热恒温干燥箱、马弗炉、瓷坩埚、干燥器。

[实验步骤]

(1)将实验样品放入烘箱中(105 ℃,24 h)烘干,称取瓷坩埚的质量,记为 W_1。

(2)放入样品(约 2 g)后称重,记为 W_2(坩埚+样品)。

(3)移入马弗炉,在 600 ℃条件下灼烧 3 h。灼烧完成后,先打开炉门,冷却至 100 ℃左右,再放入干燥器中继续冷却至室温,然后称重,记为 W_3(坩埚+残渣)。

[实验数据记录及结果]

记录实验样品的测定结果,其中焚烧灰热灼减率按照下式求算。

$$\text{焚烧灰热灼减率}=\frac{W_2-W_3}{W_2-W_1}\times 100\%$$

[注意事项]

(1)经 600 ℃灼烧的焚烧灰,冷却至 100 ℃后需在干燥器中冷却至室温,防止其吸收空气中水分。

(2)称量过程需快速进行,减小空气中水分的影响。

(3)使用坩埚时需加盖,使用马弗炉灼烧以及转移坩埚时应防护完善。

[思考题]

挥发性固体含量与热灼减率之间有什么关系?

实验 5-5　挥发性固体含量的测定

[实验目的]

(1)理解固体废弃物的挥发分、灰分、可燃分等基本参数。

(2)掌握固体废弃物的挥发分、灰分、可燃分的测定方法。

[实验原理]

固体废弃物的挥发分、灰分、可燃分是其三个基本化学性质参数,是固体废弃物焚烧和资源化等处理处置工艺中评定固体废弃物性质、选择处理处置方法、设计选择处理处置设备等的重要依据,也是科研、实际生产中经常需要测量的参数。

(1)挥发分和灰分：挥发分又称挥发性固体含量，是指固体废弃物在 600 ℃下的灼烧减量，常用 VS(%)表示，它是反映固体废弃物中有机物含量的一个指标参数。灰分是指固体废弃物中既不能燃烧，也不会挥发的物质，用 A(%)表示，它是反映固体废弃物中无机物含量的一个指标参数。挥发分和灰分一般同时测定。

(2)可燃分：把固体废弃物试样在 815 ℃的温度下灼烧，在此温度下，除了试样中有机物质均被氧化外，金属也成为氧化物，灼烧损失的质量就是试样中的可燃物含量，即可燃分，常用 CS(%)表示。可燃分反映了固体废弃物中可燃成分的量，它既是反映固体废弃物中有机物含量的参数，也是反映固体废弃物可燃烧性能的指标参数，是选择焚烧设备的重要依据。

[实验器材]

(1)实验材料：实验所用固体废弃物可根据实际情况选用人工配制的固体废弃物，也可以是实际产生的固体废弃物。

(2)实验仪器：马弗炉、电子天平、烘箱、坩埚。

[实验步骤]

1. 挥发分测定步骤

(1)准备 2 个坩埚，分别称取其质量，并记录。

(2)取 20 g 烘干好的试样(绝对干燥)，加入准备好的坩埚中(重复样)。

(3)将盛放有试样的坩埚放入马弗炉中，在 600 ℃下灼烧 2 h，然后取出冷却。

(4)分别称量并计算含灰量，最后结果取平均值。

$$A=\frac{R-C}{S-C}\times 100\% \tag{1}$$

式中：A 为试样含灰量，%；R 为灼烧后坩埚和试样的总质量，g；S 为灼烧前坩埚和试样的总质量，g；C 为坩埚的质量，g。

(5)挥发分(VS)计算：

$$VS=(1-A)\times 100\% \tag{2}$$

2. 可燃分测定步骤

(1)准备 2 个坩埚，分别称取其质量，并记录。

(2)取实验 1 中的残余物，加入准备好的坩埚中(重复样)。

(3)将盛放有试样的坩埚放入马弗炉中，在 815 ℃下灼烧 1 h，然后取出冷却。

(4)称量并计算灰分含量，最后结果取平均值。

$$A'=\frac{R'-C}{S-C} \tag{3}$$

式中：A'为试样灰分含量，%；R'为灼烧后坩埚和试样的总质量，g；S 为灼烧前坩埚和试样的总质量，g；C 为实验 1 中坩埚的质量，g。

(5)可燃分 CS 计算：

$$CS=(1-A')\times 100\% \tag{4}$$

[实验数据记录及结果]

记录并计算挥发分、灰分、可燃分的含量。

[注意事项]

(1)坩埚在炉膛内的位置要合适。
(2)坩埚架要放置在恒温区域内。
(3)空气中冷却时间要一致。
(4)每次加热坩埚的数量为 6 个，不足 6 个需补齐。
(5)称量前坩埚应在(900±10) ℃下灼烧至恒重。
(6)称取的试样质量应在(1±0.01) g 范围内，并使试样摊平。
(7)高温炉要有足够的恒温区。
(8)坩埚尺寸、质量要符合要求。

[思考题]

(1)固体废弃物挥发分、灰分和可燃分之间的关系。
(2)固体废弃物挥发分、灰分测定的意义。

实验 5-6 有机物固体废弃物好氧堆肥实验

[实验目的]

(1)加深对好氧堆肥化的了解。
(2)了解好氧堆肥化过程的各种影响因素和控制措施。

[实验原理]

有机固体废弃物的堆肥化是一种最常用的固体废弃物生物转化技术，是对固体废弃物进行稳定化、无害化处理的重要方式之一。

好氧堆肥化是在有氧条件下，依靠好氧微生物的作用来转化有机废弃物。有机废弃物中的可溶性有机物质可透过微生物的细胞壁和细胞膜被微生物直接吸收，不溶性的有机物质则先吸附在微生物体外，依靠微生物分泌的胞外酶分解为可溶性物质，再渗入细胞。微生物通过自身的生命活动进行分解代谢和合成代谢，把一部分有机物氧化成简单的无机物，并释放生物生长和活动所需要的能量；把另一部分有机物转化合成新的细胞物质，使微生物增殖。

[实验器材]

实验装置与设备主要包括空气压缩机(Z-0.29/7)、缓冲器(H/Φ=380 mm/260 mm,最高压力 0.5 MPa)、转子流量计(LZB-6,量程 0～0.6 m^3/h,20 ℃,101.3 kPa)、温度计(量程 0～100 ℃)、注射器、反应器主体(有机玻璃 H/Φ=480 mm/390 mm)、温控仪(0～50 ℃)。实验装置示意图如图 5-10 所示。

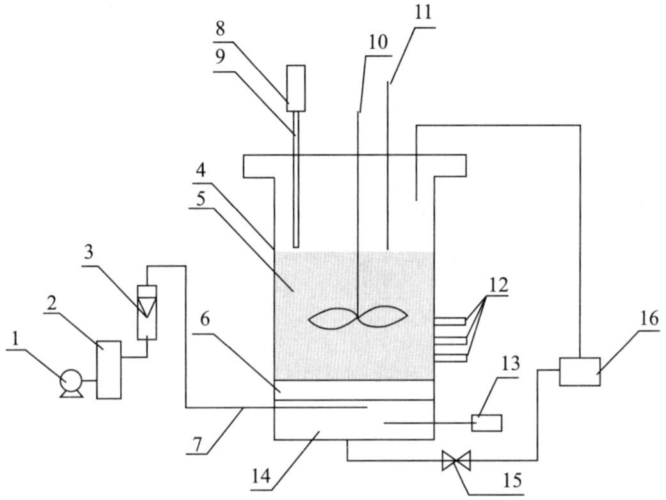

1.空压机　2.缓冲器　3.流量计　4.反应器主体(带保温)　5.堆料　6.渗滤层　7.进气管　8.取样器　9.气体收集管　10.搅拌装置　11.测温装置　12.取样口　13.温控仪　14.集水区　15.渗滤液阀门　16.渗滤液收集槽

图 5-10　好氧堆肥实验装置示意图

[实验步骤]

(1)将约 40 kg 厨余垃圾进行破碎。

(2)取少量厨余垃圾称重后,沥除水分,放入烘箱中烘干。再称重后,计算垃圾含水率。

(3)另将破碎后的垃圾投入反应器中,一组控制供气流量为 1 $m^3/(h \cdot t)$,另一组控制供气流量为 2 $m^3/(h \cdot t)$。

(4)在堆肥开始后的第 1、5、9、13 d 分别取样测定堆体的含水率,记录堆体中央的温度,从气体取样口取样测定 O_2、CO_2 的浓度。

[实验数据记录及结果]

(1)记录不同堆肥时间堆体的含水率、温度以及 O_2 和 CO_2 的浓度。

(2)绘制堆体温度随时间变化的曲线。

[注意事项]

(1)破碎的垃圾粒度不能太大。

(2)通气流量不要过大。

(3)实验结束后,需将剩余垃圾排放完,且将实验柱擦干。

[思考题]

(1)分析影响堆肥过程堆体含水率的主要因素。

(2)分析堆肥中通气量对堆肥过程的影响。

实验 5-7　有机固体废弃物厌氧发酵实验

[实验目的]

(1)掌握有机固体废弃物厌氧发酵产生甲烷的过程和机理。

(2)了解厌氧发酵的操作特点以及主要控制条件。

[实验原理]

厌氧发酵是指在厌氧状态下利用厌氧微生物使固体废弃物中的有机物转化为 CH_4 和 CO_2 的过程。厌氧发酵产生以 CH_4 为主要成分的沼气。

参与厌氧发酵的微生物可以分为两类。一类是混合发酵细菌群可将复杂的有机物水解，并进一步分解为以有机酸为主的简单产物，通常称为水解菌；另一类为绝对厌氧细菌，其功能是将有机酸转变为甲烷，称为产甲烷菌。

厌氧发酵一般可以分为三个阶段，即水解阶段、产酸阶段和产甲烷阶段，每一阶段各有其独特的微生物类群起作用(图 5-11)。

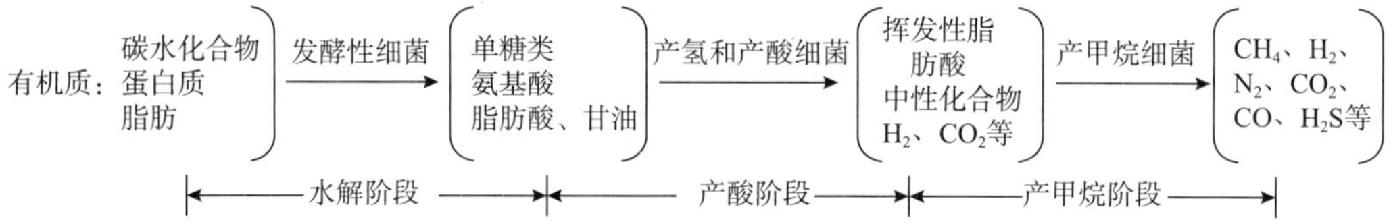

图 5-11　厌氧发酵阶段

(1)水解阶段：发酵细菌利用胞外酶对有机物进行体外酶解，使固体物质变成可溶于水的物质，然后细菌再吸收可溶于水的物质，并将其分解为不同产物。高分子有机物的水解速率很低，它取决于物料的性质、微生物的浓度，以及温度、pH 等环境条件。纤维素、淀粉等水解成单糖类，蛋白质水解成氨基酸，再经脱氨基作用形成有机酸和氨，脂肪水解后形成甘油和脂肪酸。

(2)产酸阶段：水解阶段产生的简单的可溶性有机物在产氢和产酸细菌的作用下，进一步分解成挥发性脂肪酸(VFA)、醇、酮、醛、CO_2 和 H_2 等。

(3)产甲烷阶段：产甲烷细菌将第二阶段的产物进一步降解成 CH_4 和 CO_2，同时利用产酸阶段所产生的 H_2 将部分 CO_2 再转变为 CH_4。产甲烷阶段的生化反应相当复杂，其中 72% 的 CH_4 来自乙酸，主要反应有：

$$CH_3COOH \rightarrow CH_4\uparrow + CO_2\uparrow$$
$$4H_2 + CO_2 \rightarrow CH_4 + 2H_2O$$
$$4HCOOH \rightarrow CH_4\uparrow + 3CO_2\uparrow + 2H_2O$$
$$4CH_3OH \rightarrow 3CH_4\uparrow + CO_2\uparrow + 2H_2O$$
$$4(CH_3)_3N + 6H_2O \rightarrow 9CH_4\uparrow + 3CO_2\uparrow + 4NH_3\uparrow$$
$$4CO + 2H_2O \rightarrow CH_4 + 3CO_2$$

[实验器材]

(1)实验装置:厌氧发酵反应器。

(2)发酵原料:餐厨垃圾。

(3)接种:可采用活性污泥接种,取就近的污水处理厂污泥间的脱水剩余活性污泥,在培养过程中可以不添加其他培养物。

(4)总固体(TS)和挥发性固体(VS)的检测采用重量法。

(5)总化学需氧量(TCOD)和溶解性化学需氧量(SCOD)的检测采用 $K_2Cr_2O_7$ 氧化法。

(6)pH 值使用精密 pH 计测定。

(7)甲烷和二氧化碳浓度可采用 9000D 型便携式红外线分析系统进行测定。

(8)液体产品使用日本 SHIMADZU 公司的 TOC-V CPN 型 TOC/TN 分析仪测定。

(9)挥发性脂肪酸含量,以乙酸计,采用滴定法测定。

[实验步骤]

(1)污泥驯化:将脱水污泥加水过筛以除去杂质,然后放入恒温培养箱内厌氧驯化 1 d。

(2)按实验要求配制好有机垃圾的样品并放置于备料池中备用。

(3)将培养好的接种污泥投入反应器,有机垃圾和污泥之比为 1∶1,用 CO_2 和 N_2 的混合气体通入反应器底部 2～3 min,以吹除瓶中剩余的空气,而后立即将反应器密封,将系统置于恒温中进行培养。当恒温系统温度升至 35 ℃时,测定即正式开始。

(4)记录每日产气量以及相关参数,直到底物中的 80%的 VFA 已被利用。

(5)为了消除污泥自身消化产生甲烷气体的影响,需做空白实验,空白实验是以去离子水代替有机垃圾,其他操作相同。

(6)研究不同的反应温度下不同的有机垃圾与活性污泥的配比情况下对厌氧发酵产甲烷的变化规律。

[实验数据记录及结果]

记录有机垃圾厌氧发酵过程中有机负荷、每日产气量、CH_4 产量、CO_2 浓度以及 pH 变化。

[注意事项]

(1)发酵过程中,要注意观察收集气体的量以及气体释放速度。

(2)注意严格控制操作参数。

[思考题]

(1)分析厌氧发酵的三阶段理论和两阶段理论的异同点。
(2)厌氧发酵装置有哪些类型,试比较它们的优缺点。
(3)影响厌氧发酵的因素有哪些?

实验 5-8 浸出毒性鉴别实验

[实验目的]

(1)了解市政污泥脱水泥饼处理工艺。
(2)掌握浸出毒性的实验方法。

[实验原理]

污泥中含有大量的重金属,包括生物毒性显著的 Cr、Cd、Pb、Hg 和类金属 As,以及具有毒性的重金属 Zn、Cu、Co、Ni、Sn、V 等,它们会对人体和环境造成严重危害。

污泥中含有大量有机物,在填埋场厌氧环境下容易发生厌氧消化产生有机酸,加之酸雨等酸性介质的存在,容易造成污泥中重金属的溶出。因此,固化/稳定化作为一种重要的重金属处理方法,被广泛应用于污泥填埋的研究中。

本实验采用脱水污泥及强度破坏实验后的固化体碎片为原料进行重金属的浸出特性实验,参照美国环境保护局的 Toxicity Characteristic Leaching Procedure(TCLP)方法,对固化体开展翻转振荡的标准浸出测试,以醋酸溶液为浸提剂,模拟污泥固化体在进入填埋场后,其中的重金属在填埋场渗滤液的影响下,从污泥固化体中浸出的过程。

[实验器材]

密封式振动粉碎机、压力机、成型模具、烘箱、立式压力蒸汽灭菌器、翻转式振荡仪、原子吸收光谱仪、提取瓶、压力过滤器、天平、振荡设备、筛、脱水泥饼、蒸馏水、冰醋酸(优级纯)、浸提剂[按照液固比为 20∶1(L/kg)计算出所需浸提剂(醋酸溶液,pH=2.88±0.05,配制方法为蒸馏水稀释 5.7 mL 冰醋酸至 1 L)的体积]、滤膜(微孔滤膜,孔径 0.45 μm)。

[实验步骤]

1. 预处理

(1)脱水泥饼在 105 ℃烘箱烘干 24 h 以上,烘干后泥饼放入密封式振动粉碎机,破碎后泥饼收集保存。

(2)取 300 g 样品,加入 60 g 水,混匀,放入模具中压力成型,得到样品试块。

2. 毒性浸出

(1)将一部分样品试块破碎,置于 2 L 提取瓶中,按液固比为 20∶1(L/kg)计算出所需浸提剂的体积，加入浸提剂，盖紧瓶盖后固定在翻转式振荡装置上，调节转速为(30±2) r/min，于(23±2)℃下振荡(18±2) h。在振荡过程中有气体产生时，应定时在通风橱中打开提取瓶，释放过度的压力。

(2)将另一部分样品试块放入立式压力蒸汽灭菌器，120 ℃蒸汽养护 3 h，取出样品，其后处理方法同上。

(3)将上述两部分样品在压力过滤器中用 0.45 μm 滤膜过滤，滤液用原子吸收光谱仪分析，以浓度值是否超过允许值来判断其毒害性。

[实验数据记录及结果]

记录不同处理方式下脱水污泥滤液中重金属元素含量，并与标准限值比较。

[注意事项]

需要考虑浸出液与浸出容器的相容性，在某些情况下，可用类似形状的玻璃瓶代替聚乙烯瓶。

[思考题]

(1)说明污泥脱水泥饼的处理方式有哪些，并比较其优缺点。

(2)分析污泥填埋场重金属浸出浓度的影响因素。

实验 5-9　生活垃圾渗滤液试验及渗滤液处理方案设计实验

[实验目的]

(1)进一步掌握有机废水的全分析过程及各水质指标的分析方法。

(2)了解固体废弃物堆放过程中渗滤液的形成过程。

(3)掌握渗滤液处理方案的设计思路。

[实验原理]

生活垃圾在堆放、填埋过程中，由于废弃物本身含水以及环境中的降水等作用，其中的液体部分可通过固体废弃物层并携带废弃物中的溶解性物质和悬浮物质形成一种成分复杂的高浓有机废水，即渗滤液。

从表 5-1 中渗滤液的水质变化可知，填埋场的初期渗滤液中虽然含有高浓度有机物，但其生化性较好，可以采用厌氧生物处理以降低其有机污染负荷，再进行常规的生物、物理、化学处理。而填埋场稳定后的渗滤液宜采用物化处理、自然生物处理或采用一定的管道系统输送到附近的二级污水处理厂。正在研究的渗滤液回灌技术，是依靠土壤的吸附、过滤以及土壤中微生物的分解作用，使其水质能够达到稳定。所有这些都是为了完成渗滤液的妥善收集与处理，大大减少其对土壤、水体的潜在危害。

表 5-1　渗滤液的主要成分典型值　mg/L

主要成分或指标	新填埋厂(2 年以下)		老填埋厂(10 年以上)
	范围	典型值	
BOD_5	2000～30000	10000	100～200
TOC	1500～20000	6000	80～160
COD	3000～60000	18000	100～500
TSS	200～2000	500	100～400
有机氮	10～800	200	80～120
氨氮	10～800	200	20～40
硝酸盐	5～40	25	5～10
总磷	5～100	30	5～10
碱度(以 $CaCO_3$ 计)	1000～10000	3000	200～1000
pH	4.5～7.5	6	6.6～7.5
总硬度(以 $CaCO_3$ 计)	300～10000	3 500	200～500
Ca^{2+}	200～3000	1000	100～400
Mg^{2+}	50～1500	250	50～200
K^+	200～1000	300	50～400
Na^+	200～2500	500	100～200
Cl^-	200～3000	500	100～400
SO_4^{2-}	50～1000	300	20～50
总铁	50～1200	60	20～200

[实验器材]

渗滤模型装置:见图 5-12,铁皮制,高约 1.5 m,直径约 1 m,1 套。BOD、COD、SS 配套分析装置 1 台、光电式浊度仪或分光光度计 1 台、pH 计 1 台、锥形瓶(500 mL),若干量筒(1000 mL)、渗液收集桶(塑料桶,10 L)2 只、计时钟 1 个。

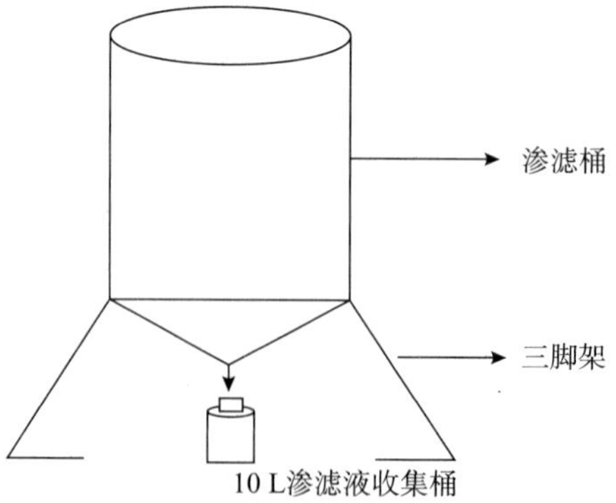

图 5-12　渗滤模型装置

[实验步骤]

(1)收集生活垃圾,记录垃圾的来源与大致的物理组成。

(2)将生活垃圾除去砖石等异物后,利用手工分选的方法进行垃圾分类、取样并分析其物化性质,主要为含水率、挥发性物质与不可燃物质含量等。

(3)将去除异物的垃圾加工至一定粒度范围后,混合均匀,分批填入渗滤装置,并添加适量表土压实,至一定高度(堆积高度约 1 m)后,盖上顶盖。记下开始时间。

(4)用渗滤液收集桶收集渗滤液,定时记录环境温度、堆温、渗滤液产生量;定时取样、分析其水质(第 12 天每天分析 2 次,以后每天 1 次)。

(5)根据收集的渗滤液水质及处理要求确定 2～3 种渗滤液处理方案(自行设计),并将各方案进行实验室模拟运行,以确认方案之间的优越性和可行性。

(6)渗滤实验结束后,再次对垃圾进行主要物化性质分析,并妥善处置这些废弃物。

[实验数据记录及结果]

(1)整理垃圾的来源与物理组成数据。

(2)渗滤处理前后垃圾的物化性质变化。

(3)渗滤过程中渗滤液的水量、水质变化情况,作出各分析指标随时间的变化曲线。

(4)绘制渗滤液处理的流程框图,并说明每个工序的处理目标以及采用此工序的主要原因。

(5)记录渗滤液处理模拟实验的运行效果。

[注意事项]

(1)样品的采集和保存应避免受到外界影响,以保证测试结果的准确性。

(2)实验人员需要具备一定的化学实验室安全知识,同时需要佩戴相应的实验室安全防护设备,避免对自身和他人造成伤害。

(3)注意卫生安全,在处理渗滤液时应妥善处理,以免对环境造成污染。

[思考题]

(1)分析垃圾在渗滤处理前后物化性质变化的原因。

(2)渗滤液的水质与垃圾的哪些性质有关?该实验所得渗滤液是否可以采用生物处理?为什么?

(3)试对拟采用的几种渗滤液处理方案进行比较分析,并确定该渗滤液的有效处理途径。

实验 5-10　污泥浓缩实验

[实验目的]

一级处理或二级处理产生的污泥在进行脱水前常需加以浓缩,而最常用的方式为重力浓缩，在污泥浓缩池里，悬浮颗粒的浓度比较高，颗粒的沉淀作用主要为成层沉淀和压缩沉淀。浓缩过程受悬浮固体浓度、性质和浓缩池的水力条件等因素影响。因此，一般需要通过相应的实验来确定工艺中的主要设计参数。通过本实验，希望达到以下目的：

(1)加深对成层沉淀和压缩沉淀的理解。

(2)了解运用固体通量计算浓缩池面积的方法。

[实验原理]

浓缩池固体通量(G)的定义为单位时间内通过浓缩池任一横截面上单位面积的固体质量[kg/(m^2·d)或 kg/(m^2·h)]。在二次沉淀池和连续流污泥重力浓缩池里，污泥颗粒的沉降主要由两个因素决定：①污泥自身的重力；②污泥回流和排泥产生的底泥。因此，浓缩池的固体通量 G 应由污泥自重压密固体通量 G_i 和底泥引起的向下流固体通量 G_v 组成。即：

$$G=G_i+G_v$$

而

$$G_v=v\rho_i$$

式中：v 为向下流速度，即由底部排泥产生的界面下降速度，m/h；ρ_i 为断面 i-i 处的污泥浓度，kg/m^3。

若底部排泥量为 Q_v(m^3/h)，浓缩池断面面积为 A(m^2)，则 $v=Q_v/A$。设计时 v 一般采用经验值，如活性污泥浓缩池的 v 取 0.25～0.51 m/h。v_i 为污泥固体浓度为 ρ_i 时的界面沉速，单位 m/h，其值可通过同一种污泥的不同固体浓度的静态实验，从沉降时间与界面高度的曲线关系求得[图 5-13(a)]。例如，对于污泥浓度 ρ_i(设起始界面高度为 H_0)，通过该条浓缩曲线的切点作切线与横坐标相交，可得沉降时间 t_i，则该污泥浓度的界面沉速 $v_i=H_0/t_i$(即为此污泥浓度下成层沉淀时泥水界面的等速沉降速度)。

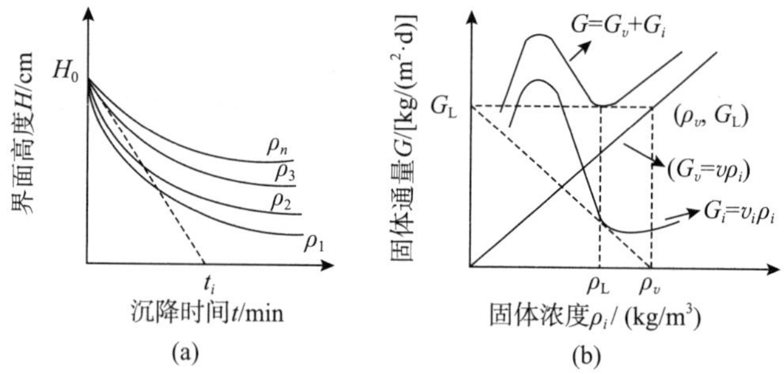

图 5-13　污泥静态浓缩实验中各物理量间的关系

G、G_v、G_i 随断面固体浓度 ρ_i 的变化情况如图 5-13(b)所示。由于浓缩池各断面处固体浓度 ρ_i 是变化的，而 G 随 ρ_i 而变，且有一极小值即极限固体通量 G_L。由固体通量的定义可得浓缩池的设计面积 A 为：

$$A\geqslant\frac{Q_0\rho_0}{G_L}$$

式中：Q_0、ρ_0 为入流污泥流量和固体浓度，单位分别为 m/h 和 kg/m^3；G_L 为极限固体通量，kg/(m^2·d)。

可以看出，G_L 的值对于浓缩池面积的计算是至关重要的。在实际工作中，一般先根据污泥的静态实验数据作出 G_i-ρ_i 的关系曲线。根据设计的底流排泥浓度 ρ_i，自横坐标上的点 ρ_u 作该曲线的切线并与纵轴相交，其截距即为 G_L。

[实验器材]

实验装置：主要组成部分为沉淀柱和高位水箱，如图 5-14 所示。

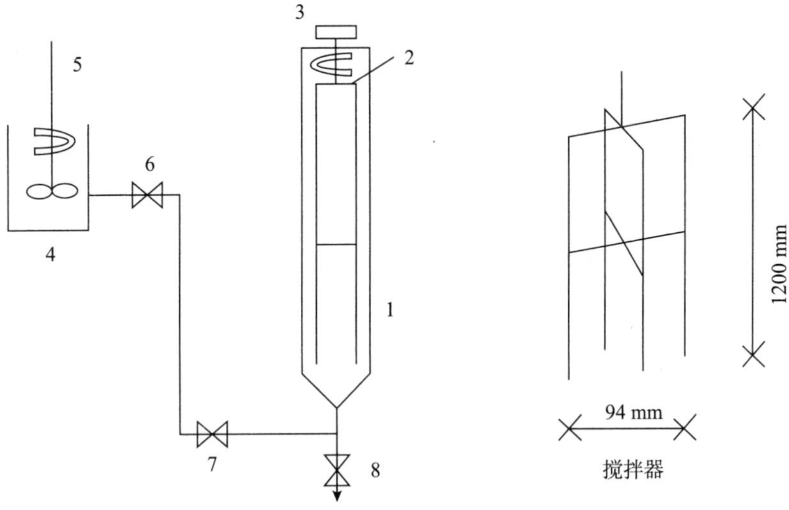

1. 沉淀柱　2，5. 搅拌器　3. 电动机　4. 高位水箱　6，7. 进泥阀　8. 排泥阀

图 5-14　污泥的静态沉降实验装置示意图

沉淀柱，有机玻璃制(柱身自上而下标有刻度)，高 $H=1500\sim2000$ mm，直径 $D=100$ mm，1 根；柱内搅拌器，不锈钢或铜制，长 $L=1200$ mm，直径 $D=94$ mm，4 根；电动机，TYC 型同步电动机，220 V/24 mA，1 台；高位水箱，硬塑料制，高 $H=300\sim400$ mm，直径 $D=300$ mm，1 只；连接管，水煤气管，直径 $D=20$ mm，若干；分析 MLSS 用烘箱；分析天平；称量瓶；量筒；烧杯；漏斗等。

[实验步骤]

本实验采用多次静态沉淀实验的方法。具体操作如下：

(1)从城市污水处理厂取回剩余污泥和二次沉淀池出水，测定污泥的 SVI 与 MLSS。

(2)将剩余污泥用二次沉淀池出水配制成不同 MLSS 的悬浮液，可以分别为 4、5、6、8、10、15、20、25、30 kg/m^3，然后进行不同 MLSS 的静态沉降实验。

(3)将已配好的悬浮液倒入高位水箱，并加以搅拌使其混合并保持均匀。

(4)把悬浮液注入沉淀柱至一定高度，启动沉淀柱的搅拌器(转速约 1 r/min)搅拌 10 min。

(5)观察污泥沉降现象，当出现泥水分界面时读出界面高度。开始时 0.5～1 min 读取 1 次，5～10 min 后每 1～2 min 读取 1 次，当界面高度随时间变化缓慢时，停止读数。

[实验数据记录及结果]

(1)记录起始固体浓度、起始界面高度以及不同沉降时间对应的界面高度。

(2)根据上述实验数据,可得到不同浓度的污泥沉降时的平均界面高度与沉降时间的关系曲线(即 H-t),通过起始界面高度作各曲线的切线,求得相应的沉降时间,从而求出不同污泥浓度下沉降曲线初始直线时的界面沉降速度 v_i(即污泥发生成层沉淀时的等速沉降速度)。

(3)求自重压密固体浓度 G,画出 G_i-ρ_i 关系图。

(4)根据设计的污泥浓缩后需达到的固体浓度 ρ_v 求出 G_L,计算出浓缩池的设计断面面积 A。

[注意事项]

(1)污泥注入速度不宜过快或过慢,过快会引起严重紊乱,过慢则会使沉降过早发生,两者均会影响实验结果。另外,污泥注入时应尽量避免空气进入沉降柱。

(2)重新进行下一次污泥沉降实验时,应将原有污泥排净,并将沉淀柱清洗干净后再开始。

[思考题]

(1)本实验中污泥浓度的最低值应取多少?

(2)污泥浓缩池中污泥发生的是成层沉淀和压缩沉淀,试阐述将泥水界面视为等速沉降来估算自重压密固体通量的优缺点。

实验 5-11　土柱或有害废弃物渗滤液和淋溶实验

[实验目的]

(1)掌握土柱淋滤的实验方法。

(2)了解含污地表水通过土壤层或雨水淋溶固体废弃物对土壤层、地下水的影响程度。

[实验原理]

淋滤指水连同悬浮或溶解于其中的土壤表层物质向地下周围渗透的过程。淋滤实验是确定土壤中污染物质迁移转化规律的基本实验。本实验中采用模拟天然雨水对土壤(或有害废弃物)进行淋滤,根据虹吸原理控制水层高度,由土柱筒底部的排水口接取渗出液,渗出液携带出有害物质,且有害物质随淋滤原水条件变化而变化。

[实验器材]

1. 仪器

氟离子电极和饱和甘汞电极;精密酸度计;电磁搅拌器。

2. 试剂

所用水为去离子水或无氟蒸馏水。

(1)氟化物标准贮备液：称取 0.2210 g 基准氟化钠(NaF)(预先于 105～110 ℃干燥 2 h，或者于 500～650 ℃干燥约 10 min，冷却)，用水溶解后转入 1000 mL 容量瓶中，稀释至标线，摇匀，贮存在聚乙烯瓶中。此溶液每 1 mL 含氟离子 100 μg。

(2)氟化物标准溶液：用无分度吸管吸取氟化钠标准贮备液 10.00 mL，注入 100 mL 容量瓶中，稀释至标线摇匀。此溶液每 1 mL 含氟离子 10 μg。

(3)总离子强度调节缓冲溶液：于 1000 mL 烧杯中，加 500 mL 去离子水和 57 mL 冰醋酸、58 g NaCl、12 g 柠檬酸钠($Na_3C_6H_5O_7 \cdot H_2O$)，搅拌至溶解。将烧杯放在冷水浴中，缓缓加入 6 mL NaOH 溶液，直至 pH 在 5.0～5.5，冷至室温，转入 1000 mL 容量瓶中，用去离子水稀释至刻度。

(4)测定：取 10 mL 水样，置于 50 mL 容量瓶中，加入 10 mL 总离子强度调节缓冲溶液，用去离子水稀释至标线，摇匀。将其移入 100 mL 聚乙烯杯中，放入一只搅拌子，插入电极，连续搅拌溶液，待电位稳定后，再继续搅拌下读取电位值(E)。在每一次测量之前，都要用去离子水充分洗涤电极，并用滤纸吸去水分。根据测得的毫伏数，在标准曲线上查得氟化物的含量。

(5)空白实验：用去离子水代替试液，按测定样品的条件和步骤进行测定。

(6)标准曲线制作：用分度吸管分别取 1.00、3.00、5.00、10.00、20.00 mL 氟化物标准溶液，置于 50 mL 容量瓶中，加入 10 mL 总离子强度调节缓冲溶液，用水稀释至标线，摇匀。分别移入 100 mL 聚乙烯杯中，各放入一只搅拌子，以浓度由低到高为顺序，分别依次插入电极，连续搅拌溶液，待电位稳定后，再继续搅拌下读取电位值(E)。在每一次测量之前，都要用去离子水将电极冲洗干净，并用滤纸吸去水分。在半对数坐标纸上绘制 E(mV)-$\lg C_F$(mg/L)标准曲线。浓度标于对数分格上。

3. 淋滤实验装置

包括淋滤柱(内径 100 mm，有效高度 100 cm)、高位原水箱、出水箱。实验流程如图 5-15 所示。

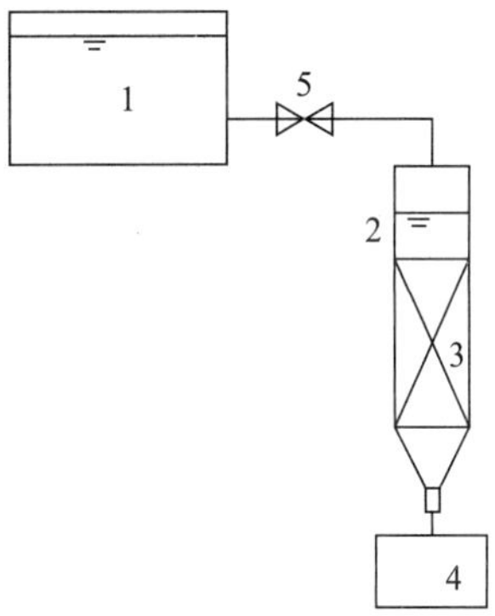

1. 高位原水箱　2. 淋滤柱　3. 土或粉煤灰柱　4. 出水箱　5. 控制阀

图 5-15　淋滤实验流程图

4. 实验样品

(1)土柱：选自本地区地表垂直深度 2 m 内的土层，模拟实际土壤密度装填在内径 100 mm 的有机玻璃柱内，装填高度 800 mm。

(2)粉煤灰柱：取电厂粉煤灰适量，装填在内径 100 mm 的有机玻璃柱内，装填高度 800 mm。

(3)模拟含氟废水：选用氟化钠配制浓度为 4～7 mg/L 的高氟水作为原水。

(4)模拟天然雨水：以 0.25 mg/L H_2SO_4 和 0.05 mg/L HNO_3 溶液按 SO_4^{2-} ∶ NO_3^- ＝5∶1 的比例配制成原液，用蒸馏水稀释成 pH＝5.6 的模拟雨水。

[实验步骤]

(1)按图 5-15 所示流程连接实验装置，控制淋滤柱内水层高度保持在滤层上 8～12 cm。

(2)于淋滤柱底部的排水口接取渗滤液,定时记录出水量,测量出水中污染物浓度、淋出液pH、液固比(即淋溶液体积与土柱或渣质量比值)、出水速度及吸附率。

[实验数据记录及结果]

(1)记录淋滤液中氟离子浓度、pH、出水时间、出水体积、出水速度以及吸附率(渗透率)的变化。

(2)绘制吸附曲线或淋滤曲线(淋滤液中氟离子浓度和 pH 随液固比的变化曲线)。

[注意事项]

(1)电极使用前应洗净,并吸去水分。电极用后应用水充分冲洗干净,并用滤纸吸去水分,放在空气中,或者放在稀释的氟化物标准溶液中。如果短时间不再使用,应冲洗、吸去水分,用保护帽套保护电极敏感部位。

(2)不得用手触摸电极的膜表面,如果电极的膜表面被有机物等玷污,必须先清洁干净后才能使用。

[思考题]

(1)分析含氟污水对土壤、地下水的污染规律。

(2)预测固体废弃物露天堆放时,渣中污染物对水环境的影响程度。

第 6 章　环境化学实验

实验 6-1　空气中直链烷烃的光催化氧化反应

[实验目的]

(1)了解半导体粒子对大气光化学反应的催化作用。

(2)掌握气相光化学反应的研究方法和基本操作。

[实验原理]

碳氢化合物(烃类)是空气中的一类重要污染物,主要来自汽油等石油产品的燃烧和挥发、天然气等可燃气体的燃烧和泄漏、溶剂的蒸发、一些焚烧过程以及一些自然作用等。大气中以气态形式存在的碳氢化合物的碳原子数主要为 1～10 个,包括可挥发性的所有烃类。大气中已检测出的烷烃有 100 多种,其中直链烷烃最多,其碳原子数目为 1～37。带有支链的异构烷烃碳原子数目多在 6 个以下。低于 6 个碳原子的烷烃有较高的蒸气压,在大气中多以气态形式存在。碳链长的烃类常形成气溶胶或吸附在其他颗粒物质上。烷烃特别是直链正构烷烃,性质较稳定,在空气中一般不易降解,但在一些光催化剂存在时,也可以发生光降解。目前,有关半导体粒子的光催化降解烷烃的研究受到人们的重视。

所谓半导体粒子的光催化效应是指半导体材料的外层具有特殊的电子结构,即具有较深的价带能级,当它们受到大于价带宽度能量的光照射后,处于价带(VB)上的电子就被激发到导带(CB)上,因而在导带上产生带负电的高活性光生电子,在价带上生成带正电荷的空穴,形成氧化-还原体系:光生电子具有强的还原活性,而空穴则有很强的得电子能力,可夺取半导体颗粒表面的有机物或体系中的电子,使原本不吸收光的物质被活化氧化。空穴与含羟基的物质或氧反应,生成具有高氧化活性的羟基自由基和 O_2^-·离子等,实现对有机物的氧化。半导体光催化剂可将许多有机化合物经过一系列过程后最终氧化为 CO_2 和 H_2O 及其他无机物,常见的半导体催化剂主要是过渡金属氧化物和硫化物等,其中催化效率较高的包括 TiO_2(锐钛矿)、Fe_2O_3、CdS 和 ZnS 等。

[实验器材]

(1)仪器:气相色谱仪(带氢火焰离子化检测器)、400 W 高压汞灯、石英玻璃光化学反应器。

(2)试剂:正庚烷(色谱纯)、TiO_2(锐钛矿)(分析纯)、一氧化碳标准气体(色谱纯)、氮气(高纯)、氧气(高纯)、氢氧化钡(分析纯)、盐酸(分析纯)。

[实验步骤]

(1)光化学反应系统的建立:光化学反应系统如图 6-1 所示。其中石英玻璃反应器外径约 50 mm,长约 200 mm,侧面有两个开口,分别用于配气与取样。光源汞灯由一个两侧开有窗口的金属罩罩住,以获得稳定而集中的辐射。光源与反应器相距 110 mm,中间用柱形石英管隔开,以保证反应器不因受到长时间光照而温度升高(若光源配石英冷阱,则可不用石英管)。反应器及汞灯均水平放置,以便引入的催化剂可平铺在反应器内。

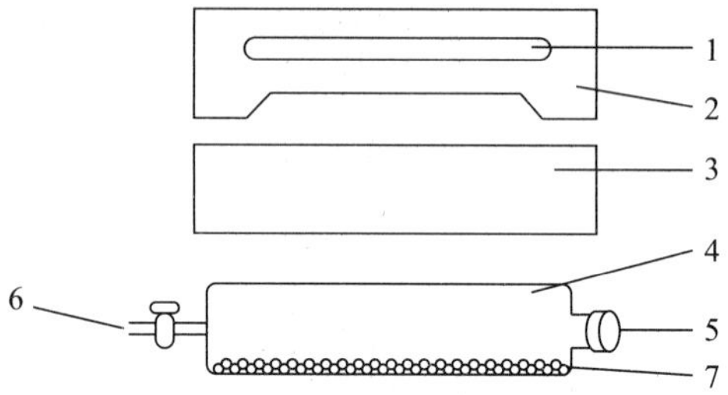

1. 高压汞灯　2. 金属罩　3. 隔热石英管　4. 反应器　5. 取样口　6. 配气口　7. 催化剂(TiO_2粒子)

图 6-1　光化学反应系统示意图

(2)配气:石英玻璃反应器经自来水洗涤后在洗液中浸泡数小时,再用蒸馏水洗净,于烘箱中烘干。配气口盖一反口胶塞,在配气口与反口胶塞之间加一层聚四氯乙烯薄膜,防止在光照时反口胶塞上的物质进入反应体系。

称取 1.0 g TiO_2催化剂,加入反应器中,将反应器与配气系统相连。先把反应器抽真空,用无汞压力计控制真空度。在抽真空过程中用热吹风加热反应器,使器壁上吸附的物质尽量抽净,然后用高纯氮冲洗,再抽真空,反复 4～5 次。

将正庚烷和氧气在真空状态下注入反应器,使正庚烷的浓度为 1.66×10^{-4} mol/L,氧气的体积百分比为 20%。最后用高纯氮充至略高于常压,以提供在反应过程中测气样时抽气所需的压力。在配气时,若反口胶塞上已经有注射器针孔,为防止针孔漏气,可在胶塞外面贴上胶带。配气完成后,从配气系统取下反应器,仔细振荡,使催化剂平铺于器壁底部。

(3)光化学反应的过程与产物:开启高压汞灯,分别在光照 0、0.5、1.0、1.5、2.0、2.5、3.0 h 时用玻璃注射器从反口胶塞处取样,用气相色谱仪分析体系中反应物正庚烷和产物 CO 的含量。同样,为防止取样时注射器扎出的孔漏气,也需在胶塞外面贴上胶带以保持体系的稳定性。

反应物正庚烷的参考气相色谱分析条件如下:SE-54 石英毛细管柱(50 m×0.245 mm);载气为高纯氮,柱前压 23.5×10^{4} Pa,柱温 60 ℃;分流速度68 mL/min;吹扫速度 33 mL/min;气化室温度 200 ℃;检测室温度 220 ℃。

产物 CO 的参考气相色谱分析条件如下:分子筛柱;柱温 5℃;流速 30 mL/min;电流 180 mA。用 CO 标气定量。

反应结束后,用高纯氮将反应器中的气体赶出,通入 $Ba(OH)_2$饱和溶液中,体系中应有白色 $BaCO_3$沉淀生成,遇盐酸沉淀溶解,证明 CO_2的生成。

[实验数据记录及结果]

绘制反应过程中正庚烷和 CO 的浓度随时间的变化曲线，作相关分析，并根据正庚烷浓度的变化，确定正庚烷光催化降解反应动力学的级数。

[注意事项]

光化学反应系统工作时需进行有效的遮蔽(如金属箔或双层遮光布)，以避免汞灯的紫外辐射。从取样口取样时，也要注意自我防护，避免紫外辐射。

[思考题]

(1)分析影响空气中正庚烷光催化降解的可能因素有哪些？

(2)讨论空气中烃类的光催化降解在环境保护方面可能有哪些应用？

实验 6-2 废水中铬的形态分析及去除

[实验目的]

(1)学会水中不同价态铬的测定方法。

(2)熟悉还原沉淀法去除水中六价铬的原理与方法。

(3)巩固三价铬与六价铬在水中的化学性质与氧化还原特性。

[实验原理]

铬污染指铬及其化合物在环境中所造成的污染。铬广泛存在于自然界中，主要形成铬铁矿。天然来源的铬主要是岩石风化，大多呈三价，几乎无毒性；人为污染来源主要是工业含铬废气和废水的排放。工业废水中的铬主要是六价化合物[Cr(Ⅵ)]，常以铬酸根离子存在。

废水中铬的测定常用分光光度法，其原理基于：在酸性溶液中，六价铬离子与二苯碳酰二肼反应，生成紫红色化合物，其最大吸收波长为 540 nm，吸光度与浓度的关系符合比尔定律。如果测定总铬，需先用高锰酸钾将水样中的三价铬氧化为六价铬，再用本法测定。

对于含铬废水的处理，常采用吸附法或还原沉淀法。研究表明，Cr(Ⅵ)在大多数吸附剂上的吸附容量较低，本实验采用还原沉淀法去除废水中的 Cr(Ⅵ)。

[实验器材]

1. 仪器

分光光度计、比色皿、10 mL 具塞比色管、移液管、容量瓶等。

2. 试剂

(1)丙酮：分析纯。

(2)(1+1)硫酸。

(3)(1+1)磷酸。

(4)0.2%(*m*/*V*)氢氧化钠溶液。

(5)4%(*m*/*V*)高锰酸钾溶液。

(6)铬标准贮备液:称取于 120 ℃干燥 2 h 的重铬酸钾(优级纯)0.2829 g,用水溶解,移入 500 mL 容量瓶中,用水稀释至标线,摇匀。每毫升贮备液含 0.100 mg Cr(Ⅵ)。

(7)铬标准使用液(1000 μg/L):吸取 5.00 mL 铬标准贮备液于 500 mL 容量瓶中,用水稀释至标线,摇匀。每毫升标准使用液含 1.00 μg Cr(Ⅵ)。使用当天配制。

(8)20%(*m*/*V*)尿素溶液。

(9)2%(*m*/*V*)亚硝酸钠溶液。

(10)二苯碳酰二肼溶液:称取二苯碳酰二肼($C_{13}H_{14}N_4O$)0.2 g,溶于 50 mL 丙酮中,加水稀释至 100 mL,摇匀,贮于棕色瓶内,置于冰箱中保存。颜色变深后不能再用。

(11)亚硫酸钠:分析纯。

[实验步骤]

1.六价铬测定

(1)标准曲线的绘制:取 7 支 10 mL 比色管,依次加入 0、0.10、0.25、0.40、0.50、0.75 和 1.00 mL 铬标准使用液(1.0 μg/mL),用水稀释至标线,加入(1+1)硫酸 0.1 mL 和(1+1)磷酸 0.1 mL,摇匀。加入 0.4 mL 显色剂溶液,摇匀。5~10 min 后,于 540 nm 波长处,用 1 cm 比色皿,以水为参比,测定吸光度并做空白校正。以吸光度为纵坐标,相应六价铬含量为横坐标绘出标准曲线(铬测定的浓度范围为 0.004~1.0 mg/L)。

(2)样品的测定:取适量样品于 10 mL 比色管中,用水稀释至标线,以下步骤同标准溶液测定。进行空白校正后根据所测吸光度从标准曲线上计算 Cr(Ⅵ)含量。

2.总铬的测定

(1)水样预处理:一般清洁地面水可直接用高锰酸钾将 Cr(Ⅲ)氧化为 Cr(Ⅵ)后测定。

(2)高锰酸钾氧化三价铬:取 10.0 mL 或适量(铬含量少于 50 μg)清洁水样或经预处理的水样于 50 mL 锥形瓶中,用氢氧化铵和硫酸溶液调至中性,加入几粒玻璃珠,加入(1+1)硫酸和(1+1)磷酸各 0.1 mL,摇匀。加入 4%高锰酸钾溶液 1 滴,如紫色消退,则继续滴加高锰酸钾溶液至保持红色。加热煮沸至溶液小于 4 mL。冷却后,加入 0.2 mL 20%的尿素溶液,摇匀。用滴管加 2%亚硝酸钠溶液,每加 1 滴充分摇匀,至紫色刚好消失。稍停片刻,待溶液内气泡逸尽,转移至 10 mL 比色管中,稀释至标线,供测定。

(3)标准曲线的绘制、水样的测定和计算同六价铬的测定。

3.还原沉淀法与吸附法处理含铬废水

(1)测定提前准备好的待测水样中 Cr(Ⅵ)和总铬浓度。

(2)用吸附法处理含铬废水:参照磷吸附实验方法,取 $Fe(OH)_3$吸附剂量为 5 g/L,在 pH=5.0 条件下用吸附法处理待测水样。

具体方法:称取 2 份 0.10 g 的 $Fe(OH)_3$吸附剂至 50 mL 三角瓶中,用移液管准确量取 20.00 mL 废水,加入三角瓶中,调节 pH 至 5.0,放置在恒温摇床中反应 1 h 后,离心过滤,待测吸附后溶液中 Cr(Ⅵ)浓度。

(3)还原沉淀法处理含铬废水：每组各取 20 mL 两种废水样品进行还原沉淀实验。根据理论计算和实际实验结果，确定还原废水中 Cr(Ⅵ)所需要投加的还原剂量。

(4)在放有废水水样的三角瓶中加入亚硫酸钠还原剂，充分摇匀后放置 20 min，用 pH 试纸测定还原后溶液 pH。

(5)用 1 mol/L NaOH 溶液将还原后水样的 pH 调节至 5.0，观察是否有白色絮状沉淀产生。

(6)放置 5～10 min 后，采用滤纸＋漏斗过滤装置过滤三角瓶中液体，丢弃前 2～3 mL 滤液，保留剩余滤液待测 Cr(Ⅵ)和总铬浓度。

(7)根据步骤(1)中计算得到的 Cr(Ⅵ)和总铬浓度，计算两种水样的还原沉淀处理效率。比较吸附法与还原沉淀法两种废水处理方法的处理效率。

[实验数据记录及结果]

(1)绘制铬标准曲线，测定并计算出待测水样中 Cr(Ⅵ)与总铬浓度。

(2)计算并比较吸附法与还原沉淀法处理含 Cr(Ⅵ)废水效率。

[注意事项]

注意含铬废液回收。

[思考题]

(1)废水中 Cr(Ⅵ)的去除方法有哪些？各有何利弊？

(2)举例说明除 Cr 外，水中还有哪些氧化还原价态不同的无机污染物？并说明其毒性随价态变化关系，根据毒性关系，应选用何种方法去除？

(3)影响多价态污染物氧化还原反应的因素有哪些？列举常用氧化剂与还原剂，说明氧化剂与还原剂选择的原则。

实验 6-3　对二甲苯的正辛醇-水分配系数的测定

[实验目的]

(1)掌握振荡法测定有机物的正辛醇-水分配系数的方法。

(2)学习紫外分光光度计的使用。

[实验原理]

正辛醇-水分配系数是平衡状态下化合物在正辛醇相和水相中浓度的比值，即

$$K_{\mathrm{ow}}=\frac{c_{\mathrm{o}}}{c_{\mathrm{w}}}$$

式中：K_{ow}为分配系数；c_o为平衡时有机化合物在正辛醇相中的浓度；c_w为平衡时有机化合物在水相中的浓度。

本实验采用振荡法进行有机化合物的正辛醇-水分配系数的测定。由于正辛醇中有机化合物的浓度难以测定，因此本实验中只选择测定平衡时水相中有机化合物的浓度，并根据体系中有机物的初始加入量以及两相的体积确定平衡时正辛醇中有机化合物的浓度：首先取一定体积含已知浓度待测有机化合物的正辛醇，再加入一定体积的水，振荡，使待测有机物在正辛醇相和水相中达平衡，然后离心分离正辛醇相和水相，测定水相中有机化合物的浓度，并根据下式计算分配系数：

$$K_{ow}=\frac{c_{o0}-c_w V_w}{c_w V_o}$$

式中：c_{o0}为起始时有机化合物在正辛醇相中的浓度，μL/L；c_w为平衡时有机化合物在水相中的浓度，μL/L；V_o、V_w为分别为体系中正辛醇相和水相的体积，L。

[实验器材]

(1)仪器：紫外分光光度计、恒温振荡器、离心机、具塞比色管(10 mL)、玻璃注射器(5 mL)、容量瓶(5 mL，10 mL)。

(2)试剂：正辛醇(分析纯)、乙醇(95%，分析纯)、对二甲苯(分析纯)、苯胺(分析纯)。

[实验步骤]

1. 标准曲线的绘制

(1)对二甲苯的标准曲线：移取1.00 mL对二甲苯于10 mL容量瓶中，用乙醇稀释至刻度，摇匀。取该溶液0.10 mL于25 mL容量瓶中，再用乙醇稀释至刻度，摇匀，此时浓度为400 μL/L。在5个25 mL容量瓶中各加入该溶液1.00、2.00、3.00、4.00、5.00 mL，用水稀释至刻度，摇匀。在紫外分光光度计上于波长227 nm处，以水为参比，测定吸光度值。利用所测得的标准系列的吸光度值对浓度作图，绘制标准曲线。

(2)苯胺的标准曲线：溶液配制方法同对二甲苯，配好后在紫外分光光度计上于波长279 nm处，以水为参比，测定吸光度值。利用所测得的标准系列的吸光度值对浓度作图，绘制标准曲线。

2. 溶剂的预饱和

将20 mL正辛醇与200 mL二次蒸馏水在振荡器上振荡24 h，使两者相互饱和，静置分层后两相分离，分别贮存备用。

3. 对二甲苯平衡时间的确定及分配系数的测定

(1)移取0.40 mL对二甲苯于10 mL容量瓶中，用上述处理过的正辛醇饱和水稀释至刻度。该溶液浓度为4×10^4 μL/L。

(2)分别移取1.00 mL上述溶液于6个10 mL具塞比色管中，用上述处理过的正辛醇饱和水稀释至刻度。盖紧塞子，置于恒温振荡器上，分别振荡0.5、1.0、1.5、2.0、2.5、3.0 h，离心分离，用紫外分光光度计在波长227 nm处测定水相吸光度。取水样时，为避免正辛醇的污染，可利用带针头的玻璃注射器移取水样。首先在玻璃注射器内吸入部分空气，当注射器通过正辛醇相时，轻轻排出空气，在水相中已吸取足够的溶液时迅速抽出注射器，卸下针头后，即可获得无正辛醇污染的水相。

4. 苯胺平衡时间的确定及分配系数的测定

方法同对二甲苯，用紫外分光光度计测定样品，波长调节至 279 nm 处即可。

[实验数据记录及结果]

(1)根据不同时间化合物在水相中的浓度，绘制对二甲苯和苯胺水相浓度随时间的变化曲线，由此确定实验所需要的平衡时间。

(2)利用达到平衡时化合物在水相中的浓度，根据公式计算化合物的正辛醇-水分配系数。

[注意事项]

注意分析对比两种有机物的官能团与正辛醇-水分配系数。

[思考题]

(1)正辛醇-水分配系数的测定有何意义？

(2)分析振荡法测定化合物的正辛醇-水分配系数有哪些优缺点？

(3)查阅有关化学手册中的对二甲苯和苯胺的正辛醇-水分配系数，与你的实验结果对比，看是否相同？如果不同，请分析原因。

实验 6-4　底泥对苯胺和硝基苯的吸附

[实验目的]

(1)测定底泥对有机化合物的吸附等温线，求出吸附常数。

(2)了解水体中底泥的环境化学意义及其在水体自净中的作用。

[实验原理]

底泥/悬浮颗粒物是水中污染物的源和汇。水体中有机污染物的迁移转化途径包括挥发、扩散、化学或生物降解等，其中底泥/悬浮颗粒物的吸附作用对有机污染物的迁移、转化及生物效应有重要影响。水环境中的有机污染物种类繁多，化学性质相差很大，因此，它们在水中固体表面的吸附机理也各不相同。根据有机污染物在水体中是否电离可将有机污染物分为离子型和非离子型两大类。苯胺会发生一定程度的电离，而硝基苯则不发生电离。底泥对有机物的吸附还会受到许多环境因素的影响，如温度、光照、水溶液的离子组成、共存污染物等。其中 pH 是一个主要影响因素，特别是对于可电离的有机物而言，本实验中将考虑其影响。

苯胺和硝基苯都是化学工业的基本原料，广泛使用于燃料制造、橡胶、制药、炸药、制革、塑料、油漆等行业，常通过工业废水进入天然水体。底泥对二者的吸附作用与它们的组成等有关。吸附作用的强弱可用吸附系数表示。探讨底泥对苯胺和硝基苯的吸附作用对了解苯胺、硝基苯在水/沉积物多介质的环境化学行为，乃至水污染防治都具有重要的意义。

本实验以底泥为吸附剂，分别吸附水中的苯胺和硝基苯，绘制吸附等温线后，用回归法求出底泥对苯胺和硝基苯的吸附常数，比较底泥对二者吸附能力的大小。

分别测定底泥对一系列浓度苯胺和硝基苯的吸附情况，计算平衡浓度和相应的吸附量，通过绘制吸附等温曲线，分析底泥的吸附性能和机理。Langmuir 吸附等温式和 Freundlich 吸附等温式是两种较常见的吸附等温式。本实验选用 Freundlich 吸附等温式进行回归分析，计算方程中各常数。溶液中 Freundlich 吸附等温式的形式为

$$Q=\frac{x}{m}=Kc^{\frac{1}{n}}$$

式中：Q 为单位质量的吸附剂吸附的吸附质的质量，μg/g；x 为吸附平衡时吸附到吸附剂上的吸附质的质量，μg；m 为体系中吸附剂的质量，g；c 为吸附平衡时溶液中吸附质的质量浓度，μg/mL；K 和 n 为常数，由温度、溶剂、吸附质与吸附剂性质等因素决定，通常 n 大于 1。

对上式两边取对数，可得到

$$\lg Q=\frac{1}{n}\lg c+\lg K$$

以 $\lg Q$ 对 $\lg c$ 作图，得一直线，由直线的斜率和截距可求得 n 及 K 值。

溶液 pH 会改变有机物的离子化程度，影响底泥中有机质和无机矿物成分的含量及形态等，因而对底泥的吸附性能有较大影响。当考察 pH 对底泥吸附有机物的影响时，选定同样的有机物浓度，在不同 pH 下进行吸附实验，对比不同 pH 下吸附量的大小。

苯胺的测定采用偶氮光度法，即苯胺在酸性条件下与亚硝酸盐重氮化，再与盐酸萘乙二胺耦合，生成紫红色染料，根据在波长 545 nm 处的吸收进行定量。硝基苯的测定采用还原-偶氮光度法。在含硫酸铜的酸性溶液中，由锌粉反应产生的初生态氢，将硝基苯还原成苯胺，测定方法同上。苯胺的最低检出质量浓度为 0.03 mg/L（吸光度为 0.010 所对应的苯胺质量浓度），硝基苯最低检出质量浓度为 0.2 mg/L。

[实验器材]

1. 仪器

恒温调速振荡器、低速离心机、分光光度计、精密 pH 计、500 mL 全玻璃蒸馏器、碘量瓶（150 mL）、离心管（5 mL）、具塞比色管（25 mL，50 mL）。

2. 试剂

(1)硫酸氢钾，研成粉末。

(2)无水碳酸钠。

(3)5%亚硝酸钠溶液（m/V）：称取 1.0 g 亚硝酸钠溶于 20 mL 水中，贮存于棕色瓶中，置于冰箱保存，放置时间不要超过 3 周。

(4)2.5%氨基磺酸铵溶液（m/V）：称取 2.5 g 氨基磺酸铵溶于 100 mL 水中，贮存于棕色瓶中，置于冰箱保存，放置时间不要超过 3 周。

(5)0.05 mg/L 硫酸溶液。

(6)2%(m/V)N-(1-萘基)乙二胺盐酸盐(NEDA)水溶液:称取 1.0 g N-(1-萘基)乙二胺盐酸盐溶于水中,在沸水浴上加热使成澄清液,加水至 50 mL,贮存于棕色瓶中,置于冰箱中保存。

(7)苯胺标准溶液:于 25 mL 容量瓶中加入 0.05 mg/L 硫酸溶液 10 mL(准确称量)。然后加入 3～5 滴苯胺(再一次称量),用 0.05 mg/L 硫酸溶液稀释至刻度,摇匀。计算出每毫升溶液中所含苯胺的量,作为贮备液,置于冰箱中保存。使用时用 0.05 mg/L 硫酸溶液稀释成 10.0 μg/mL 苯胺的标准溶液(用时现配)。

(8)硝基苯标准使用液:200 mg/L。准确称取 200 mg 分析纯硝基苯,用二次去离子水溶解定容至 1 L。

(9)0.01 mg/L 硝酸溶液。

(10)0.01 mg/L 氢氧化钠溶液。

(11)浓盐酸:分析纯。

(12)锌粉。

(13)10%(m/V)硫酸铜溶液。

(14)10%(m/V)氢氧化钠溶液。

[实验步骤]

1.实验前准备

底泥样品采集与前处理:采集河道的表层底泥,去除砂砾和植物残体等大块物,于室温下风干。然后用瓷研钵捣碎,过 100 目筛(小于 0.15 mm),充分摇匀,装瓶备用。

2.吸附实验

(1)底泥吸附苯胺。取 6 个干净的 150 mL 碘量瓶,在每个瓶内放入 1.0 g 左右的沉积物样品(称准至 0.0001 g,以下同)。用二次去离子水分别稀释适量苯胺标准使用液至 25 mL,使吸附液中苯胺的初始质量浓度分别为 1、2、4、6、8、10 mg/L。用 0.01 mg/L HNO_3 和 NaOH 溶液调节瓶中溶液的 pH 为 7.0±0.1。加塞密封并摇匀后,将瓶子放入振荡器中,在(25±1.0)℃下,以 150～175 r/min 的转速振荡 8 h,其间监测 pH 变化 2～3 次,并根据需要调节使其保持在 7.0±0.1。振荡之后静置 30 min,在低速离心机上以 3000 r/min 速度离心 5 min,取上清液待测。

(2)底泥吸附硝基苯。取 7 个干净的 150 mL 碘量瓶,在每个瓶内放入 1.0 g 左右的沉积物样品。用二次去离子水分别稀释适量硝基苯标准使用液至 25 mL,使吸附液中硝基苯的初始质量浓度分别为 1、3、5、8、10、15、20 mg/L。以下步骤同底泥吸附苯胺的实验。

3.pH 的影响实验

(1)pH 影响底泥吸附苯胺。取 5 个干净的 150 mL 碘量瓶,在每个瓶内放入 1.0 g 左右的沉积物样品。用二次去离子水分别稀释适量苯胺标准使用液至 25 mL,使 5 个瓶内吸附液中苯胺的初始质量浓度均为10 mg/L。用 0.01 mg/L HNO_3 和 NaOH 溶液调节瓶中溶液 pH,使其分别为 5.0±0.1,6.0±0.1,7.0±0.1,8.0±0.1,9.0±0.1。加塞密封并摇匀后,将瓶子放入振荡器中,在(25±1.0)℃下,以 150～175 r/min 的转速振荡 8 h,其间监测 pH 变化 2～3

次，并根据需要调节使其保持在各自的初始值。振荡之后静置 30 min，在低速离心机上以 3000 r/min 速度离心5 min，取上清液待测。

(2)pH 影响底泥吸附硝基苯。取 5 个干净的 150 mL 碘量瓶，在每个瓶内放入 1.0 g 左右的沉积物样品。用二次去离子水分别稀释适量硝基苯标准使用液至 25 mL，使 5 个瓶内吸附液中硝基苯的初始浓度均为20 mg/L。以下实验步骤同 pH 影响底泥吸附苯胺的实验。

4. 样品测定

(1)苯胺的测定

①标准曲线的绘制：在 7 个 25 mL 具塞比色管中，分别加入 0、1.25、2.50、5.00、7.50、10.0、12.5 mL 苯胺标准溶液(10 μg/mL 苯胺)，各加水至 15 mL，摇匀。用固体硫酸氢钾或无水碳酸钠调节 pH 至 1.5～2.0(用精密 pH 试纸测试)，加 1 滴 5%亚硝酸钠溶液，摇匀，放置 3 min。加入 2.5%氨基磺酸铵溶液 0.5 mL，充分振荡后放置 3 min。待气泡除尽，再加入 2% NEDA 溶液 1.0 mL，用水稀释至刻度，摇匀，放置 30 min。于 545 nm 波长处，用 10 mm 比色皿，以水为参比测定吸光度。以苯胺含量(μg)对应空白校正吸光度绘制标准曲线。

②样品测定：在每个碘量瓶中吸取适量(使吸光度不超过 0.5)苯胺上清液于 25 mL 具塞比色管中，按与标准曲线一样的操作方法进行操作，测定吸光度。以蒸馏水代替水样，按相同操作步骤进行空白试验。由水样吸光度减去空白试剂吸光度的差值(空白校正吸光度)，从标准曲线上查出相应的苯胺含量，除以水样体积，即为水样中苯胺含量。

(2)硝基苯的测定

①标准曲线的绘制：吸取 5.00 mL 硝基苯标准使用液于 50 mL 锥形瓶中，加水至 20 mL，加入浓盐酸 2.0 mL，锌粉 0.5 g，10%硫酸铜溶液 2 滴，摇匀。放置 15 min，过滤，滤液收集于 50 mL 容量瓶中，用水洗涤滤纸 3 次，稀释到标线，混匀。于 7 个 25 mL 具塞比色管中，分别加入 0、1.0、2.0、3.0、4.0、5.0、10.0 mL 上述溶液，各加水至 10 mL。加 10%氢氧化钠溶液至出现白色絮凝状沉淀(pH 为 5)，加水至标线，摇匀。加 1 mL 20%硫酸氢钾溶液混匀，待白色沉淀消失。加 1 滴 5%亚硝酸钠溶液，摇匀，放置 3 min。加入 2.5%氨基磺酸铵溶液 0.5 mL，充分振荡后，放置 3 min。待气泡除尽，再加入 2%NEDA 溶液 1.0 mL，用水稀释至刻度，摇匀，放置 30 min。于 545 nm 波长处，用 10 mm 比色皿，以水为参比测定吸光度。以硝基苯含量(μg)对应空白校正吸光度绘制标准曲线。

②样品测定：在每个碘量瓶中吸取适量(使吸光度不超过 0.5)苯胺上清液分别置于 50 mL 锥形瓶中。在每个锥形瓶中加浓盐酸 2.0 mL，锌粉 0.5 g，10%硫酸铜溶液 2 滴，摇匀，放置 15 min。分别过滤并转移至 50 mL 容量瓶中，用水洗涤锥形瓶及滤纸 3 次，稀释至标线，摇匀。取上述溶液各 10.0 mL，分别置于 25 mL 比色管中，与绘制标准曲线步骤相同，以水为参比，测定吸光度。

空白实验如下：取 20 mL 水于锥形瓶中，加浓盐酸 2.0 mL、锌粉 0.5 g，用与样品测定相同操作步骤，测量空白吸光度。在标准曲线上查得硝基苯量，除以水样体积，即为水样中硝基苯含量。

[实验数据记录及结果]

(1)计算吸附量 Q

$$Q=\frac{(c_0-c_e)\times V}{m}$$

式中:Q 为苯胺或硝基苯在底泥样品上的吸附量,μg/g;c_0 为起始质量浓度,μg/mL;c_e 为平衡浓度,μg/mL;V 为吸附实验中所加苯胺溶液或硝基苯溶液的体积,mL;m 为吸附实验所加底泥样品的量,g。

(2)利用平衡质量浓度和吸附量数据分别绘制苯胺和硝基苯在底泥上的等温吸附曲线。

(3)利用 Freundlich 方程,通过线性回归分析,求出方程中的常数 K 及 n,比较底泥对两种有机物吸附能力的大小。

(4)对比 pH 对底泥吸附苯胺和硝基苯影响的大小,分析产生差异的原因。

[注意事项]

(1)在实验过程中,应注意避免有机物挥发和光降解等作用对实验结果的影响,如尽量减少溶液敞开的时间,避免日光或其他强光照射实验体系等。

(2)N-(1-萘基)乙二胺盐酸盐水溶液不宜多配,当颜色加深或出现沉淀时需重新配制;苯胺应为无色透明液体,如色泽变黄应重新蒸馏后使用。

(3)有机溶液的配制注意在通风橱中进行。

[思考题]

(1)思考底泥对有机物的吸附机理。

(2)影响底泥对有机物吸附系数大小的因素有哪些?

(3)底泥对有机污染物的吸附作用对预测水环境容量和自净能力有何意义?

实验 6-5 土壤中铅和铜的形态分析

[实验目的]

(1)了解土壤中重金属的存在形态及其生物有效性。

(2)学习用 Tessier 连续浸提法分析土壤中重金属的形态。

[实验原理]

重金属由于其不可降解性、生物累积效应以及在较低含量即有较大毒性而成为环境中一类重要的污染物。铅和铜是两种典型的重金属,对生物危害很大。重金属的生物学效应不仅取决于金属的总量,还与重金属的形态密切相关。因此,对土壤中的金属元素进行形态分析,对于了解各元素的毒性、生物可利用性及其在土壤-农作物间的迁移等有重要的现实意义。

对于土壤中重金属的形态分析而言，与沉积物中重金属的形态分析有相近之处，也大多采用连续浸提（连续溶剂萃取）的方法，所得形态又称为结合态，其中应用最广泛的是 Tessier 等提出的 5 步萃取法。该方法把重金属的形态（结合态）分为可交换态、碳酸盐结合态、铁锰氧化物结合态、有机结合态和残渣态 5 种。本实验即采用 Tessier 等的连续浸提法分析土壤中铅和铜的形态。

Tessier 连续浸提法是连续用氯化镁溶液、醋酸钠溶液、盐酸羟胺溶液、硝酸过氧化氢混合液、王水高氯酸混合液萃取沉积物或土壤样品，并按每步操作可萃取出的重金属进行形态的划分。5 种萃取液分别对应于重金属的可交换态、碳酸盐结合态、铁锰氧化物结合态、有机结合态和残渣态 5 种形态。此 5 种形态重金属的活动性和毒性依次降低。一般认为，可交换态的重金属活性较大，易被生物所利用，常表现出较大的毒性；碳酸盐结合态、铁锰氧化物结合态以及有机结合态的金属，在一般条件下较为稳定，不易被生物所吸收和利用，毒性相对较弱；残渣态的金属性质相当稳定，基本不被生物所利用。

在本实验中各种形态重金属的含量用火焰原子吸收分光光度计测定。

[实验器材]

1. 仪器

低速离心机、振荡器、恒温水浴锅、pH 计、火焰原子吸收分光光度计（配火焰原子化器及铅、铜的空心阴极灯）。

2. 试剂

(1)1 mg/L 氯化镁溶液。称取结晶氯化镁 102.00 g，用去离子水溶解、定容至 500 mL。

(2)1 mg/L 醋酸钠溶液。称取结晶醋酸钠 68.00 g 溶于 400 mL 去离子水中，用醋酸溶液调节 pH 为 5.0 后加去离子水至 500 mL。

(3)25%(*V*/*V*)醋酸溶液：取 25 mL 95%醋酸溶液用去离子水定容至 100 mL。

(4)0.04 mg/L 盐酸羟胺溶液。称取分析纯盐酸羟胺 1.4 g 溶于 500 mL 25%醋酸溶液中。

(5)0.02 mg/L 硝酸溶液。取 1.33 mL 浓硫酸溶于 1000 mL 去离子水中。

(6)30%过氧化氢溶液：分析纯。

(7)1∶4(*V*/*V*)硝酸溶液：取 250 mL 浓硝酸用二次去离子水稀释定容至 1000 mL。

(8)1.0 mg/L 醋酸铵溶液。称 38.6 g 醋酸铵，用 1∶4 硝酸溶液溶解，定容至 500 mL。

(9)王水：取 60 mL 浓盐酸、20 mL 浓硝酸，混合。

(10)高氯酸，分析纯。

(11)0.5%硝酸溶液：取 1 mL 浓硝酸，用去离子水稀释定容至 200 mL。

[实验步骤]

(1)准确称取研磨后的干燥土样 2.0 g 于塑料离心管中，加入 15.0 mL 1 mg/L 氯化镁溶液振荡 2 h，300 r/min 下离心 5 min，倾出上清液（如有悬浮物应过滤，以下步骤同）；再加入 5.0 mL 1 mg/L 氯化镁溶液振荡 5 min，300 r/min 下离心 5 min，合并两次上清液于聚乙烯瓶中待测，用于确定可交换态的金属含量。

(2)在步骤(1)残渣中加入 15.0 mL 1 mg/L 醋酸钠溶液振荡 5 h，300 r/min 下离心 5 min，倾出上清液；再加入 5.0 mL 1 mg/L 醋酸钠溶液振荡 5 min，300 r/min 下离心 5 min，合并两次上清液于聚乙烯瓶中待测，用于确定碳酸盐结合态的金属含量。

(3)在步骤(2)残渣中加入 15.0 mL 0.04 mg/L 盐酸羟胺溶液，96 ℃水浴加热下间歇振荡 6 h，离心，倾出上清液；再加入 5.0 mL 0.04 mg/L 盐酸羟胺溶液振荡 5 min，离心，合并两次上清液，保存于聚乙烯瓶中待测，用于测定铁锰氧化物结合态的金属含量。

(4)在步骤(3)残渣中加入 6.0 mL 0.02 mg/L 硝酸溶液和 4.0 mL 30%过氧化氢溶液，在 85 ℃水浴下间歇振荡 2 h，再加入 5.0 mL 30%过氧化氢溶液，85 ℃水浴加热间歇振荡 3 h，冷却后再加入 5.0 mL 1.0 mg/L 醋酸铵溶液振荡 10 min，离心过滤，再加入 5.0 mL 0.02 mg/L 硝酸溶液振荡 2 min，洗涤残渣，离心过滤，合并滤液保存于聚乙烯瓶中待测，用于确定有机结合态的金属含量。

(5)将步骤(4)的残渣移入小烧杯或小三角瓶中蒸干，放上表面皿或歪颈小漏斗，加入 10.0 mL 王水慢慢加热近干，再加 4.0 mL 高氯酸，高温加热至白烟冒尽。稍冷过滤，用 0.5% 硝酸溶液将滤液分若干次洗入 50 mL 容量瓶中，定容，保存于聚乙烯瓶中待测，用于确定残渣态的金属含量。

(6)样品的测定：用火焰原子吸收分光光度计测定各步所得样品中的重金属含量。

[实验数据记录及结果]

土壤样品中各种形态的重金属(Pb、Cu)含量(A，mg/kg)用下式计算

$$Q=A=\frac{c\times V}{m}$$

式中：c 为每种形态对应的上清液中重金属浓度，mg/L；V 为浸提液体积，mL；m 为土样重量，mg。

根据实验数据分析土壤中铅和铜的形态分布规律，分析比较这两种元素迁移能力和生物可利用性。

[注意事项]

浸提液具有强酸性和腐蚀性，应注意实验操作安全。

[思考题]

(1)为什么要对土壤中的重金属进行形态分析？分析时需注意些什么？

(2)思考 Tessier 萃取法存在哪些不足之处。

(3)查阅文献，了解 Tessier 萃取法的改进及新的应用。

实验 6-6 活性炭吸附法处理废水

[实验目的]

(1)了解活性炭在废水处理中的应用。

(2)掌握穿透曲线的测定和绘制方法。

[实验原理]

活性炭是一种多孔性物质,由于其具有巨大的比表面积而被广泛用作吸附剂,在废水处理方面得到广泛应用。它对很多污染物以及色、臭、味等都具有较好的脱除作用,尤其是对有机物的去除效果更好,如苯类、酚类、有机合成产品等。同时活性炭对某些重金属类污染物也有较强的吸附能力,如汞、铅、铁等,因此活性炭用在电镀废水、冶炼废水处理上也有很好的效果。另外,吸附饱和后失活的活性炭经再生后可重复使用,基本不产生二次污染。用活性炭吸附法处理水时,首先必须研究活性炭的吸附性能,其中包括吸附力、表面积、孔径分布等;其次还要根据使用目的进行吸附平衡和吸附速度的测定以确定活性炭的最佳处理条件。活性炭吸附平衡和吸附速度可以说明它对吸附质的吸附能力和吸附快慢,两者受吸附质浓度、温度、接触时间、pH、活性炭粒径等因素的影响。常见的活性炭包括颗粒态和粉末态两种,前者更容易控制、处理和操作,后者往往具有更强的吸附能力。本实验用两种活性炭吸附去除模拟废水中的有机物。

吸附法是处理废水的常用方法之一。吸附剂的吸附能力常用吸附量 Q 表示,在一定温度下,它由溶液中吸附质的平衡浓度所决定。在一定温度下,吸附达平衡时,吸附量 Q 与吸附质平衡浓度 c 之间的关系式称为吸附等温线。常见的吸附等温线有多种,如 Langmuir 吸附等温线、Freundlich 吸附等温线、BET 吸附等温线、线性吸附等温线等,这些吸附等温线多是理论推导与经验公式相结合而得出的,不同的吸附等温线一般有其特定的适用范围。Freundlich 吸附等温线是在一定的溶质浓度范围内,能够较好地描述活性炭对水中有机污染物吸附热力学规律的经验公式之一,本实验以此来描述活性炭对废水中有机物的吸附现象。

如果把活性炭装入吸附柱中,使含有吸附质的溶液以一定速度流过吸附柱,以不同时间的流出液中吸附质的浓度为纵坐标,以通过此柱的液体的体积(或吸附进行的时间)为横坐标作图,便得到“穿透曲线”。当含吸附质浓度为 c_0 的废水进入吸附柱后,在起初的一段时间内,由于活性炭的吸附作用,吸附质的出水浓度一直为零。随着吸附的进行,活性炭的吸附逐渐接近饱和,到某一时刻,出水中开始出现吸附质,该时刻便称为吸附柱的“穿透点”。此后,如废水继续通过,最终出现出水浓度与进水浓度相等,或二者保持很小的差值的情况。

在本实验中,用染料甲基绿配制模拟有机废水,该溶液在波长 580 nm 处有最大吸收,通过测定该波长处的吸光度进行定量。使用粉末活性炭进行溶液振荡吸附实验,测定粉末活性炭的 Freundlich 吸附等温线;使用颗粒态活性炭进行柱吸附实验,绘制穿透曲线。

[实验器材]

1. 仪器

可见分光光度计、恒温振荡器、玻璃漏斗、吸附柱(玻璃或有机玻璃制作,上口可加胶塞封闭;管内径约 2 cm,长度约 20 cm,下部有多孔隔板,防止活性炭漏出;下口有可调流速的活塞)。

2. 试剂

(1)活性炭:分析纯。

①粉末状:0.076 mm(200 目)。使用之前先用蒸馏水洗,然后在 105～110 ℃烘干 3 h 待用。

②颗粒状:2.0 mm(10 目)。

(2)甲基绿:化学纯。

(3)1000 mg/L 甲基绿标准溶液。称取 0.1000 g 甲基绿,用蒸馏水溶解,定容至100 mL。使用时现配。

(4)100 mg/L 甲基绿标准使用液。用移液管准确移取 1000 mg/L 甲基绿标准溶液 10 mL 于 100 mL 容量瓶中,定容。使用时现配。

(5)20 mg/L 甲基绿溶液(模拟废水Ⅰ)。移取 1000 mg/L 甲基绿标准溶液 20 mL 于 1 L 容量瓶,定容至刻度。

(6)150 mg/L 甲基绿溶液(模拟废水Ⅱ)。称取 0.45 g 甲基绿,溶于 3 L 蒸馏水中。

[实验步骤]

(1)吸附等温线测定:吸附等温线采用振荡吸附实验测定。取 8 个 250 mL 锥形瓶,分别加入 0、25、50、100、150、200、250、300 mg 的粉末状活性炭和 100 mL 甲基绿浓度为 20 mg/L 的模拟废水(模拟废水Ⅰ),置锥形瓶于恒温振荡器上(20 ℃)振荡 1 h。然后取下锥形瓶,其中的溶液分别用定量滤纸过滤,收集滤液尽快测定。

(2)穿透曲线测定:穿透曲线通过柱吸附实验测定,柱吸附实验使用图 6-2 所示的装置进行。称取约 20 g 颗粒状活性炭(活性炭的用量可根据吸附柱的内径大小而做适当调整,使活性炭柱高度在 10～15 cm;另外,还应考虑活性炭的吸附能力,避免过长或过短的穿透时间)。在吸附柱中先加少许玻璃棉,然后将活性炭缓慢倒入吸附柱中,注意活性炭要均匀分布,避免活性炭中存在空气,并在活性炭吸附床的上方保持一水层。

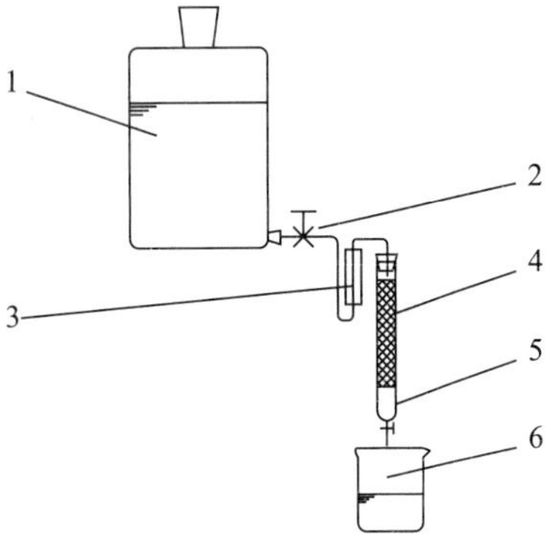

1. 模拟废水贮瓶　2. 阀门　3. 转子流量计
4. 活性炭　5. 吸附柱　6. 废液杯

图 6-2　柱吸附实验装置示意图

按图 6-2 连接好装置。将 3 L 模拟废水Ⅱ加入模拟废水贮瓶中,打开阀门,调节流量计,使废水流速为 25 mL/min。同时计时开始,并注意调节吸附柱下口的活塞,使出水流速与进水流速接近,并避免空气进入吸附柱。每隔 10 min 收集 1 次流出液,并测定其中的甲基绿浓度,并每隔一段时间测定 1 次废水贮瓶中模拟废水中甲基绿的浓度,直至出水浓度与模拟废水接近为止。

(3)甲基绿的测定：分别准确移取一定体积的 1000 mg/L 甲基绿标准使用液于 6 个 10 mL 比色管中，用水稀释至刻度，得到质量浓度分别为 5、10、15、20、25、30 mg/L 的标准系列溶液。把标准系列溶液加到 1 cm 比色皿中，在 580 nm 处测定吸光度，以吸光度对浓度作图得标准曲线。

同法进行样品浓度的测定，对浓度超出标准曲线范围的样品稀释后测定，从标准曲线查得相应浓度。

[实验数据记录及结果]

(1)吸附等温线：活性炭对甲基绿的吸附量以下式计算

$$Q=\frac{(c_0-c_e)\times V}{m}$$

式中：c_0 为起始质量浓度，μg/mL；c_e 为平衡浓度，μg/mL；V 为加入甲基绿溶液的体积，mL；m 为活性炭质量，g；Q 为甲基绿在活性炭上的吸附量，μg/g。

(2)穿透曲线：以时间 t 为横坐标，流出液浓度 c_t 为纵坐标，绘制穿透曲线，并确定穿透点的位置。

[注意事项]

由于甲基绿溶液放置时间长会褪色，实验过程应避免强光照射，取样后应尽快测定。

[思考题]

(1)振荡吸附达吸附平衡所需时间以及柱吸附的穿透时间分别与哪些因素有关。

(2)比较振荡吸附与柱吸附的吸附量大小，分析其原因。

实验 6-7　湖泊富营养化程度的评价与磷的去除

[实验目的]

(1)掌握相关加权综合营养状态指数法评价湖泊富营养化程度的方法。

(2)掌握叶绿素 a、总磷、总氮及透明度的测定原理与方法。

(3)掌握水体中磷在金属(氢)氧化物上吸附的原理与影响因素。

[实验原理]

富营养化是指生物所需的氮、磷等营养物质大量进入湖泊、河口、海湾等缓流水体，引起藻类及其他浮游生物迅速繁殖和暴发，水体溶解氧迅速下降，进而导致鱼类及其他生物大量死亡、水质恶化的现象。在自然条件下，湖泊也会从贫营养状态过渡到富营养状态，但这种自然过程非常缓慢，而由于人为排放含营养物质的工业废水和生活污水以及其他人类活动，大大加速了这一过程，使其在短期内出现。目前，我国主要湖泊的氮、磷污染严重，富营养化问题突出，已有 75%的湖泊出现不同程度的富营养化，五大淡水湖泊水体中营养盐浓度远远超过富营养化发生浓度，中型湖泊大部分均已处于富营养化状态，城市湖泊大多数处于重富营养化状态，一些水库也进入富营养化状态。

1. 评价原理与方法

目前我国湖泊富营养化评价的基本方法主要有营养状态指数法（卡尔森营养状态指数、修正的卡尔森营养状态指数、加权综合营养状态指数等）、营养度指数法和评分法。以上几种方法在实际工作中都被采用，其中营养度指数法计算步骤繁琐、耗时长，不如加权综合营养指数法简便易行；评分法在实际应用过程中受人为因素的干扰较多，影响结果的准确性。而营养状态指数法中，卡尔森营养状态指数和修正的卡尔森营养状态指数都只是以某一评价项目（指标）为基准的单参数营养状态指数，而加权综合营养状态指数法按照各评价指标与基准评价指标的相关性程度进行适当加权综合，用相关加权后的综合指数来判断湖泊所处的营养状态，比用单指标的营养状态指数对湖泊营养状态的判断要更合理；此外，该方法在国内使用较多，指标选择灵活，其参数经过多年应用符合中国湖泊特征，取得了较好的效果。因此，本实验选取相关加权综合营养状态指数法评价湖泊富营养化程度。评价时，评价项目（指标）可选取反映水体营养程度的指标如叶绿素 a（Chla）、总磷（TP）、总氮（TN）、透明度（SD）、高锰酸盐指数（COD_{Mn}）、BOD_5、溶解氧（DO）、初级生产率、氨氮（NH_3-N）等，一般只需从中选取部分指标进行评价，通常 3～4 个即可，但一般应该包括叶绿素 a 和总磷。本实验中选用叶绿素 a、总磷、总氮和透明度为评价指标。

加权综合营养状态指数（TSI_{Σ}）为

$$TSI_{\Sigma}=\sum_{j=1}^{m} w_j \cdot TSI_j \tag{1}$$

式中：TSI_{Σ} 为加权综合营养状态指数；w_j 为第 j 种指标营养状态指数的相关权重；TSI_j 为第 j 种指标营养状态指数；m 为评价指标的个数。

TSI_j 可按下式计算

$$TSI_j=10(a_j+b_j \ln c_j/\ln 2.5) \tag{2}$$

式中：a_j 和 b_j 为对应第 j 种指标的两个常数；c_j 为第 j 种指标的浓度或数量。

与本实验所选评价指标相关的适用于我国湖泊的 a_j 和 b_j 的数值见表 6-1。对于叶绿素 a、总磷、总氮和透明度而言，c_j 的单位分别为 mg/m^3、mg/L、mg/L 和 m。

表 6-1　评价指标叶绿素 a、总磷、总氮和透明度的 a_j 和 b_j 数值

指标	叶绿素 a	总磷	总氮	透明度
a_j	2.500	9.436	5.453	5.118
b_j	0.995	1.488	1.552	−1.778

若以叶绿素 a 对营养状态的重要性（TSI_{chla}）为基准，以 r_{chla-j} 表示第 j 种指标（TSI_j）与基准指标叶绿素 a（TSI_{chla}）的相关系数，则第 j 种指标对营养状态发展进程的相对重要性应与

r_{chla-j}的平方成正比，所以第 j 种指标对营养化进程的相对重要性归一化权重 w_j 可按下式计算

$$w_j = \frac{r_{chla-j}^2}{\sum_{j=1}^{m} r_{chla-j}^2} \tag{3}$$

根据我国部分湖泊统计得出的 r_{chla-j} 数据见表 6-2。

表 6-2　指标 r_{chla-j} 数值

指标	叶绿素 a	总磷	总氮	透明度
r_{chla-j}	1	0.84	0.82	−0.83
r_{chla-j}^2	1	0.7056	0.6724	0.6889

最后，根据计算所得加权综合营养状态指数 TSI_{Σ} 对湖泊营养状态进行分级：$TSI_{\Sigma}<30$ 为贫营养；$30 \leqslant TSI_{\Sigma} \geqslant 50$ 为中营养；$TSI_{\Sigma}>50$ 为富营养，其中 $50<TSI_{\Sigma} \leqslant 60$ 为轻度富营养，$60<TSI_{\Sigma} \leqslant 70$ 为中度富营养，$TSI_{\Sigma}>70$ 为重度富营养。

2. 测试原理

(1)叶绿素 a 的测定：测定水体中的叶绿素 a 的含量，可估计该水体的绿色植物存在量。将水中植物色素用丙酮萃取，测量其吸光度值，计算叶绿素 a 含量，以 mg/m^3 为单位。

(2)总磷的测定：参照《水质　总磷的测定　钼酸铵分光光度法》(GB 11893—1989)标准方法，在中性条件下用过硫酸钾使试样消解，将所含磷全部氧化为正磷酸盐。在酸性介质中，正磷酸盐与钼酸铵反应，在锑盐存在下生成磷钼杂多酸后立即被抗坏血酸还原，生成蓝色的络合物(钼蓝)，测定其吸光度，计算对应磷元素的质量浓度，以 mg/L 为单位。

(3)总氮的测定：参照《水质　总氮的测定　碱性过硫酸钾消解紫外分光光度法》(GB 11894—1989)标准方法，在碱性条件下用过硫酸钾使试样消解，使水样中含氮化合物的氮元素转化为硝酸盐，并且在此过程中有机物同时被氧化分解。水中的硝酸根用紫外分光光度法测定，计算总氮(以 NO_3^--N 计)含量，以 mg/L 为单位。

(4)透明度的测定：根据水样透明度情况，选用铅字法或赛氏盘法测定，以 m 为单位表示。

3. 磷的吸附法去除原理

不同吸附材料对磷的吸附能力不同，同一种吸附材料在不同条件下(如 pH、共存离子等)的吸附能力也是不同的。对金属吸附影响比较大的两种因素是：金属氧化物的比表面积和吸附剂表面带电情况(pH)。为此，本实验选取比较方便购买的吸附剂[如 $Fe(OH)_3$]，测定相同 pH 条件下 $Fe(OH)_3$ 对磷的吸附容量以及 pH 对磷吸附的影响。

[实验器材]

1. 仪器

可见分光光度计、紫外分光光度计、真空泵、离心机、抽滤器、组织研磨器或其他细胞破碎器、高压蒸汽消毒器(锅)(1.1～1.4 kg/cm^2)、透明度计、赛氏盘(又称透明度盘，是以较厚的白铁片剪成直径 200 mm 的圆盘，在板的一面从中心平分为 4 个部分，以黑白漆相间涂布。正中心开小孔，穿一铅丝，下面加一铅锤，上面系小绳，在绳上每 10 cm 处用有色丝线或漆做上一个

标记即可)、具塞磨口比色管(25 mL)、乙酸纤维滤膜(孔径 0.45 μm)。

2. 试剂

(1)碳酸镁粉末。

(2)丙酮溶液:90%(V/V)。

(3)浓硫酸。

(4)硫酸溶液:50%(V/V)。

(5)硫酸溶液:0.5 mg/L。

(6)过硫酸钾溶液:50 g/L。

(7)抗坏血酸溶液:100 g/L。贮存于棕色试剂瓶中低温冷藏。

(8)钼酸盐溶液:溶解 13 g 钼酸铵[$(NH_4)_6Mo_7O_{24}\cdot 4H_2O$]于 100 mL 水中。溶解 0.35 g 酒石酸锑钾[$KSbC_4H_4O_7\cdot 0.5H_2O$]于 100 mL 水中。在不断搅拌下把钼酸铵溶液徐徐加入 300 mL 50%(V/V)硫酸溶液中,再把酒石酸锑钾溶液加入且混合均匀。贮存于棕色试剂瓶中低温冷藏。

(9)总磷测定浊度-色度补偿液:混合两个体积的 50%(V/V)硫酸溶液和一个体积的抗坏血酸溶液。使用当天配制。

(10)磷标准贮备液:50 mg/L。称取(0.2197±0.001) g 于 110 ℃干燥 2 h 并在干燥器中放冷的磷酸二氢钾(KH_2PO_4),用水溶解后转移至 1000 mL 容量瓶中,加入约 800 mL 水后加 5 mL 50%(V/V)硫酸溶液,稀释至标线并混匀。

(11)磷标准使用液:2 mg/L。将 10.0 mL 磷标准溶液转移至 250 mL 容量瓶中,用水稀释至标线并混匀。使用当天配制。

(12)无氨水:在 1000 mL 蒸馏水中加入 0.10 mL 浓硫酸,并在全玻璃蒸馏器中重蒸馏,弃去前 50 mL 馏出液,然后将馏出液收集在带有玻璃塞的玻璃瓶中待用。

(13)氢氧化钠溶液:0.5 mg/L。

(14)碱性过硫酸钾溶液:称取 40 g 过硫酸钾($K_2S_2O_8$),另称取 15 g 氢氧化钠,溶于无氨水中,稀释至 1000 mL。溶液存放在聚乙烯瓶内。

(15)盐酸溶液:10%(V/V)。

(16)硝酸钾标准贮备液:100 mg/L。硝酸钾在 105~110 ℃烘箱中干燥 3 h,在干燥器中冷却后,称取 0.7218 g,溶于无氨水中,移至 1000 mL 容量瓶中,用无氨水稀释至标线,加入 1~2 mL 三氯甲烷保存。

(17)硝酸钾标准使用液:10 mg/L。将硝酸钾标准贮备液用无氨水稀释 10 倍而得。使用时配制。

(18)吸附剂氢氧化铁或二氧化钛。

[实验步骤]

选取学校附近的天然或人工湖泊作为研究水体。

1. 叶绿素 a 的测定

(1)水样采集与保存:根据水深情况进行分层取样或混合取样,一般采集 500 mL,如浮游植物数量较少也可采集 1000 mL。水样采集后放在阴凉处,避免日光直射,并最好进行过滤和分析。如需短期保存，可在每升水中加 1 mL 1%碳酸镁悬浊液低温(0～4 ℃)避光保存；长期保存可低温(－20 ℃)冷冻保存。

(2)样品分析：将水样(500～1000 mL)倒入装有乙酸纤维滤膜(孔径为 0.45 μm)的抽滤器中抽滤，水滤完后继续抽 1～2 min 以减少滤膜水分。取出带有浮游植物的滤膜放入冰箱中低温干燥 6～8 h 后放入组织研磨器中，加少量碳酸镁粉末及 2～3 mL 90%丙酮，充分研磨提取。提取液置于离心管中，3000～4000 r/min 离心 10 min，将上清液倒入 10 mL 容量瓶中。重复加丙酮、研磨、离心、分离过程 2～3 次，直至沉淀物不含绿色。最后将上清液定容到 10 mL，摇匀，用 10 mm 比色皿在分光光度计上分别读取 750、663、645、630 nm 波长的吸光度，并以 90%的丙酮作空白吸光度测定，对样品吸光度进行校正。

2. 总磷的测定

(1)取样与样品制备：样品采集后每 500 mL 水样加入 1 mL 浓硫酸保存，或不加任何试剂在低温(0～4 ℃)条件下保存。

用移液管准确移取 15.00 mL 样品于 25 mL 具塞磨口比色管中。取样时注意仔细摇匀，以获取具有代表性的试样。样品浓度高时可适当减少取样量。

(2)样品分析

①消解。向比色管中加入 4 mL 过硫酸钾溶液，将比色管的玻璃塞盖紧后用一小块棉布和棉线将玻璃塞扎紧(或用其他方法固定)，放在有水的大烧杯中置于高压蒸汽消毒器内加热，待压力达 1.1 kg/cm^2，相应温度为 120 ℃时，保持 30 min 后停止加热。待压力表读数降至零后取出比色管放冷。如用硫酸保存水样，消解前需先用氢氧化钠溶液将试样调至中性。

②显色与比色。向冷却后的比色管中加入 1 mL 抗坏血酸溶液，混匀，30 s 后加 2 mL 钼酸盐溶液，充分混匀，定容至刻度。室温下放置 5 min 后，用 30 mm 比色皿，在 700 nm 波长下，以试剂空白作参比，测定吸光度。

③空白试样。如试样中含有浊度或色度时，需配制一个空白试样：取 15 mL 水样，同法进行消解，消解后加入 3 mL 浊度-色度补偿液，但不加抗坏血酸溶液和钼酸盐溶液，充分混匀后定容，以试剂空白作参比测定吸光度。

④工作曲线。取 7 支具塞比色管，分别加入 0、0.50、1.00、3.00、5.00、10.00、15.00 mL 磷酸盐标准溶液，加水至约 20 mL。同样加 1 mL 抗坏血酸溶液，混匀，30 s 后加2 mL 钼酸盐溶液，混匀定容。放置 5 min 后用 30 mm 比色皿在 700 nm 波长处以试剂空白作参比，测定吸光度，并根据对应的磷含量绘制工作曲线。

3. 总氮的测定

(1)取样与样品制备：在水样采集后立即放入冰箱在低于 4 ℃的条件下保存，但不得超过 24 h。若水样放置时间较长，可在 1000 mL 水样中加入 0.5 mL 浓硫酸酸化并尽快测定。

样品测试前用 0.5 mg/L 氢氧化钠溶液或硫酸溶液调节 pH 为 5～9。用移液管移取 10.00 mL 样品于 25 mL 具塞磨口比色管中。样品浓度高时可适当减少取样量。

(2)样品分析

①消解。向比色管中加入 5 mL 碱性过硫酸钾溶液，将比色管的玻璃塞盖紧后用一小块棉布和棉线将玻璃塞扎紧(或用其他方法固定)，放在有水的大烧杯中置于高压蒸汽消毒器内加热，待压力达 1.1～1.4 kg/cm^2，相应温度为 120～124 ℃时，保持 30 min 后停止加热。待压

力表读数降至零后取出比色管放冷。

②比色。在比色管中加入 1 mL 10%(V/V)盐酸溶液，用无氨水稀释至标线，混匀。用 10 mm 石英比色皿在紫外分光光度计上，以试剂空白作参比，分别在波长为 220 nm 和 275 nm 处测定吸光度。

若样品含悬浮物时，同样进行处理，只是在比色之前，待溶液澄清后再移取上清液比色。

③工作曲线。取 6 支具塞比色管，分别加入 0、0.50、1.00、3.00、5.00、10.00 mL 硝酸钾标准使用液，加无氨水稀释至约 10.00 mL，依次加入 5 mL 碱性过硫酸钾溶液、1 mL 10%(V/V)盐酸溶液，用无氨水稀释至标线，混匀，同法进行测定。

按照下式计算校正吸光度

$$A_r = A_{220} - 2A_{275} \tag{4}$$

式中：A_r 为校正吸光度；A_{220} 为溶液在 220 nm 波长处的吸光度；A_{275} 为溶液在 275 m 波长处的吸光度。

按校正吸光度，根据相应的 NO_3^--N 含量绘制工作曲线。

4. 透明度的测定

透明度较低时可采用铅字法，透明度较高时可采用赛氏盘法，分别介绍如下。

(1)铅字法：铅字法使用带有标准印刷符号的透明度计进行测定。透明度计应在光线充足的实验室内，放在离直射阳光窗户约 1 m 的地点。

将振荡均匀的水样立即倒入筒内至 30 cm 处。从筒口垂直向下观察，如不能清楚地看见印刷符号，缓慢地放出水样，直到刚好能辨认出符号为止。记录此时水柱高度的厘米数，估计至 0.5 cm，最后将单位换算为 m。

(2)塞氏盘法：塞氏盘法是一种现场测定透明度的方法，利用一个白色圆盘沉入水中后，观察到不能看见它时的深度。将盘在船的背光处或岸边水深背光处平放入水中，逐渐下沉，至恰恰不能看见盘面的白色时，记取其深度即为透明度数，以 cm 为单位。观察时需反复 2～3 次，取平均值，最后将单位换算为 m。

5. 磷的吸附等温线实验

(1)吸附剂浓度为 5 g/L，吸附质体积为 20 mL。分别称取 $Fe(OH)_3$ 吸附剂各 6 份，每份 0.10 g，分别置于 50 mL 锥形瓶或离心管中。

(2)用 25 mL 容量瓶依次配制浓度分别为 5.00、25.00、50.00、100.00、120.00、150.00 mg/L 磷标准系列溶液，取出 1 mL 溶液至 2 mL 离心管中(贴好标签)待测初始磷浓度 c_0。再用定容移液管准确移取 20.00 mL 容量瓶中液体至三角瓶中。

注：由低浓度至高浓度移取，过程中使用小于 5 mL 的容量瓶中液体对移液管进行充分润洗。

(3)充分摇晃三角瓶，使固液混合均匀。利用 0.01 mol/L 和 0.1 mol/L 的 HCl 和 NaOH 调节三角瓶中悬浊液 pH 至 7.0±0.2，盖上瓶塞后置于恒温振荡器上反应约 2 h(当调节 pH 时，先使用浓度低的酸和碱进行调节，与预期值变化差异较大时再换高浓度酸，此处建议使用 0.01 mol/L HCl)。

(4)振荡达平衡后，准确移取 2 mL 浑浊液至 2 mL 离心管中，于 20000 r/min 离心 5 min，取上层澄清溶液测平衡磷浓度 c_e。磷浓度测定方法参照《水质 总磷的测定 钼酸铵分光光度法》(GB 11893—1989)方法测定 c_0 和 c_e，注意浓度超过标准曲线时进行样品稀释(磷测定的浓度范围为 0.01～0.60 mg/L)。

(5)绘制磷的吸附等温线图，选择 Langmiur 模型对其进行拟合，得到最大吸附容量。

(6)吸附量 $Q=\frac{(c_0-c_e)\times V}{m}$，其中 V 为吸附溶液体积，m 为吸附剂质量。

6. pH 对磷吸附的影响实验

(1)吸附等温线实验的样品放入摇床后，开始准备此实验样品。准备完成后取出摇床中实验一样品，将此样品转移到摇床中。下午统一测定两个实验的磷浓度。

(2)分别称取 $Fe(OH)_3$ 吸附剂各 6 份，每份 0.10 g，分别置于 50 mL 锥形瓶或离心管中。

(3)用 200 mL 容量瓶配制浓度为 25.00 mg /L 的磷溶液，取出 1 mL 至离心管中待测初始磷浓度 c_0。

(4)向三角瓶中依次加入 20.00 mL 步骤(3)所配制的磷溶液，充分将固液混匀后，利用 0.01 mol/L 和 0.1 mol/L 的 HCl 和 NaOH 调节 pH 至 3.0、4.0、5.0、6.0、7.0 和 8.0。贴好标签，盖上瓶塞后置于恒温振荡器上反应约 2 h(当调节 pH 时，先使用浓度低的酸和碱进行调节，与预期值变化差异较大时再换高浓度酸)。

(5)振荡达平衡后，准确移取 2 mL 浑浊液至 2 mL 离心管中，于 20000 r/min 离心 5 min，取上层澄清溶液测平衡磷浓度 c_e。按照《水质 总磷的测定 钼酸铵分光光度法》(GB 11893—1989)方法测定磷浓度(包括 c_0 和 c_e)，注意浓度超过标准曲线时进行样品稀释。

(6)绘制 pH 对磷吸附影响曲线图，并解释说明 pH 影响磷吸附量的原因。

[实验数据记录及结果]

1. 评价指标浓度计算

(1)叶绿素 a：

$$\text{叶绿素 a 质量浓度}=[11.64\times(A_{663}-A_{750})-2.16\times(A_{645}-A_{750})+0.1\times(A_{630}-A_{750})]\times V_1/V \quad (5)$$

式中：V 为水样体积，L；A 为吸光度；V_1 为提取液定容后的体积，mL。

(2)总磷：根据所测样品吸光度，利用标准曲线查得磷的含量(μg)。如试样有浊度或色度而测定了空白试样，需扣除相应空白试样对应的磷含量。然后根据下式计算水样总磷质量浓度

$$TP=m/V \quad (6)$$

式中：m 为根据标准曲线查得的磷含量，μg；V 为测定用水样体积，mL。

(3)总氮：利用标准曲线查得 NO_3^--N 的含量(μg)。然后根据下式计算水样 NO_3^--N 质量浓度

$$TN=m/V \quad (7)$$

式中：m 为根据标准曲线查得 NO_3^--N 含量，μg；V 为测定用水样体积，mL。

2. 评价

根据"评价原理与方法"部分的介绍，利用测得的叶绿素 a、总磷、总氮和透明度的数据计算加权综合营养状态指数 TSI_{Σ}，并根据所得 TSI_{Σ} 对湖泊营养状态进行分级和评价。

3. 吸附等温线

吸附量用公式(8)计算

$$Q=\frac{(c_0-c_e)\times V}{m} \tag{8}$$

式中：c_0 为起始质量浓度，μg/mL；c_e 为平衡浓度，μg/mL；V 为加入磷溶液的体积，mL；m 为吸附剂质量，g；Q 为磷在吸附剂上的吸附量，μg/g。

利用 Langmuir 方程，通过线性回归分析，求出饱和吸附容量 Q_{max}。

利用计算出的吸附量与最终测定到的溶液 pH，绘制 pH-Q 曲线，讨论不同 pH 条件下磷吸附量的变化与机理。

[注意事项]

(1)测定总磷和总氮所用玻璃器皿均应先用稀盐酸浸泡，然后再洗净待用，测定总氮时应使用无氨水进行冲洗。

(2)进行总磷的测定时：①对于含磷量较少的水样不要用塑料瓶取样，因磷酸盐易吸附在塑料瓶壁上。②当砷大于 2 mg/L 干扰测定时，可用硫代硫酸钠去除；硫化物大于 2 mg/L 干扰测定，可通氮气去除；铬大于 50 mg/L 干扰测定，可用亚硫酸钠去除。

(3)使用高压蒸汽消毒器时注意安全。

(4)吸附实验注意控制 pH。

[思考题]

(1)被测水体的富营养化状况如何？其主要的氮、磷来源可能有哪些？应如何控制？

(2)查阅文献，了解我国湖泊水库的富营养化状况。

(3)湖库水的哪些指标可能与富营养化有关？有什么样的关系？

(4)磷在金属氧化物上的吸附受哪些因素影响？

实验 6-8　河流沉积物中汞的存在形态分析

[实验目的]

(1)了解形态分析的意义，学习测定沉积物样品中各种形态汞的方法。

(2)学习冷原子荧光测汞仪的使用方法。

[实验原理]

化学形态通常是指某种元素在环境中存在的具体形式，包括价态、化合态、结合态和结构状态等几个方面。研究表明，元素的活动性、迁移途径、生物有效性及毒性等主要取决于其形态，而不是其总量。因此，形态分析成为上述研究及污染防治的关键，对于评价环境质量、确定环境容量等都有重要意义。目前，国内外广泛使用化学浸提法来进行河流沉积物中金属元素的形态分析，即用合适的试剂分步萃取不同地球化学相所结合的金属，根据萃取剂的萃取能力判断重金属的结合形态、方式及其活动性。

汞是水体中重要的重金属类污染物，具有严重的毒性，且其毒性的大小不仅与其总量有关，还与其存在形态有关。例如，甲基汞的毒性比无机汞高 100 倍，著名的八大公害事件之一的“水俣病”即由甲基汞引起。而且有研究表明，甲基汞的移动性要比无机汞至少高一个数量级以上。汞进入水环境中后有相当一部分会通过吸附络合等作用进入沉积物中“贮存”起来，这些汞随时有释放的可能，具有明显的生态风险。而且，汞的甲基化也是在沉积物中完成的。沉积物中这些汞的释放能力与汞的存在形态密切相关。因此，分析河流沉积物中汞的存在形态，对于探明汞的迁移转化途径、了解其生态风险、评价河流对汞的自净能力及治理汞污染等都具有重要的意义。

本实验采用连续化学浸提法测定沉积物中汞的存在形态：参照美国环保局（USEPA）的标准方法（EPA Method 3200），根据各种形态汞在不同浸提液中的溶解度，选用 3 种萃取条件来分离不同形态的汞。根据所选萃取条件的不同，定义了 3 种形态：移动态、半移动态和非移动态。

测定可萃取态汞时，在较高温度下取一定体积的溶剂萃取样品，萃取在微波照射或超声辅助下进行。萃取液与残余样品分离，其中的汞用冷原子吸收法测定。萃取液还可以通过固相萃取等方法实现无机汞和有机汞的进一步分离，通过 HPLC 等方法还可实现每种具体成分的分离。残余样品通过连续酸萃取和消解把不可萃取态汞分为半移动态汞和非移动态汞，不同萃取态汞对应的汞的具体存在形式见表 6-3。

表 6-3 不同萃取态汞对应的具体存在形式

基于萃取操作的汞形态			汞的具体形态
总汞	可萃取态汞（可移动和毒性汞）	可萃取态有机汞（烷基汞）	CH_3HgCl，CH_3CH_2HgCl
		可萃取态无机汞（可溶无机汞）	$HgCl_2$，$Hg(OH)_2$，$Hg(NO_3)_2$，$HgSO_4$，HgO，Hg^{2+} 配合物
	不可萃取态汞	半移动态汞	Hg^0，Hg^0-M^*，Hg^{2+} 配合物，Hg_2Cl_2（小部分）
		非移动态汞	Hg_2Cl_2（大部分），HgS，HgSe

汞沸点很低，易挥发，可以根据原子吸收光谱分析的原理，用冷原子吸收法来测定。测定时汞离子能定量地被亚锡离子还原为金属汞，用冷原子吸收测汞仪，在常温下利用汞蒸气对 253.7 nm 汞共振线的强烈吸收来测定溶液中的汞含量，吸收强度的大小与汞原子蒸气浓度的关系符合比耳定律。

[实验器材]

1. 仪器

冷原子吸收测汞仪、恒温振荡器、离心机、微波消解仪（配带微波消解管）或超声清洗器、恒温水浴锅、pH 计、细口反应瓶(100 mL)、玻璃注射器(20 mL)、玻璃纤维滤膜(0.45 μm)。

2. 试剂

(1)汞标准溶液:准确称取 0.1354 g 氯化汞(分析纯)溶于 50 mL 10%硫酸及 10 mL 1%重铬酸钾溶液中,用去离子水定容至 1000 mL,得到 0.1 g/L 汞标准贮备液。移取此标准贮备液 5.0 mL,与 50 mL 10%硫酸及 10 mL 1%重铬酸钾溶液混合,用去离子水稀释定容至 1000 mL,得 0.5 mg/L 汞标准使用溶液。

(2)溴化剂:溴酸钾(0.1 mg/L)溴化钾(1%)溶液。称取 1.67 g 分析纯溴酸钾和 0.1 g 分析纯溴化钾,混合溶解,去离子水定容至 100 mL。

(3)盐酸羟胺(12%)-氯化钠(12%)溶液:称取 1.2 g 分析纯盐酸羟胺和 1.2 g 分析纯氯化钠,混合溶解,去离子水定容至 100 mL。

(4)10%氯化亚锡溶液:称 1.0 g 分析纯氯化亚锡,去离子水溶解并定容至 100 mL。

(5)盐酸硝酸混合溶液:1∶6∶7(*V*/*V*/*V*)(盐酸∶硝酸∶水溶液)。取 5 mL 浓盐酸、30 mL 浓硝酸、35 mL 去离子水混合均匀。

(6)盐酸乙醇混合溶液:2.0%(*V*/*V*)盐酸,10%(*V*/*V*)乙醇溶液。取 2.0 mL 浓盐酸、10 mL 分析纯乙醇,用去离子水定容至 100 mL。

(7)醋酸缓冲溶液:0.2 mg/L,pH=3.0。去离子水溶解 11.4 mL 醋酸和 0.2789 g 无水醋酸钠(或 0.4627 g 三水醋酸钠),定容至 1 L。测量其 pH,如有必要可用浓的盐酸或氢氧化钠溶液调节至 3.0 左右。

(8)硝酸溶液:4 mg/L。取 69 mL 浓硝酸,用去离子水溶解定容至 200 mL。

(9)硝酸溶液:0.5 mg/L。取 125 mL 4 mg/L 硝酸溶液,用去离子水稀释至 1 L。

(10)1∶2(*V*/*V*)硝酸溶液。

(11)1∶1(*V*/*V*)盐酸溶液。

(12)氯离子检测剂:0.1 mg/L 硝酸银溶液。称取 1.7 g 分析纯硝酸银,用少量去离子水溶解,加入 0.6 mL 浓硝酸,用去离子水定容至 100 mL。

[实验步骤]

1. 样品的前处理

采集足够量的河流沉积物样品。如果沉积物样品中的汞含量过低而无法准确测定,可在实验之前进行人为污染:在采集的新鲜含水沉积物中加入汞标准贮备液,使每千克湿泥约含 3~5 mg $HgCl_2$,放置 2 周,然后置于阴凉、通风处自然风干。必要时可将样品在 40 ℃的烘箱中烘干 48 h。干燥后挑除石块和其他杂质,粉碎并过 60 目筛,贮存备用。

2. 不同形态汞的浸提方法

1)可移动态汞

对于可移动态的汞的萃取方法,现提供以下两种方法,可任选其一。

(1)微波辅助消解:

①称取(1.0±0.2) g 粒径均匀的风干沉积物,置于微波消解管中。

②在每个管中各加入 10.0 mL 4.0 mg/L 硝酸溶液和 1 个磁力搅拌子。

③密封微波消解管,开启微波照射和磁力搅拌,在 2 min 内升温至 100 ℃,并保持 100 ℃

消解 10 min。

④待消解管冷却后，用 0.45 μm 玻璃纤维滤膜过滤萃取液，用 0.5 mg/L 硝酸溶液定容至 50 mL，在 4 ℃条件下保存，5 d 之内测定。

(2)超声辅助消解：

①称取(1.5±0.5) g 样品于离心管中。

②加入 2.5 mL 盐酸乙醇混合溶液于每个样品中，注意密封。

③将样品振荡 1 min，3000 r/min 下离心 1 min。测上层溶液的 pH，如果大于 3，滴加浓盐酸，再振荡，离心，测定 pH，重复此过程直到上层溶液 pH 在 1.5～3。在滴加盐酸之前可先加几滴(1 滴≈0.05 mL，不多于 5 滴)醋酸缓冲溶液(0.2 mg/L，pH＝3.0，以减少加入的试剂总量)。

④振荡样品 1 min，在(60±2) ℃下超声 7 min。

⑤在(3100±100) r/min 下离心样品 5 min，轻轻倒出上层溶液。

⑥重复这个萃取过程(第②、④、⑤步)3 次，重复时可不再进行 pH 的调节。把几次收集到的萃取液置于同一容器中。

⑦加 2.5 mL 二次水于残余样品中。振荡 1 min，离心 1 min，把上层水溶液与第⑥步的溶液混合，用 0.5 mg/L 的硝酸溶液定容至 50 mL，待测。

2)半移动态汞

半移动态汞的提取方法如下。

①在上一步萃取的剩余残渣中加入 5 mL 二次水，振荡 1 min，在(60±2) ℃下超声 1 min。在 3200 r/min 下离心 5 min，收集上清液。

②在上述上清液中滴加 2～3 滴氯离子检测剂。若有白色沉淀或白色浑浊物形成，说明此溶液中有氯离子存在。重复这两步操作直至检测不出氯离子为止。将上清液弃去。

③加 5 mL 1∶2(V/V)硝酸溶液于上述残渣中，加塞后振荡样品 1 min。

④在(95±2)℃下水浴加热混合物 20 min。

注：加热过程中可能会有气体溢出，因此容器若不是耐压的，器皿塞应该盖松一些。建议使用耐压管。

⑤离心 5 min，将上层溶液转入适宜的容器中。

⑥重复③、④、⑤过程 1 次，将所有萃取液放在一起。

⑦在剩余的固体样品中加 5 mL 水，振荡 1 min，在(3100±100)r/min 下离心 5 min。倒出上清液，与上述萃取液放在一起。这种溶液中即含有半移动态的汞。用 0.45 μm 玻璃纤维滤膜过滤待测。

3)非移动态汞

非移动态汞的提取方法如下。

①加 5 mL 盐酸硝酸混合液于上述残余中，注意容器密封，振荡 1 min。

②在(95±2)℃下加热混合物 20 min，同样会有气体溢出，注意瓶塞盖松些。

③(3100±100) r/min 下离心混合物 5 min，转移上层溶液至适当容器中。

④重复①、②、③过程 1 次，将两次上层溶液放在一起。

⑤在剩余样品中加 5 mL 水，旋转 1 min，离心 5 min，倾倒出上层清液，与上述萃取液放在一起，则其中含有非移动态的汞。用 0.45 μm 玻璃纤维滤膜过滤待测。

3. 测定方法

(1)标准曲线的绘制:取 0.5 mg/L 的汞标准溶液 0.2、0.3、0.4、0.5、0.6 mL 分别加到 100 mL 细口反应瓶中,再加入 5%的 HNO_3 溶液使体积为 19 mL,然后加入 1.0 mL 10% $SnCl_2$ 溶液,加盖橡胶反口塞,摇动 10 min 后,用 20 mL 玻璃注射器取出 10 mL 气体,注入冷原子吸收测汞仪的吸收池中,测定透光率。根据汞含量与透光率的关系,绘制标准曲线。

(2)样品中汞的测定:取一定体积的浸提液于反应瓶中,加入溴化剂 1 mL、1∶1 盐酸溶液 2~3 mL,摇匀,放置 5 min,滴加盐酸羟胺氯化钠溶液至黄色消失,再多加 1~2 滴。用 5%的硝酸溶液稀释至 19 mL,加入 1.0 mL 10% $SnCl_2$ 溶液,使溶液体积达 20 mL,密闭。手摇振荡 1 min 后,放置 10 min,用注射器抽取 10 mL 气体注入测汞仪吸收池内测定透光率。

[实验数据记录及结果]

在标准曲线上查出各浸提样品的透光率所对应的汞的含量,由此计算出沉积物样品中各种形态汞的含量,最后计算出沉积物样品中总汞含量。根据实验数据讨论分析水体沉积物样品中汞的存在形态,对比不同形态汞的含量,分析沉积物中汞的生物可利用性。

[注意事项]

汞的测定也可采用冷原子荧光法或流动注射冷原子吸收等方法。

[思考题]

(1)查阅文献,了解汞的其他形态分析方法及其各自特点。

(2)冷原子吸收测汞仪的工作原理是什么?

第7章 环境微生物学实验

实验7-1 实验室设置及主要仪器、器皿和常用玻璃器皿的清洗和包装

[实验目的]

(1)熟悉微生物实验室的设置及设备仪器。

(2)熟悉实验室内常用的玻璃器皿的名称和规格。

(3)掌握常用玻璃器皿的清洗和包装方法。

[实验原理]

为保证微生物实验的顺利进行,微生物实验室一般应设有准备室、洗涤和灭菌室、无菌室和普通实验室。这些实验室共同特点是地板和墙壁便于打扫卫生,不积灰尘。微生物实验室内使用的玻璃器皿使用前必须清洗干净。对于无菌实验,有些玻璃器皿清洗烘干后还须进行包装盒包扎等,经过灭菌后才可使用。本实验内容是进行微生物实验前的准备工作,必须谨慎对待,以便达到预期的实验结果,得到令人信服的数据,若操作不规范将直接影响实验结果。

[实验器材]

超净台、天平(感量 1/1 g 的托盘天平;感量 1/100 g 的扭力天平;感量 1/1000 g 和 1/10000 g 的分析天平)、鼓风干燥箱、高压蒸汽灭菌锅、恒温培养箱、分光光度计、pH 计、培养皿、试管、移液管、锥形瓶、清洗工具(试管刷)、量筒、1 mL 及 200 μL 移液枪和枪头、包扎绳、报纸、皮筋等。

[实验步骤]

1. 玻璃器皿的洗涤

(1)新购置的玻璃器皿的清洗:新购置的玻璃器皿,因含有游离碱,常呈微碱性,使用前先用洗衣粉或水洗净,然后在 2%(质量分数,以下同)的稀盐酸中浸泡 2～3 h,取出后再用清水清洗干净;也可以用肥皂水或洗涤灵稀释液煮沸 30～60 min,取出后用清水洗净,再用蒸馏水冲洗 1～2 次,干燥后包扎好,灭菌备用。

(2)旧的玻璃器皿的清洗:用过的玻璃器皿如无病原菌或未被菌体污染,可用去污粉或洗洁精进行刷洗,再用清水冲洗干净;如带活菌的玻璃器皿,需经过高压蒸汽灭菌,趁热倒出培养基,也可用清水煮沸,倒掉培养基,然后再刷洗;带菌载玻片和盖玻片,使用后应立即放入 0.25%新洁尔灭溶液中或 5%石炭酸溶液中消毒 24 h 后,用镊子取出在清水中冲洗干净。

(3)培养皿的清洗：带有含琼脂培养基的器皿可以先将培养基剔除，或者加热使培养基熔化后倒出，然后用去污粉或洗洁精进行清洗，再用自来水冲洗，最后用蒸馏水清洗干净。若培养基带有致病菌，则应经过高压蒸汽灭菌后才可刷洗。冲洗干净后，将培养皿全部倒扣在桌面上，摆放整齐，晾干。

(4)移液管的清洗：使用过的移液管应在石炭酸溶液中浸泡过夜，或经高压蒸汽灭菌后再进行清洗，最后用蒸馏水冲洗干净，晾干或烘干备用。微量移液管又称移液枪，用来吸取微量液体，其特点是量程在一定范围内可调，容量固定、准确，操作方便，安装与之匹配的枪头后即可使用。如无特殊要求，枪头经清洗灭菌后可再次使用。

(5)试管和锥形瓶的清洗：使用过的试管或锥形瓶，用毛刷蘸取去污粉或洗涤剂去除污渍，后用自来水冲洗，再用蒸馏水冲洗干净，倒置晾干或烘干后备用。

(6)载玻片和盖玻片的清洗：新的载玻片或盖玻片先用肥皂水、2%盐酸或洗涤灵浸泡或煮沸 5～10 min，再用水冲洗，最后用蒸馏水冲洗，晒干备用；或以软绢布擦干后，浸于含 2%盐酸的 95%酒精中，使用时在火焰上烧去酒精即可。

带微生物的载玻片，可先浸于 5%的石炭酸或 1∶50 的新洁尔灭菌溶液中消毒，然后用镊子取出，依前法冲洗干净备用。

注：用过的器皿最好立即洗涤，洗涤后可放置室温自行风干或置于 100 ℃鼓风干燥箱烘干。

2. 清洗后玻璃器皿的干燥

清洗干净的玻璃器皿可置于架子上自然控干水分。如若急用，也可放在烘箱中(80～120)℃烘干水分，待温度降至 60 ℃后方可取出器皿。

3. 玻璃器皿的包装和包扎

(1)在微生物实验中培养皿是用于微生物培养的器皿，可用于菌种的分离、纯化及活细胞计数等。实验室常用的培养皿皿底直径 90 mm，高 15 mm。

进行培养皿包扎时，将洗净烘干的培养皿 8～10 套为 1 组叠放整齐，用报纸包装成筒状，或直接放入特定的不锈钢套筒中进行灭菌。

(2)移液管：移液管可用于吸取转移溶液和菌悬液等，常用规格有 1、2、5、10 mL 等。

进行移液管包扎时，在洗净烘干的移液管吸口处塞入长 0.5～1 cm 的普通棉花，松紧合适，用以阻挡杂菌，防止污染。灭菌前，可以将多支吸口处塞好棉花的移液管尖端朝下放入玻璃或铜制的圆筒中，盖上筒盖，然后在筒外包上牛皮纸后进行灭菌。

若单支移液管包扎灭菌，首先将报纸裁剪成宽为 5 cm 左右的长条，其中一端折成长度约为 4 cm 的双层区域。然后将移液管尖端放在双层区域上，使移液管和纸条夹角保持在 30°～40°，滚卷移液管，使纸条呈螺旋状包裹住移液管，并让纸条留有一定长度用于打结，防止纸条散开，并标记移液管容量。最后将多支包扎好的移液管用报纸或牛皮纸包扎成捆后再进行灭菌。

(3)试管和锥形瓶：根据尺寸不同，试管可分为大试管、中试管、小试管。不同规格的试管有不同的用途。大试管和中试管可用于制作斜面培养基、盛放液体培养基、稀释菌悬液或微生物振荡，小试管主要用于细菌发酵或血清学实验。锥形瓶多用于盛放培养基、摇瓶发酵液和生理盐水等，其规格一般有 100、150、250、500、1000 mL。

在试管和锥形瓶灭菌之前，均需在试管口或锥形瓶瓶口盖上硅胶塞或制作的棉塞（一般来说硅胶塞的透气性不如棉塞）。棉塞可以阻挡空气中的微生物进入容器内，起到一定过滤作用。棉塞要紧贴玻璃内壁，无缝隙，松紧合适，过紧不易塞入或损坏管口，过松容易脱落和污染。棉塞的直径和长度一般由试管口或锥形瓶瓶口大小而定，棉塞长度不小于管口直径的2倍。制作棉塞时将3/5～2/3的棉塞塞入口内。

①根据管口大小，取普通棉花（非脱脂棉）制作棉塞，使其大小适合试管口或锥形瓶口。

②将棉花展开成近似方形，使其中间偏厚，四周较薄。

③将近似方形的棉花的一角向内折起，形状呈现五边形。

④将五边形下边的一角折叠卷成圆柱状，注意使柱状内棉花紧实些。

⑤在呈圆柱状棉花的基础上，将左边一角向内折叠后继续卷折棉花成型，然后将棉塞外的棉絮缠绕在棉塞上，使棉塞外部平整圆润。

洗净烘干的试管加塞后，可以单独包扎，也可用皮筋包扎成捆后用报纸或牛皮纸包住试管，再用皮筋扎紧。如果成捆的试管中间有部分试管易滑落，可以先用皮筋将易滑落的中间位置的试管和其旁边的试管捆好后再进行包扎成捆。

[实验数据记录及结果]

记录主要的实验器具洗涤方法和注意事项。

[注意事项]

(1)玻璃器皿洗涤时注意破碎，以防扎伤等危险事故。

(2)培养皿包扎时注意摆放方向，防止包扎松散。

[思考题]

为什么用后的玻璃器皿要立即清洗？

实验7-2 消毒与灭菌

[实验目的]

(1)了解常用的消毒和灭菌的方法。

(2)掌握常用的消毒和灭菌的原理。

(3)掌握消毒和灭菌仪器设备的操作方法及注意事项。

[实验原理]

1. 干热灭菌

干热灭菌分为干热空气灭菌和火焰直接灼烧。

干热空气灭菌是利用高温使微生物细胞膜破坏和细胞内蛋白质变性达到灭菌目的，相对湿度通常在2%以下。长时间干热可导致微生物细胞膜破坏、细胞内蛋白质变性和原生质干燥，使微生物永久失活。微生物细胞内蛋白质凝固性与本身含水量有关。微生物在受热时，环境与体内的含水量越高，蛋白质凝固越快；含水量越低，凝固越慢。因此，干热空气灭菌法采用的温度一般比湿热灭菌法高。细菌的繁殖体在干燥状态下 80～100 ℃ 1 h 可被杀死；芽孢需要加热至 160～170 ℃ 2 h 才杀灭。为了保证灭菌效果，一般规定：135～140 ℃灭菌 3～5 h；160～170 ℃灭菌 2～4 h；180～200 ℃灭菌 0.5～1 h。

火焰直接灼烧是将待灭菌物体直接在火焰上灼烧以达到灭菌目的。该法适用于耐高温的玻璃和金属制品以及不允许湿热气体穿透的油脂（如油性软膏基质、注射用油等）和耐高温的粉末化学药品的灭菌，不适合橡胶、塑料及大部分药品的灭菌。

干热灭菌时应注意：①不要将塑料制品等不耐高温的器皿放入，物品不要摆放太挤，以免妨碍空气流通；②灭菌物品不要接触干燥箱内壁的铁板，以防包装纸烤焦起火；③灭菌时人不能离开；④灭菌结束后不要忘记关掉电源；⑤待温度降到 60℃以下再打开，否则冷热空气交替，玻璃器皿容易炸裂或发生烫伤事故。

2. 湿热灭菌

湿热灭菌是指利用高温蒸汽穿透的能力杀灭微生物。相同温度下，湿热灭菌的效果比干热灭菌好，原因是蛋白质含水量多则凝固点低，湿热灭菌过程中，微生物吸收水分，蛋白质易凝固。此外，湿热穿透力比干热强，且湿热存在潜热，蒸汽液化也会放热，进而增强灭菌效果。湿热灭菌作用可靠，操作简便，是目前常用的灭菌方式。灭菌温度与时间的关系如下：115 ℃(68 kPa)/30 min，121 ℃(98 kPa)/20 min，126 ℃(137 kPa)/15 min。湿热灭菌可杀灭包括芽孢在内的所有微生物。

3. 紫外线灭菌

波长在 260～280 nm 范围的紫外线有很强的杀菌作用，260 nm 的紫外线杀菌能力最强。人工生产的紫外灯可以产生波长 253.7 nm 的紫外线，杀菌能力强。紫外线灭菌的原理是利用紫外线被蛋白质与核酸吸收这一特性，从而使这些物质失活。另外，空气在紫外线的照射下产生的臭氧可以辅助杀菌。由于紫外线的穿透能力较弱，所以紫外线可用于空气的灭菌以及物体表面的灭菌。为增强紫外线灭菌效果，在打开紫外灯之前，可以用石炭酸等消毒剂进行杀菌，无菌室内的桌椅可以用 2%～3%的来苏儿擦拭消毒，再打开紫外灯，增强灭菌效果。

4. 过滤除菌

过滤除菌是利用微孔材料的静电吸附和机械阻力等将带菌液体或气体进行抽气过滤。在微生物实验中，一些热不稳定的物质如血清、维生素和抗生素等，采用过滤除菌法进行除菌。过滤除菌可除去细菌，但不能除去支原体和病毒等粒子。其最大的特点是不破坏培养基的成分。过滤除菌的过滤器种类很多，主要分为以下几种。

(1)蔡氏滤器：蔡氏滤器由一个金属漏斗和石棉制成的滤板组成。细菌通过石棉因过滤和吸附作用被截留，每次过滤必须用新的滤板。过滤时，将石棉滤板紧紧夹在上下两节滤器之间，待滤菌的溶液在滤器中被抽滤。滤板根据其孔径大小分为三种型号：EK-S 型、EK 型、K 型，孔径依次增大，孔径小的可用于过滤病毒，孔径大的可用于澄清溶液，孔径介于两者之间的可用于过滤除去细菌。蔡氏滤器是实验室中常用的滤器。

(2)滤膜滤器：滤膜滤器与蔡氏滤器结构相似，其滤膜采用醋酸纤维和硝酸纤维等制成。

每张滤膜只能用1次。此法过滤的优点是滤速快，吸附性小，不足之处是滤液量小，一般适用于实验室溶液过滤除菌，滤膜孔径一般是0.45 μm。如果要除去病毒，则需要使用孔径更小的微孔滤膜。

(3)玻璃滤器：玻璃滤器由玻璃制作而成，滤板由玻璃细沙粉烧结而成，呈板状结构。根据孔径大小不同，玻璃滤器分为很多类型，其中G5、G6用于截留细菌。玻璃滤器吸附量少，每次使用过后需要用水反复清洗，并在含1% KNO_3的浓硫酸溶液中浸泡24 h，再用蒸馏水冲洗。为检查是否冲洗干净，可以在冲洗液中滴加少许$BaCl_2$，若不出现沉淀表示玻璃滤器被冲洗干净。

(4)姜伯朗氏滤器：姜伯朗氏滤器由素瓷制作而成，一端开口，待过滤的液体因负压作用由漏斗进入柱心，慢慢过滤，细菌被截留。其不足之处是滤速过慢。

[实验器材]

(1)实验设备和仪器：高压蒸汽灭菌锅、烘箱。

(2)待灭菌物品：包装好的玻璃器皿、待灭菌的蒸馏水和试管等。

[实验步骤]

1. 干热灭菌

干热灭菌分为火焰直接灼烧和干热空气灭菌。

火焰灼烧：将接种环、接种针和涂布棒等直接在火焰上灼烧。在无菌操作过程中，试管口和锥形瓶口也需要在火焰上进行灼烧灭菌，该灭菌方式在微生物分纯培养实验中进行练习。

干热空气灭菌：

(1)将待灭菌物质放入烘箱内，物品不得贴近烘箱内壁，摆放均匀，不可过挤，利于热空气流通和灭菌温度的维持。

(2)关闭烘箱门，接通电源，打开烘箱开关，设定温度在160～170 ℃范围内。

(3)待温度升至设定温度后，维持1～2 h即可。

(4)切断电源，待其自然降温。

(5)烘箱内温度降至60 ℃以下再打开烘箱门，取出灭菌物品，注意防护，小心烫伤。

2. 湿热灭菌

将待灭菌物品放入高压蒸汽灭菌锅内，在121 ℃下维持20 min或115 ℃下维持30 min，具体操作在培养基配制实验中详细介绍。

[实验数据记录及结果]

记录灭菌的实验器具和材料的名称、数量、种类以及无菌检查情况。

[注意事项]

(1)干热灭菌的温度不能超过180 ℃，否则易烧焦包住瓶塞的报纸或棉线，引起火灾。

(2)干热灭菌结束后，待温度降至60 ℃以下再打开烘箱，否则温度骤降会导致玻璃器皿炸裂造成危险事故。

[思考题]

(1)湿热灭菌和干热灭菌的原理是什么?

(2)常用的灭菌方法主要适用于哪些物品的灭菌?

实验 7-3 光学显微镜使用技术及微生物形态观察

[实验目的]

(1)熟悉光学显微镜的结构和使用原理。

(2)掌握显微镜的操作方法及维护的基本知识。

(3)掌握相关微生物样品的制备方法。

[实验原理]

显微镜镜筒两端各有一组透镜,每组透镜的作用相当于一个凸透镜,靠近眼睛的凸透镜叫作目镜,靠近被观察物体的凸透镜做物镜,而来自被观察物体的光经过物镜后成一个放大的实像,目镜的作用像普通放大镜,将像再放大一次。经过两次放大作用,就可以看到肉眼看不见的小物体。

1. 构造

光学显微镜由机械装置和光学系统组成,如图 7-1 所示。

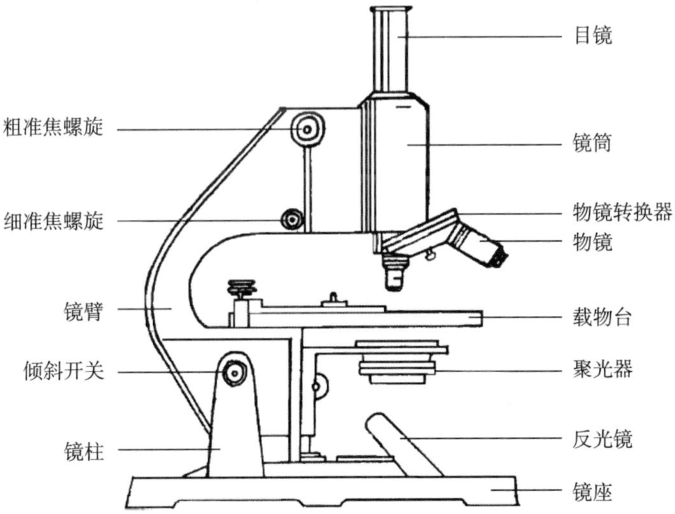

图 7-1 普通光学显微镜构造

(1)机械装置

①镜座和镜臂。镜座位于显微镜底部,镜臂用来支持镜筒,稳固和支持显微镜。

②镜筒。镜筒是上连目镜、下连转换器的圆筒,长度一般固定,由金属制成。

③物镜转换器。物镜转换器是安装物镜的圆盘。物镜的安装顺序一般按照放大倍数由低到高安装，根据实验需要选用。转换物镜时，用手推转圆盘进行物镜切换。

④载物台。载物台用于放置玻片。载物台上装有压片夹和移动器，压片夹用于固定玻片，移动器可以调节玻片位置，使其前后左右移动。有些移动器上标有刻度，可用于标记玻片的位置，利于重复观察。

⑤调节器。调节器由粗准焦螺旋和细准焦螺旋组成，用于调节物镜和玻片之间的距离，使物像清晰。细准焦螺旋旋转一周可使物镜上升或下降约 0.1 mm，粗准焦螺旋旋转一周可使物镜上升或下降约 10 mm。

(2)光学系统

①物镜。物镜的作用是放大玻片，产生物像。物镜第一次将玻片放大，形成倒立的像。物镜直接影响显微镜的分辨率，是显微镜中最重要的部件。物镜一般分为低倍镜(10×)、中倍镜(20×)、高倍镜(40×～60×)以及油镜(100×)等，油镜上刻有“OI”或“H”，有的刻有黑线或红线加以区分。物镜上标有放大倍数、数值孔径、工作距离(玻片至物镜下端的距离，mm)以及盖玻片厚度等。以高倍镜(40×)为例，40/6.25 表示放大倍数为 40 倍，数值孔径为 6.25；160/0.17 表示工作距离为 160 mm，盖玻片厚度为 0.17 mm。

②目镜。目镜的作用是把经物镜放大的物像再次放大。目镜结构比较简单，由两块透镜组成，上端为目透镜，下端为聚透镜，在两个透镜之间有一个光阑，其大小决定了视野的大小。由于物镜放大后的像落在光阑平面上，所以在光阑上可以安装目镜测微尺。目镜上标示其放大倍数，因为不同放大倍数的目镜的口径大小一致，所以不同倍数的目镜可以互换使用。

显微镜总的放大倍数是物镜和目镜放大倍数的乘积。所以，不同的物镜和目镜搭配，其分辨率也随之改变。在总放大倍数相同的条件下，20 倍物镜和 20 倍目镜的组合不如 40 倍物镜和 10 倍目镜组合分辨率高。

③聚光器。聚光器安装于载物台下方，用于聚集光线，其经反光镜反射聚焦于玻片上，增强光线强度，使物像更加清晰，便于观察。聚光器下有可调节的、由金属薄片制作的光圈，用于调节光的强度以及数值孔径的大小。观察颜色较浅或较透明的玻片时，应选择小一些光圈，便于看清玻片。使用低倍镜时，应将聚光器下降；反之，使用高倍镜时，应将聚光器升到最高位置。

④反光镜。反光镜位于聚光器下方的镜座上，作用是收集光线，并将其投射于聚光器上。反光镜有两面镜子，一面是凹面镜，另一面是平面镜。它们可以在水平与垂直两个方向上进行旋转。光源充足时使用平面镜，光线较暗时使用凹面镜。

2.成像原理

光学显微镜是通过透镜进行放大的。单透镜组合在一起形成的透镜相当于凸透镜，放大效果好，可以消除色差和像差。玻片经物镜后先形成一个倒立的实像；当光线传到目镜时，倒立的实像被放大成一个正立的虚像；该像与实物相反，然后传递到视网膜上，人眼看到的是实物被放大后的虚像。

油镜使用的原理：油镜，即油浸接物镜，如图 7-2 所示，当光线由反光镜通过玻片与镜头之间的空气时，由于空气与玻片的密度不同，光线受到曲折，发生散射，降低了视野的照明度。若中间的介质是一层油(其折射率与玻片的相近)，则几乎不发生折射，增加了视野的进光量，从而使物像更加清晰。

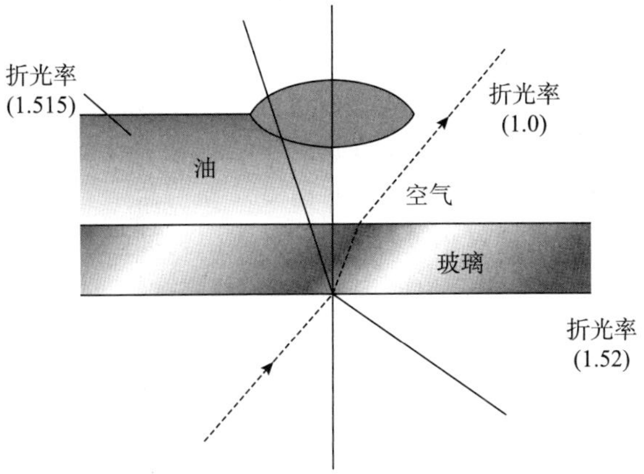

图 7-2　干燥物镜与油浸接物镜光线通路

[实验器材]

普通光学显微镜、环境微生物玻片标本、实际环境样品(污水、污泥或湖泊水等)、擦镜纸、香柏油、载玻片、盖玻片、镊子、酒精灯等。

[方法步骤]

1. 水浸片标本制备

取污泥样液 1 小滴滴于载玻片上(若污泥浓度太大则用水稀释。用生物膜制片时可用镊子从填料上刮下一小块生物膜,用蒸馏水稀释,制成菌液),小心地盖上盖玻片,以免产生气泡。

注:①水浸片长时间观察后,可能会变干,影响观察,要及时更换;②原生动物以纤毛虫为主,游泳型和固着型都很多,若游泳速度很快,调低物镜倍数观察;③轮虫经常可见。个体较纤毛虫大,注意观察前端的轮器和后端的足趾;④藻类中绿藻、硅藻较常见,有时可见螺旋藻(蓝细菌);⑤注意观察是否出现胞囊。

区分杂质与生物体:生物体形态通常较规则,较透明,有可见的细胞内含物,细胞膜光滑、完整、连续,不会有尖锐的凸起。

2. 显微镜观察

(1)打开显微镜光源:将显微镜置于身体正前方的实验台上,打开显微镜,调节光的亮度将低倍镜对准通光孔。低倍镜视野范围较大,便于发现目标进行观察。上升聚光器,调节反光镜,直至视野中出现均匀的亮光为止。

(2)放置标本:降低载物台,或者上调镜筒,将待观察的玻片标本置于载物台的通光孔处,用玻片夹固定玻片,然后使物镜逐渐靠近载物台上的玻片。

(3)调节焦距:用目镜观察的同时转动粗准焦螺旋,如果物像模糊,可以轻微调节细准焦螺旋,直至物像清晰。

(4)观察:根据视野中的物像,观察并记录图像相关信息或者拍照记录。

(5)转换高倍镜:如果需要精细观察,则需要更换高倍物镜。转动转换器时,要从显微镜侧面观察物镜是否会碰到载物台上的玻片,以免损伤物镜及玻片。用目镜观察,调节粗准焦螺旋至物像出现，再微调细准焦螺旋，直至物像清晰，将待观察的部位移至视野中央，准备用油镜进行进一步观察。

(6)用油镜观察：聚光器上升到最高处，光阑开到最大。用高倍镜确定好观察部位后，转动粗准焦螺旋，让载物台和物镜远离，在观察的玻片部位滴加一滴香柏油，然后从侧面观察，将油镜转到工作位置，下降镜筒或升高载物台，将油镜浸入香柏油中，避免镜头与玻片相撞。用目镜进行观察，缓慢调节粗准焦螺旋至出现模糊物像，再用细准焦螺旋缓缓调节至物像清晰。认真观察并绘制视野中的相应图像或者拍照记录实验结果。

(7)显微镜用后处理：关闭电源，上升镜筒或下降载物台，取出玻片。先用擦镜纸擦去镜头上的油，然后再用擦镜纸蘸取少量二甲苯擦去残留的油，最后用擦镜纸擦去残留的二甲苯，后将镜体全部复原。将物镜转成“八”字形，将载物台降至最低，聚光器调至最低，最后将显微镜放入相应的镜箱中。

注：若是按照操作步骤看不到目的物时，可能有两种情况：①接物镜镜头下降还不到位；②抬起镜头时速度过快，用力不均，以至眼睛捕捉不住一闪而过的物像。此时，需按照最开始的步骤重新操作。

即使多次没操作成功，也绝不能在接目镜已经接触到香柏油的情况下，采取眼睛对着接目镜，边观察，边用粗准焦螺旋寻找目的物的操作方法。

[实验数据记录及结果]

认真观察并绘制在不同视野、不同放大倍数下，视野中的相应图像，或者拍照记录实验结果。

[注意事项]

(1)不准擅自拆卸显微镜的任何部件，以免损坏。

(2)镜面只能用擦镜纸擦，不能用手指或粗布，以保证光洁度。

(3)观察标本时，必须依次用低、中、高倍镜，最后用油镜。当目视接目镜时，特别在使用油镜时，切不可使用粗准焦螺旋，以免压碎玻片或损伤镜面。

(4)观察时，两眼睁开，养成两眼能够轮换观察的习惯，以免眼睛疲劳，并且能够在左眼观察时，右眼注视绘图。

(5)当拿显微镜时，一定要右手拿镜臂，左手托镜座，不可单手拿，更不可倾斜拿。

(6)显微镜应存放在阴凉干燥处，以免镜片滋生霉菌而腐蚀镜片。

[思考题]

(1)移动显微镜时应注意什么？

(2)油镜与普通物镜在使用方法上有何不同？为什么使用油镜要将聚光器升到最高位置？

(3)使用油镜时，滴加香柏油的作用是什么？

(4)镜检标本时，为什么先用低倍镜观察，而不是直接用高倍镜或油镜观察？

实验7-4　培养基的种类、配制及灭菌

[实验目的]

(1)了解微生物培养基的用途、种类和配制原理。

(2)掌握微生物培养基的配制方法和灭菌方法。

(3)熟悉分离、培养微生物前的有关准备工作及操作方法。

[实验原理]

培养基是根据微生物正常生长繁殖或代谢产物累积的需要,用人工方法配制的营养基质。把培养基置于一定容器中,就能为微生物提供一定生长繁殖的环境。在培养基配制的过程中,由于营养物质组成和容器可能含有微生物,配制好的培养基必须立即灭菌,否则其中含有的微生物在生长繁殖过程中会消耗培养基内的营养成分,影响后续实验。

掌握培养基的配制及灭菌方法是微生物学实验的基本技能之一。人工配制培养基是为了给微生物生长代谢创造一个适宜的环境,为培养、分离、纯化、鉴定和保藏微生物提供基本实验条件。由于微生物具有不同的营养类型,对营养物质的需求也不尽相同,因此培养基的种类也有很多。此外,根据实验目的和研究方法的不同,培养基的组成也有差异。根据培养基的物理状态不同,可分为固体培养基、半固体培养基和液体培养基。根据培养基组成成分不同,可分为天然培养基、合成培养基和半合成培养基。根据培养基的用途不同,可分为基础培养基、选择培养基、加富培养基和鉴别培养基。

针对不同的微生物,应选择不同的培养基。培养分离异养微生物时,一般细菌常用牛肉膏蛋白胨培养基;放线菌常用高氏1号培养基;霉菌、酵母菌常用马铃薯培养基(PDA);功能微生物(如产氢发酵细菌)常采用选择性培养基。

1.培养基的主要成分

(1)水:水是构成微生物细胞的重要组成成分,占其含量的70%～90%,有重要的生理功能。微生物细胞内进行的代谢合成都是在水溶液状态下完成的,同时大部分营养物质需要先溶于水才能被微生物利用。因此,水是微生物生命活动的必要条件。配制培养基可以用自来水或蒸馏水。自来水含有微量杂质,可作为营养物质被微生物吸收利用。蒸馏水不含有杂质,能够保证实验结果的准确性。

(2)碳源:碳源是微生物的重要营养物质,是微生物细胞的主要组成成分,用于合成细胞组成物质,提供微生物生命活动所需能量。配制培养基所用的碳源有很多种类,葡萄糖是主要的碳源,其他碳水化合物如淀粉、纤维素、麦芽糖、蔗糖,以及脂肪、蛋白质、有机酸烃类、醇类等也可以作为碳源。

(3)氮源:氮源是细胞蛋白质的主要组成成分。除了部分固氮微生物能够利用气态氮源,其他微生物都只能利用化合氮作为氮源。配制培养基所用的氮源分为无机氮源和有机氮源两种,无机氮源主要有铵盐和硝酸盐等,有机氮源主要有牛肉膏、蛋白胨、氨基酸和酵母膏等。此

外，一些含蛋白质较高的农副产品，如豆饼粉、花生饼粉、鱼粉等也可为微生物提供氮源。

(4)无机盐：许多矿物质是微生物的生理调节剂或是酶的组成成分，如钙、镁、铁、磷等。配制培养基时，一般用这些元素的盐，如硫酸镁、氯化铁、磷酸二氢钾、硫酸亚铁、硫酸锰等作为矿物质营养。用天然植物性或动物性物质制备培养基，因为物质本身含有矿物质元素，所以不添加或只添加少量无机盐。除有特殊的营养要求，配制培养基时一般不添加微量元素，因为组成培养基的其他营养物质或者天然水就可以满足微生物生长繁殖所需的微量元素。

(5)生长因子：部分微生物在培养过程中还需要添加生长因子，如微生物、氨基酸等，这些生长因子具有维持微生物正常生长代谢的作用。

2. 培养基的配制流程

(1)称量药品；

(2)溶解(先无机再有机的顺序)；

(3)调节 pH；

(4)过滤澄清(一般情况下可省略该步骤)；

(5)分装；

(6)加塞；

(7)包扎；

(8)灭菌。

[实验器材]

(1)药品及试剂：K_2HPO_4、KH_2PO_4、$MgSO_4$、$FeSO_4$、Na_2HPO_4、淀粉、蛋白胨、伊红(曙红 Y)、美蓝(亚甲蓝)、NaCl、牛肉膏、1 mol/L NaOH、1 mol/L HCl、琼脂、乳糖、可溶性淀粉、葡萄糖、酵母粉、*L*-半胱氨酸。

(2)仪器及其他：高压蒸汽灭菌锅、试管、pH 试纸、药匙、称量纸、棉线、天平、量筒、漏斗、三角瓶、烧杯、白瓷杯、硅胶塞、高纯氮气、记号笔等。

[实验步骤]

(1)伊红亚甲蓝固体培养基：蛋白胨 10 g，乳糖 10 g，K_2HPO_4 2 g，琼脂粉 15～20 g，蒸馏水1000 mL，pH 7.2～7.4(2%伊红水溶液 20 mL，0.5 %亚甲蓝水溶液 13 mL)。

注：因含有乳糖成分，培养基需单独灭菌，115 ℃(68 kPa)/30 min；伊红和亚甲蓝分别单独分装试管内，灭菌，121 ℃(98 kPa)/20 min；灭菌完，混合后倒平板。

配制方法：

①根据培养基的配方，计算所需药品量。

②称量：按量依次准确地称取药品。

③量取所需蒸馏水的体积，选用少量水将琼脂调成糊状，再将剩余水的 2/3 倒入烧杯中加热，依次加入称量好的样品(须等上一个药品完全溶解后，再加入下一个样品)，当水将要煮沸时，在不断搅拌的条件下，加入琼脂糊，并用剩余的水清洗烧杯，清洗的水也全部转入培养基中。

④调 pH：用 1 mol/L HCl 或 1 mol/L NaOH 调 pH 至指定值。

⑤过滤：趁热用多层纱布过滤(本实验无须过滤)。

⑥分装：将熔化的固体培养基趁热分装至锥形瓶或试管中。

注意事项：分装完毕后，需要用棉塞(或硅胶塞)堵住管口(或瓶口)。堵棉塞的主要目的是过滤空气，避免污染。棉塞应采用普通新鲜、干燥的棉花制作，不要用脱脂棉，以免因脱脂棉吸水使棉塞无法使用。棉塞(或硅胶塞)塞入管口或瓶口中，应紧贴内壁不留缝隙，以防空气中微生物沿皱褶侵入。棉塞(或硅胶塞)不要过紧或过松，塞好后，以手提棉塞(或硅胶塞)，管、瓶不下落为合适。棉塞(或硅胶塞)的 2/3 应在管内或瓶内，上端露出少许塞尾便于拔取。塞好棉塞(或硅胶塞)的试管和锥形瓶应盖上厚纸用绳捆扎，准备灭菌。

(2)营养肉汤固体培养基：牛肉膏 3 g，蛋白胨 5 g，琼脂粉 15～20 g，NaCl 5 g，蒸馏水 1000 mL，pH 7.2～7.4，灭菌 121 ℃，0.1 MPa，20 min。

注：以上用于配制斜面试管培养基，可用来保存后期试验筛选得到的大肠杆菌和枯草芽孢杆菌。

当该培养基中的 NaCl 添加量为 75 g 时，用于培养金黄色葡萄球菌。

配制方法：同伊红亚甲蓝固体培养基配制步骤。

(3)淀粉固体培养基：牛肉膏 5 g，蛋白胨 10 g，氯化钠 5 g，可溶性淀粉 20 g，蒸馏水 1000 mL，pH 7.0～7.2，琼脂 15～20 g，灭菌 121 ℃，0.1 MPa，20 min。

配制方法：同伊红亚甲蓝固体培养基配制步骤。

(4)产氢发酵细菌选择性液体培养基：葡萄糖 10 g，KH_2PO_4 3.63 g，*L*-半胱氨酸 0.5 g，$MgSO_4 \cdot 7H_2O$ 0.37 g，酵母粉 1 g，蛋白胨 4 g，Na_2HPO_4 14.33 g，蒸馏水 1000 mL 和 pH 6.5～7.0，灭菌 115 ℃，30 min。

配制方法：

①根据培养基的配方，计算所需药品量。

②称量：按量依次准确地称取药品。

③量取所需蒸馏水的体积，适当多量取 2～3 倍的蒸馏水至所用容器中，当水将要煮沸时，依次加入药品，待一个药品溶解后再加入下一个药品，直至全部溶解后，将培养基煮沸并煮至培养基体积为所需的体积，在高纯氮气保护下，用 1 mol/L HCl 或 1 mol/L NaOH 将培养基的 pH 至指定值。

④分装：将液体培养基分装至厌氧瓶或厌氧管中。

⑤灭菌。

注：厌氧培养基，煮沸时间不能低于 30 min；培养基煮沸过程中防止溢出；培养基充氮气不低于 10 min。

[实验数据记录及结果]

记录培养基名称、配制时间和数量。

[注意事项]

(1)蛋白胨易吸潮，称量时动作要迅速。称量药品时药匙不可混用，取完药品后要及时盖上瓶盖。

(2)在琼脂熔化过程中，要不断进行搅拌，防止琼脂溢出或糊底。

(3)配制培养基不要用铁锅或通过铁锅进行加热熔化，防止金属离子进入培养基中，影响微生物生长。

(4)配制含有微量元素的培养基时，可以先配制成高浓度的贮备液再进行取用。

[思考题]

(1)培养基配好后，为什么必须立即灭菌？如何检查灭菌后的培养基是无菌的？

(2)配制培养基加入琼脂的目的是什么？

(3)配制培养基的基本程序是什么？

(4)厌氧培养基配制需要注意哪些问题？

实验 7-5 微生物的分离、培养和接种技术

[实验目的]

(1)学习从环境(土壤、水体、活性污泥、垃圾、堆肥)中分离培养细菌的方法，从而掌握一些常用的分离和纯化微生物的方法。

(2)学习掌握稀释平板分离法分离环境微生物的技术。

(3)学习掌握无菌操作技术。

[实验原理]

分离微生物：一般是根据该微生物对营养、pH、溶解氧等要求的不同，供给它们适宜的生活条件，或加入某种抑制剂造成只利于该菌种生长，不利于其他菌种生长的环境，从而淘汰不需要的菌种。分离方法用稀释平板分离法，其最终目的是要在培养基上出现欲分离微生物的单个菌落，同时还可以测定样品中所含有的被分离的微生物的数量。具体操作方法有以下三种：

(1)平板划线法：平板划线法是将混杂生长的菌种通过平板分区划线以获得单菌落的方法，即把混杂生长的微生物通过平板上多次划线，让单个细胞独立存在，培养后获取单菌落，这种单菌落就是微生物纯培养物。具体的划线方式见图 7-3，可以采用连续划线法，也可以采用分区划线法。用灭菌后的接种环挑取适量菌体，在平板上连续划平行线即为连续划线法，若先在平板的一边即一区划平行线，烧去残留菌种，冷却后通过一区朝二区划致密的平行线，然后用相同的方法分别在三区和四区划平行线。四个区域的面积不同，区域面积从一区至四区依次增大，各区之间的夹角一般为 120°左右。

(2)稀释倒平板法：将待分离的材料用无菌水作一系列稀释，然后取不同稀释液与已熔化并冷却至 50 ℃的琼脂培养基混合，摇匀后倒入灭过菌的培养皿中，待琼脂凝固后制成琼脂平板，培养一定时间后可出现菌落。如果稀释得当，平板表面可出现分散的单菌落，可能就是由一个细菌繁殖而成，挑取该单菌落，重复以上操作，可得到纯培养。

(3)涂布平板法：涂布平板法是把待分离的微生物样品用无菌生理盐水稀释后，取一稀释

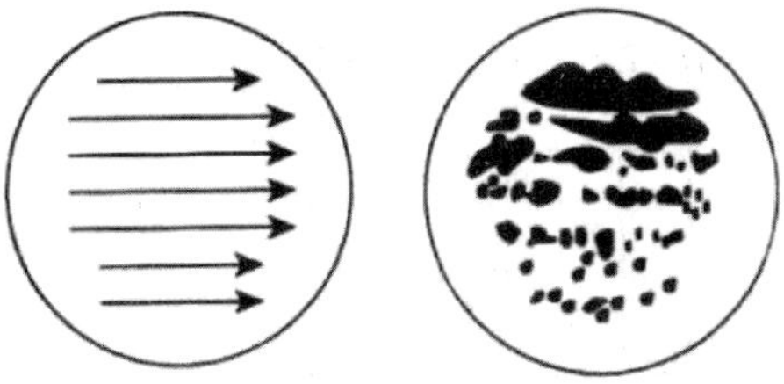
(a) 平板划线法及细菌生长情况

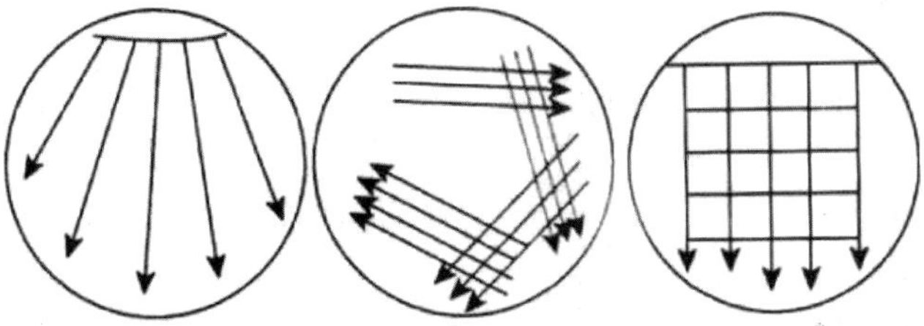
(b) 扇形划线法　(c) 平板分区划线法　(d) 方格划线法

图 7-3　不同平板划线法示意图

度适宜的菌液适量加入无菌平板表面，然后用无菌涂布棒将菌液均匀地涂布在平板表面，在适宜条件下培养，平板表面出现单菌落。挑取单菌落接种至斜面培养基上培养，即获得初步分离的菌种。

[实验器材]

(1)"实验 7-1"准备的无菌培养皿 30 套，无菌移液枪头 1 套，无菌水 1 瓶、无菌水试管 12 支。

(2)环境样品：水样(地表水体或污水处理厂出水)、土壤样品(表层 5～10 cm 土层)、厌氧反应器发酵液等。

(3)恒温培养箱、酒精灯、涂布棒、注射器、气浴振荡器、玻璃珠。

[方法步骤]

(1)取样：用无菌锥形瓶现场取一定量的水样或土壤样品，带回实验室。

(2)梯度(逐级)稀释

土样：将土壤样品随机称取 10 g，加入装有 90 mL 无菌水带玻璃珠的三角瓶中，旋转震荡 30 min，静置 10 min 后作逐级稀释，逐级稀释见图 7-4，用无菌吸管吸取不同稀释度菌悬液 0.1 mL 或 0.2 mL 涂布平板。

水样：取 10 mL 水样移至装有 90 mL 无菌蒸馏水或生理盐水试管，充分振荡均匀，作为 10^{-1}浓度水样备用，然后逐级稀释，最后得到不同浓度水样，用无菌吸管吸取不同稀释度菌悬液 0.1 mL 或 0.2 mL 涂布平板。

(3)平板的制作

①将重新熔化的培养基，冷却到 50 ℃左右，然后在火焰旁倾倒入培养皿中，每只培养皿中倒入 15～20 mL 的培养基，降至室温，凝固后倒扣在桌面上。

具体操作如下：倒平板时，先用左手握住锥形瓶的底部，倾斜锥形瓶，用右手旋松棉塞，然

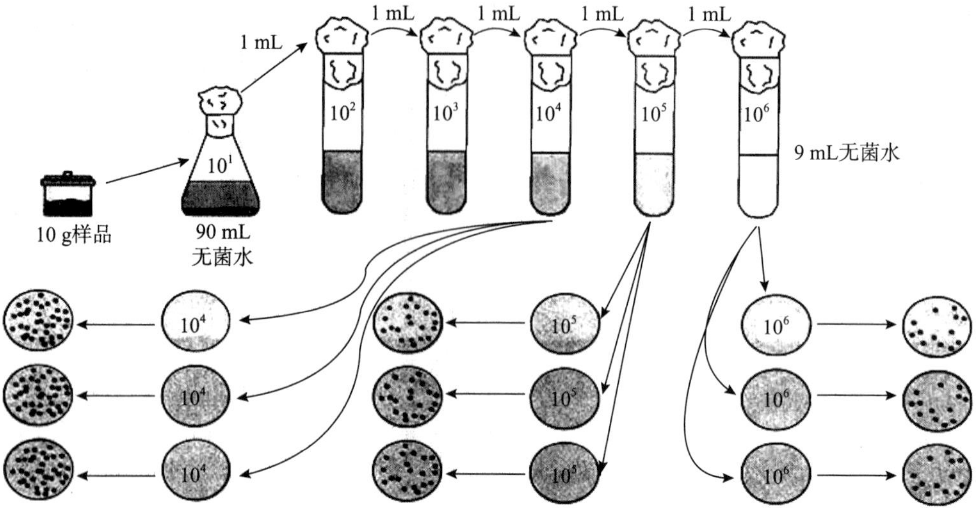

图 7-4　稀释倒平板法分离微生物示意图

后用右手的小指和手掌边缘夹住棉塞并将它拔出(切勿将棉塞放在桌面上),随之将瓶口周缘在火焰上过一下(不可灼烧,以防爆裂),杀死可能沾在瓶口外的杂菌。然后将锥形瓶从左手传至右手中(用右手的拇指、食指和中指拿住三角瓶的底部),在这操作过程中瓶口应保持在离火焰 2～3 cm 处,瓶口始终向着火焰。左手拿起一套培养皿,用中指、无名指和小指托住培养皿底部,用食指和大拇指夹住皿盖并开启一缝,恰好能让三角瓶伸入,随后倒出培养基。一般倒入约 12 mL 的培养基即可铺满整个皿底。盖上皿盖,置水平位置等待凝固。然后再将三角瓶移至左手,瓶口再次过火并塞紧棉塞。平板培养基的冷凝方法有两种,一种是将平板一个个摊开在桌面上冷凝;另一种是将几个平板叠在一起冷凝。前者冷凝速度较快,在室温较高时采用;而后者冷凝速度较慢,可在室温较低时采用,其优点是形成冷凝水少,尤其适用于平板划线等的需要。

②填写标签,并将标签贴在培养皿底部的边缘,或用油性记号笔标记于培养皿底部边缘。

③涂布:将涂布器浸在盛有酒精的烧杯中;取少量菌液(0.1 mL),滴加到培养基表面;将沾有少量酒精的涂布器在火焰上引燃,待酒精燃尽后,冷却 8～10 s;用涂布器将菌液均匀地涂布在培养基表面。

④将涂抹好的平板平放于桌上 20～30 min,使菌液渗透入培养基内,表面液体晾干后,然后将平板倒转。

⑤将接好菌的培养皿,倒转放置于培养箱中,在 37 ℃培养 22～24 h。

(4)厌氧接菌

①取 50 mL 沼液(或事先活化好的厌氧产氢种子液)于摇床中活化 30 min;

②利用注射器按照 1%～10%接种量进行接种,抽取一定量的种子液注入产氢培养基中,混匀后放置在摇床中恒温培养 24～48 h。

[实验数据记录及结果]

将涂布平板分离的结果记录于表 7-1 中,并绘制或拍照记录实验结果。

表 7-1　实验结果记录表

菌落分离结果		涂布平板法		
		10^{-4}	10^{-5}	10^{-6}
菌落数/皿	大肠埃希菌			
	金黄色葡萄球菌			
	枯草芽孢杆菌			
外形特征	大肠埃希菌			
	金黄色葡萄球菌			
	枯草芽孢杆菌			

[注意事项]

(1)涂布平板时，涂布棒经灭菌后再进行冷却才能涂布，否则容易碰破培养基或者烫死菌体。

(2)每个稀释度用一个灭菌涂布棒，更换稀释度时需将涂布棒灼烧灭菌。在由低浓度向高浓度涂抹时，也可以不更换涂布棒。

[思考题]

(1)用一支移液管接种不同浓度的水样时，应怎样操作？

(2)为什么涂布棒灼烧后要在无菌的培养基上蘸一蘸？

(3)同一稀释度的菌液在不同的分离方法中出现的菌落数是否一样？

实验 7-6　废水中微生物的计数

[实验目的]

(1)了解和学习环境样品中微生物总数的测定原理和测定意义。

(2)了解和学习血球计数板的结构和计数原理。

(3)掌握稀释平板计数法操作步骤。

[实验原理]

(1)血球计数板计数：利用血球计数板在显微镜下计数微生物细胞(或孢子)的数目，是一种常用的微生物计数方法。其计数原理：将经过适当稀释的菌悬液或孢子悬液，加到血球计数板的计数室中，在显微镜下逐一计数。计数室的体积固定，为 0.1 mm^3，可以将在显微镜下计数的结果换算成单位体积样品的含菌量。利用此法计数得到的数值为死菌和活菌的总和，因此此法又被称为总菌计数法。

血球计数板是一块特制的载玻片(图 7-5),载玻片上有 4 条小槽。将载玻片中间部分分为 3 个平台,中间平台比两边低 0.1 mm。在中间平台有一短槽将其分为 2 个平台,在这 2 个平台上各有 1 个相同的方格。每个方格被分为 9 个大格,中央大格为计数室。计数室分为两种类型:一种是 1 个大格被分为 25 个中格,每个中格又被分为 16 个小格;另一种是 1 个大格被分为 16 个中格,每个中格又被分为 25 个小格。两种类型的计数室都是 400 个小格。此外,每个中格四周有双线标志,便于再区分。

计数室大方格边长为 1 mm,其面积为 1 mm^2,计数室与盖玻片高度差为 0.1 mm,所以计数室体积为 0.1 mm^3,每个小格的体积为 1/4000 mm^3。计数时,先计数几个中格(一般是 5 个)的含菌数,然后计算每个中格菌数的平均值,乘中格数,即可得出 1 个计数室中的总菌数,再乘 10^4(换算为 1 mL 的含菌量)和菌液稀释倍数,便得稀释前 1 mL 菌液的总菌数。

如果想要区分死菌和活菌,则需要采用活体染色法。活体染色是指利用某些无毒或毒性很小的染色剂染色,使死菌和活菌呈现不同的颜色,同时不影响细胞的生命活动、不产生导致细胞死亡的物理化学变化的染色方法。亚甲蓝是常用的活体染料,氧化态时呈现蓝色,还原态时呈现无色。用它进行活体染色时,旺盛的细胞代谢脱氢,亚甲蓝接受氢由氧化态变为还原态,细胞无色;衰老或死亡的细胞由于代谢缓慢或停止,亚甲蓝不被还原,细胞显淡蓝色或蓝色。

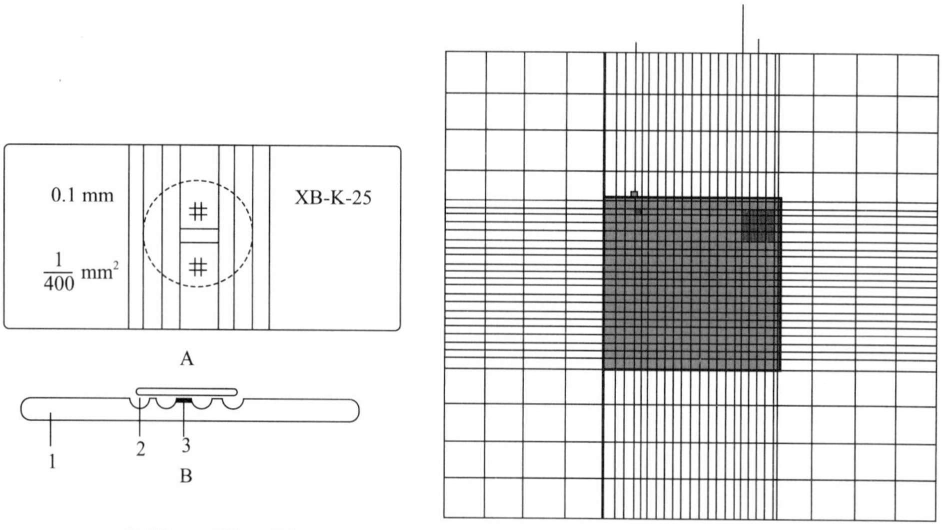

A.正面图　B.纵切面图　　放大后的方格网,中间大方格为计数室

1.血球计数板　2.盖玻片　3.计数室

图 7-5　血球计数板构造

(2)平板菌落计数法:在平板上形成的单个菌落是由一个细胞繁殖而成的子细胞群体。将待测微生物样品按比例稀释后,吸取一定量的不同稀释度的菌悬液至无菌培养皿里,然后及时倒入熔化且温度在 45 ℃左右的培养基中,立刻充分摇匀,静置冷凝。如果将菌悬液放在固体培养基上,要用灭菌的涂布棒将菌液涂布均匀。在适宜条件下培养后,将平板上的菌落数的均值换算为样品中单位体积的含菌数,再乘稀释倍数,即得样品中单位体积所含的活细胞数。样品稀释要适度,一般细菌菌液稀释后平板菌落数在 30～300 个即可,这样利于减少实验误差。平板菌落计数法可以计数样品中的活细胞数,但是操作繁琐,时间较长,测定值易受干扰,因此

有待进一步改进和完善。

[实验器材]

(1)菌种：前面实验中分离的大肠埃希菌、枯草芽孢杆菌、外购的模式菌株、酵母菌。

(2)试剂：亚甲蓝染液(亚甲蓝 0.025 g、NaCl 0.9 g、KCl 0.042 g、$CaCl_2 \cdot 6H_2O$ 0.048 g、$NaHCO_3$ 0.02 g、葡萄糖 1 g、蒸馏水 100 mL)、95%乙醇、生理盐水、pH 为 7 的磷酸盐缓冲液。

(3)仪器：显微镜、血球计数板。

(4)其他：盖玻片、滴管、锥形瓶、试管、擦镜纸、吸水纸等。

[实验步骤]

1. 血球计数板计数法

(1)血球计数板的清洗：先用自来水水流冲洗，然后用蘸有 95%乙醇的棉球轻轻擦拭后用水冲洗，再用吸水纸吸干多余水分。在显微镜下镜检，计数室无污渍和其他微生物即可使用。

(2)菌液稀释：取培养 48 h 的菌体斜面上少许菌苔于 10 mL 生理盐水中，充分振摇使菌体分散均匀。菌悬液经适当稀释后即可作为计数的菌液样品。菌液的稀释度一般为每一中格约有 15～20 个细胞数为宜。

(3)加样：把盖玻片盖在血球计数板的计数室上，用无菌滴管吸取混匀后的菌液滴在盖玻片于计数板相交的缝隙处，让菌液自行沿盖玻片与计数室之间的缝隙进入整个计数室，避免产生气泡。为避免菌液过多使盖玻片浮起导致计数室体积改变，可用镊子轻轻敲盖玻片，并用吸水纸将多余菌液吸去，静置数分钟。

(4)计数：将血球计数板放在显微镜下观察，先用低倍镜找到大方格，然后寻找大方格中的计数室，再把计数室移到视野中央，换用高倍镜进行观察。

计数时，对于 25×16 型计数板，通常选计数室中的左上、右上、左下、右下 4 角和正中间共 5 个中格进行计数；对于 16×25 型计数板，通常选取计数室左上、右上、左下和右下 4 角共 4 个中格进行计数。为提高精确度，对每个样品重复计数 3 次，取其平均值，然后按公式计算原菌液中的菌体数。

计数公式如下：

$$\text{菌数/(个/mL)} = 25(\text{或 } 16) \times 10^4 \times \text{稀释倍数} \times (X_1 + X_2 + X_3 + X_4 + X_5)/5$$

(5)清洗：计数结束，先用蒸馏水冲洗计数板和盖玻片，用吸水纸吸干，然后用乙醇棉球擦拭计数板，再用水冲洗，最后用擦镜纸擦干，将其放入计数板盒中。

2. 平板菌落计数法

(1)熔化培养基：将灭菌的牛肉膏蛋白胨培养基加热熔化，置于 50 ℃水浴中保温备用。

(2)分装稀释液：取 10 套无菌培养皿，依次编号为 10^{-4}、10^{-5}、10^{-6}(或至 10^{-8}，根据菌液浓度而定)，每个稀释度做 3 个重复，留下 1 个培养皿做对照。取无菌试管 6～8 支，依次编号为 10^{-1}、10^{-2}、10^{-3}、10^{-4}、10^{-5}、10^{-6}(或至 10^{-8}，根据菌液浓度而定)。在无菌操作条件下，用移液管或移液枪精确吸取 9 mL 无菌生理盐水/无菌水于上述编号的试管中。

(3)稀释菌液：在每次稀释菌液前，应充分摇匀菌液。用移液管或移液枪移取 1 mL 菌液

至 10^{-1} 试管中。更换移液管或枪头，在 10^{-1} 试管中吸吹样品数次，充分混匀，并精确移取 1 mL 菌液至 10^{-2} 试管中。依此类推，直至稀释到 10^{-6} 为止。稀释过程如图 7-4 所示。

(4)菌液转移：在装有稀释后菌液的试管 10^{-4}、10^{-5}、10^{-6} 中，分别用无菌移液管或移液枪吸取菌液 0.2 mL 移至相应编号的无菌培养皿中。

(5)倒入培养基并摇匀：菌液移入培养基后，要立即倒入 15～17 mL 熔化并冷却至50 ℃左右的培养基，并将平板平稳快速地沿前后、左右、顺时针以及逆时针等方向轻轻摇晃均匀，使待测定的菌体均匀分布在培养基中，便于计数。混匀后置于水平实验台上凝固。

(6)培养：将凝固后的平板倒置于 37 ℃培养箱中培养 48 h。

(7)计数：计数应选取菌落数在 30～300 的平板(行业标准要求为 25～250 个菌落)，若有 2 个稀释度均在 30～300 时，按国家标准方法要求应以二者比值决定，比值小于或等于 2 取平均数，比值大于 2 则取较小数字(有的规定不考虑其比值大小，均以平均数报告)。

①若所有稀释度均不在计数区间。如均大于 300，则取最高稀释度的平均菌落数乘以稀释倍数报告。如均小于 30，则以最低稀释度的平均菌落数乘稀释倍数报告。如菌落数有的大于 300，有的又小于 30，但均不在 30～300，则应以最接近 300 或 30 的平均菌落数乘以稀释倍数报告。如所有稀释度均无菌落生长，则应按小于 1 乘以最低稀释倍数报告。有的规定对上述几种情况计算出的菌落数按估算值报告。

②不同稀释度的菌落数应与稀释倍数成反比(同一稀释度的 2 个平板的菌落数应基本接近)，即稀释倍数越高菌落数越少，稀释倍数越低菌落数越多。如出现逆反现象，则应视为检验中的差错(有的食品有时可能出现逆反现象，如酸性饮料等)，不应作为检样计数报告的依据。

③当平板上有链状菌落生长时，如呈链状生长的菌落之间无任何明显界限，则应作为 1 个菌落计，如存在有几条不同来源的链，则每条链均应按 1 个菌落计算，不要把链上生长的每 1 个菌落分开计数。如有片状菌落生长，该平板一般不宜采用，如片状菌落不到平板一半，而另一半又分布均匀，则可以半个平板的菌落数乘 2 代表全平板的菌落数。

④当计数平板内的菌落数过多(即所有稀释度均大于 300 时)，但分布很均匀，可取平板的一半或 1/4 计数，再乘以相应稀释倍数作为该平板的菌落数。

(8)菌落数的报告：按国家标准方法规定，菌落数在 1～100，按实有数字报告；如大于 100，则报告前面 2 位有效数字，第 3 位数按四舍五入计算。固体检样以 g(克)为单位报告，液体检样以 mL(毫升)为单位报告，表面涂擦则以 cm^2(平方厘米)报告。

(9)后处理：将试管和平板在沸水中煮沸 5～10 min，倒出培养基，清洗干净后摆放整齐，晾干。

[实验数据记录及结果]

(1)血球记数板实验结果记录于表 7-2 中。

表 7-2 实验结果记录表

	中格菌数					中格菌数均值	大格总菌数	稀释倍数	菌数/(个/mL)
一室	X_1	X_2	X_3	X_4	X_5				
二室									

(2)涂布平板菌落实验结果记录于表 7-3 中。

表 7-3　平板菌落计数记录表

稀释度	10^{-4}				10^{-5}				10^{-6}			
	1	2	3	平均	1	2	3	平均	1	2	3	平均
CFU/板												
CFU/mL(g)												

[注意事项]

(1)在稀释菌液和转移菌液的过程中，不要混淆试管和培养皿，注意看清编号，并且要及时更换移液管或枪头。

(2)菌液加入培养皿后，要立即倒入培养基中赶快摇匀，防止菌液吸附于皿底，不利于形成单菌落，或避免培养基凝固导致的菌体分布不均匀。

(3)如果平板上出现过多菌落(菌落数超过 300 个/皿)或者染杂菌，应舍弃计数该平板的菌落。

[思考题]

(1)简述平板菌落计数的原理和适用范围。

(2)稀释的菌液移入培养皿后，如果不及时倒入培养基中摇匀，会导致什么不良结果?

(3)血球计数和平板菌落计数各有何优缺点?

实验 7-7　纯培养菌种的菌体、菌落形态观察

[实验目的]

(1)了解不同菌体的形态特征。

(2)通过观察比较细菌、放线菌、酵母菌及霉菌的菌落特征，初步达到鉴别简单菌落特征的能力。

[实验原理]

关于细菌的实验原理前面已介绍，本节不再赘述。

(1)酵母菌：酵母细胞通常比常见细菌大几倍甚至十几倍，呈卵圆形或椭圆形，有的呈柱状，在显微镜下比较容易观察。酵母细胞中有液泡，液泡内有贮藏物，通常为肝糖、异染粒和脂肪球等。大多数酵母以出芽方式进行无性繁殖(芽殖)，也可产生子囊孢子进行有性繁殖。

本实验通过亚甲蓝染液水浸片来观察酵母的形态、出芽生殖方式和鉴别酵母死活细胞。亚甲蓝是一种无毒染料，它的氧化型呈蓝色，还原型呈无色。活的酵母细胞具有较强的还原能

力，能将亚甲蓝由蓝色的氧化型还原为无色的还原型。用亚甲蓝染液水浸片观察酵母时，具有还原能力的酵母活细胞是无色的，而死细胞或代谢作用微弱的衰老细胞则呈蓝色或淡蓝色，借此即可对酵母菌的死细胞和活细胞进行鉴别。区分死酵母细胞和活酵母细胞时，需要用浓度较低的亚甲蓝染液。

子囊孢子是子囊菌类真菌有性生殖产生的有性孢子。酵母菌是否形成子囊孢子、子囊孢子数量和形状是鉴定酵母菌的重要依据之一。酵母菌形成子囊孢子需要合适的培养基，如麦氏（McClary）培养基（葡萄糖-醋酸钠培养基）有利于酿酒酵母（*Saccharomyces cerevisiae*）形成子囊孢子，是合适的产孢培养基。将酿酒酵母从营养丰富的培养基上移植到麦氏培养基上，于适温下培养，即可诱导其子囊孢子的形成。本实验以酿酒酵母为材料观察酵母菌的子囊孢子。

（2）放线菌：放线菌是指能形成分枝丝状体或菌丝体的一类革兰氏阳性原核微生物。在菌体形态上，放线菌与细菌有很大差异，但与丝状真菌有相似之处；但是在细胞结构上，放线菌则与二者完全不同。

放线菌菌丝分为基内菌丝、气生菌丝和孢子丝。基内菌丝紧贴培养基表面或深入培养基内生长，气生菌丝则向空气中生长，并进一步分化产生孢子丝及孢子。有的放线菌只产生基内菌丝而无气生菌丝。在显微镜下直接观察时，气生菌丝在上层，颜色较暗；基内菌丝在下层，较透明。孢子丝依种类的不同，有直形、波曲形、各种螺旋形等。在油镜下观察，放线菌的孢子有球形、椭圆形、杆状或柱状。能否产生菌丝体、菌丝体形态特征是放线菌分类鉴定的重要依据。

放线菌菌丝和孢子比较细小，形成孢子后的孢子丝易断裂，相对而言，其自然形态不便观察，通常需要使用油镜观察。为了尽可能观察放线菌自然生长状态下的形态特征，人们设计了扦片法、玻璃纸法和印片法等方法，本实验采用扦片法。

扦片法：将放线菌接种在琼脂平板上，扦上灭菌盖玻片后培养，使放线菌菌丝沿着培养基表面和盖玻片的交接处生长而附着在盖玻片上。观察时，轻轻取下盖玻片，在载玻片上直接镜检。

（3）霉菌：霉菌可产生具有复杂分枝的菌丝体，分基内菌丝和气生菌丝，气生菌丝生长到一定阶段分化产生繁殖菌丝，由繁殖菌丝产生孢子。霉菌菌丝有无隔膜，其营养菌丝有无假根、足细胞等特殊形态的分化，由繁殖菌丝形成的孢子着生部位、排列状况、形态特征，以及是否形成有性孢子等是鉴别霉菌的重要依据，镜检时应注意观察。霉菌菌丝和孢子的宽度通常比细菌和放线菌粗得多（3～10 μm），是细菌菌体宽度的几倍至几十倍；因此，用低倍显微镜即可观察。

霉菌形态的观察方法有多种，常用的有制片观察法、直接置显微镜下活体观察、载玻片培养观察法和玻璃纸培养观察法等，本实验采用前两种方法。制片观察法是将培养物置于乳酸石炭酸棉蓝染色液中，制成霉菌制片镜检。用此染液制成的霉菌制片的特点是：细胞不变形；具有防腐作用，不易干燥，能保持较长时间；能防止孢子飞散；染液的蓝色能增强反差。必要时，还可用树胶封固，制成永久标本长期保存。直接置显微镜下活体观察法是去掉培养皿盖，将培养物直接放在显微镜（低倍镜）下观察，可观察到霉菌营养菌丝及其形态分化、繁殖菌丝形成的繁殖体形态、孢子着生状况、形态特征等。

[实验器材]

显微镜、载玻片、盖玻片、擦镜纸、酒精灯、接种针、接种环、接种铲、吸水纸、镊子等。0.1%

吕氏碱性亚甲蓝染液、孔雀绿染液、番红染液、齐氏石炭酸复红染液、乳酸石炭酸棉蓝染色液、95%乙醇、无菌水。

[实验步骤]

1. 菌的培养

在无菌操作下，用接种环分别挑取平板上生长的各种菌，并把它们分别接种于各个培养基上，培养细菌的培养皿，置于37 ℃恒温培养箱中，培养24～48 h，其中放线菌、酵母菌、霉菌在28 ℃下培养3～7 d。

2. 菌落形态特征

不同微生物的个体及其群体，在培养基上的菌落特征不尽相同，一般通过菌落的大小、形态、颜色、光泽度、透明度、质地、隆起状态、边缘特征进行判别。常用的描述词汇如下。

(1)大小：菌落覆盖的范围，一般描述菌落的直径即可。

(2)形态：指菌落的外观形状，常用圆形、卵圆形、三角形、形状不规则等描述。

(3)颜色：包括正反面颜色，即气生菌丝和基内菌丝颜色，常用白色、乳白色、红色、粉色、黑色、无色等描述。

(4)光泽度：指表面有无光泽，可直接描述为菌落表面有光泽、无光泽、表面光滑、粗糙等。一般有荚膜的菌落表面有光泽，无荚膜的菌落表面无光泽。

(5)透明度：描述菌落透光的性质，常用透明、半透明、不透明描述。

(6)质地：指菌落的黏性、脆性等，常用蜡状、干燥、易挑起、黏稠感等描述。

(7)隆起状态：指菌落切面的形态，常用隆起、凸起、扁平等描述。

(8)边缘特征：指菌落周边的形状，常用波状、完整、粉粒状、啮齿状等描述。

3. 菌落形态特征的观察与比较

将培养好的菌落逐个观察、比较，描述各种菌的菌落特征，并记录、绘制菌落形态图。四种菌的菌落形态特征如下。

(1)细菌：菌落多为光滑型，湿润或较湿润，质地软，菌落与培养基结合不紧，表面结构及边缘结构特征较多，透明或半透明，具有各种颜色，菌落正反面的颜色基本相同，但也有干燥、粗糙的，有的呈霉状但不起线毛。

(2)酵母菌：菌落呈圆形，大小接近细菌，表面光滑，质地软，颜色多为白色和红色，稍透明，菌落和培养基结合不紧，菌落正反面的颜色基本相同。

(3)放线菌：菌落硬度大，干燥致密，且与基质结合牢固，不透明，不易被挑取，菌落表面呈粉状或褶皱呈龟裂状，颜色多样，菌落正反面颜色一般不同。

(4)霉菌：菌落干燥，绒状或棉絮状，大而疏松，不透明，能扩散生长，用接种环易挑取，菌落与培养基结合较牢固，颜色多样且鲜艳，菌落正反面颜色一般不同。

注：如果分纯培养的重复次数少，得到的单菌落可能还不太纯，镜检时会出现多种形态。

[实验数据记录及结果]

绘图或以实验的影像图片结果记录说明你所观察到的菌体的形态特征。

[注意事项]

(1)镜检后,用擦镜液和擦镜纸将镜头擦净。
(2)无菌操作过程中,使用接种环勿碰到其他物品。

[思考题]

(1)细菌、放线菌、酵母菌和霉菌的主要区别是什么?
(2)通过实验,能根据菌落特征辨别不同的微生物么?

实验 7-8 细菌的简单染色、革兰氏染色和芽孢染色

[实验目的]

(1)了解细菌的涂片及染色在微生物实验中的重要性。
(2)学习和掌握细菌染色的基本操作技术。
(3)掌握微生物的简单染色法、革兰氏染色法和芽孢染色法的原理。

[实验原理]

微生物(尤其是细菌)细胞小而透明,在普通光学显微镜下与背景的反差小而不易识别,为了增加色差,必须进行染色,以便对各种形态及细胞结构进行识别。细菌的染色方法很多,按其功能差异可分为简单染色法和鉴别染色法。前者仅用一种染料染色,此法比较简便,但一般只能显示其形态,不能辨别构造。后者常需要两种以上的染料或试剂进行多次染色处理,以使不同菌体和构造显示不同颜色而达到鉴别的目的。鉴别染色法包括革兰氏染色法、抗酸性染色法和芽孢染色法,以革兰氏染色法最为重要。

微生物细胞是由蛋白质、核酸等两性电解质及其他化合物组成的。因此,微生物细胞表现出两性电解质的性质。两性电解质兼有碱性基和酸性基,在酸性溶液中解离出碱性基,呈碱性,带正电;在碱性溶液中解离出酸性基,呈酸性,带负电。经测定,细菌等电点(pI)在 2~5,即当细菌在 pH 为 2~5(不同种类的差异)时,大多以两性离子存在;而当细菌在中性(pH=7)、碱性(pH>7)或偏酸性(pH 为 6~7)的溶液中时,细菌带负电荷,所以容易与带正电荷的碱性染料结合,故用碱性染料染色的为多。碱性染料有亚甲蓝、甲基紫、结晶紫、碱性品红、中性红、孔雀绿和番红等。

微生物体内各结构与染料结合力不同,故可用各种染料分别染微生物的各结构以便观察。

(1)简单染色:单染色又称简单染色,是最基本的染色方法,常用于观察细菌的一般形态。由于细菌在中性环境下带负电荷,所以通常采用一种碱性染料如亚甲蓝、结晶紫等进行染色,细菌学中常用吕氏(Loeffler)亚甲蓝染液,其配方如下:

A 液:将 0.3 g 美蓝(次甲基蓝、亚甲蓝、甲烯蓝)溶于 30 mL 95%酒精中。

B 液:0.01% KOH 水溶液 100 mL(KOH 1%溶液 1.0 mL 加水 99 mL)。

将两液混合后备用。此液久置效果更好。

(2)革兰氏染色：革兰氏染色是细菌学中极为重要的鉴别染色法。其原理尚不十分清楚，主要依据细菌细胞壁结构和组成成分的差异，导致其对结晶紫-碘复合物的渗透性不同，产生革兰氏反应，呈现出阴性或阳性。由此通过革兰氏染色可将细菌鉴别为革兰氏阳性菌(gram positive bacteria, G^+)和革兰氏阴性菌(gram negative bacteria, G^-)两大类。

(3)芽孢染色：细菌的芽孢具有厚而致密的壁，透性低，不易着色，若用一般染色法只能使菌体着色而芽孢不着色。芽孢染色法就是根据芽孢既难以染色而一旦着色后又难以脱色这一特点，用着色力强的染色剂孔雀绿或石炭酸，在加热条件下，延长染色时间，使染料不仅进入菌体也进入芽孢内，进入菌体的染料经水洗后被脱色，而芽孢一经着色就难以被水洗脱，当用对比度大的复染剂番红复染后，芽孢仍保留初染剂的绿色，而菌体则被染成复染剂的红色。

[实验器材]

显微镜、载玻片、擦镜纸、酒精灯、接种环、吸水纸、草酸铵结晶紫染色液、鲁氏碘液、95%乙醇、0.5%番红染色液、7.6%孔雀绿、蒸馏水、香柏油、乙醚、前面实验培养的细菌等。

[实验步骤]

1. 简单染色

(1)涂片：取清洁玻片一张，在玻片的中央滴一小滴生理盐水或蒸馏水(滴加生理盐水不宜过多)；用接菌环挑取少许菌落，与玻片上的水滴混匀，涂布成 1 cm 大小的均匀薄膜。

(2)干燥：将涂片放于室温中自然风干；有时为使它干得快些，可以把涂片小心在酒精灯火焰上微微加热烘干，切勿紧靠火焰烘烤，以免标本烤焦，损害菌体结构。

(3)固定：细菌涂片常用火焰固定法，即持玻片一端，标本面向上，让涂片不快不慢地在火焰上通过 2～3 次，以玻片温度达到皮肤能耐受的温度为宜，目的是杀死细菌，菌体受热固着于玻片上，并能增强细菌对染料的通透性。

(4)染色：滴加草酸铵结晶紫染色液 1～2 滴，染色 1～2 min(或石炭酸复红等其他染料)。

(5)水洗：倾去染液，斜置载玻片，用水冲去多余染液，直至流出的水为无色为止。

(6)干燥：微热烘干或自然晾干。

(7)镜检：按显微镜的操作步骤观察菌体形态，及时记录并拍照留存。

2. 革兰氏染色

用大肠杆菌(*E. coli*)和金色葡萄球菌(*Staphylococcua aureus*)作革兰氏染色，染色的具体步骤为：制片→固定→初染→媒染→脱色→复染→镜检(图 7-6)。

(1)初染：将已固定的涂片标本，加结晶紫染液于涂面上染色 1 min，然后充分水洗。

(2)媒染：加鲁氏碘液媒染 1 min，水洗。

(3)脱色：滴加 95%乙醇，频频摇动载玻片使涂片区与乙醇充分接触(15～20 s)，斜持载玻片，使脱下的染液流下，再次滴加乙醇脱色，直至流下乙醇无色或稍呈淡紫色为止，水洗。

(4)复染：用番红染色液复染 30～60 s，水洗，自然干燥或吸水纸吸干，镜检。

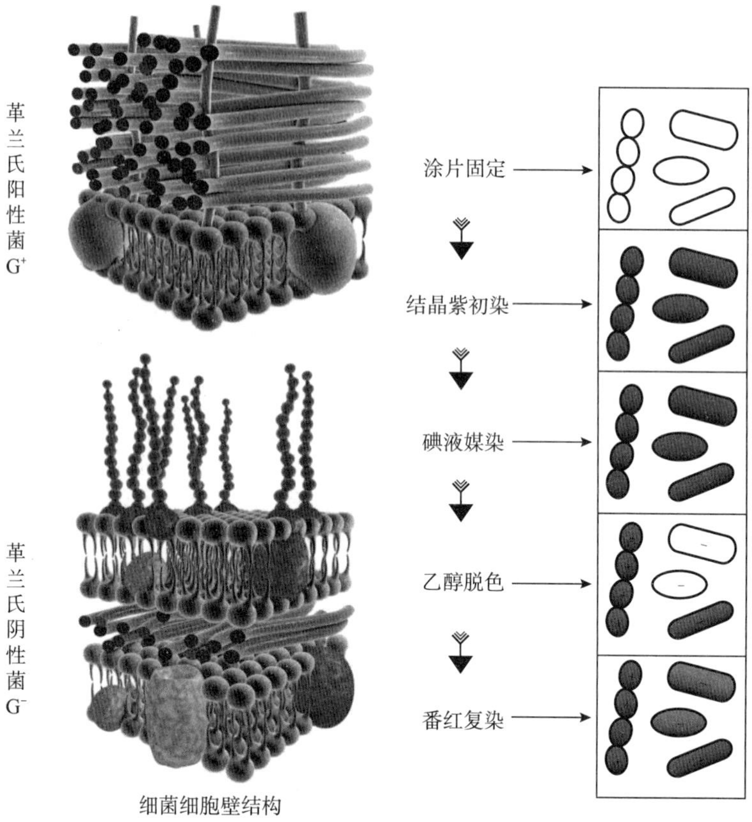

图 7-6　革兰氏染色示意图

3. 芽孢染色

用枯草芽孢杆菌进行染色，先用孔雀绿在加热状态下染色，水洗处理后用番红复染。芽孢呈绿色，菌体呈红色。染色的具体步骤：涂片→固定→加热染色→冲洗→复染→镜检。

初染：将已固定的涂片标本，加孔雀绿染液于涂面上染色 5 min，然后充分水洗。

复染：用加番红染色液媒染 2 min，水洗，自然干燥或吸水纸吸干，镜检。

[实验数据记录及结果]

将实验观察结果记录在表 7-4 中。

表 7-4　实验结果记录表

菌种名称	染液名称	菌体颜色	菌体形态特征

[注意事项]

(1)涂片时，无菌水不要滴得太多，否则干燥时间会大大延长，影响实验。

(2)老龄菌因体内核酸减少,会使阳性菌被染成阴性菌,故不能选用。

(3)挑菌宜少,涂片均匀,切忌过厚,过厚重叠的菌体不易观察清楚。

(4)固定时,要使用微火,用手触摸载玻片背面,以不烫手为宜,且不能将载玻片放在火上烤。

(5)在染色过程中,不可使染液干涸。

(6)脱色时间十分重要,过长则脱色过度,会使阳性菌被染成阴性菌;脱色不够,则会使阴性菌被染成阳性菌。

(7)芽孢染色时,要及时添加染液,避免菌液干涸,且加热的温度不能过高。

(8)水洗复染前,一定要等玻片冷却。

[思考题]

(1)涂片为什么要固定?固定时应注意什么问题?

(2)革兰氏染色法若只做 1～4 步,而不用番红复染,能否分辨出革兰氏染色结果?为什么?

(3)在革兰氏染色中,哪一步是最关键的?为什么?

(4)说明芽孢染色的注意事项。

实验 7-9　细菌的生理生化反应

[实验目的]

(1)通过淀粉水解实验,检测细菌能否产生淀粉酶,并评价其对淀粉的水解利用情况。

(2)通过油脂水解实验,检测细菌能否产生脂肪酶,并评价其对油脂的水解利用情况。

(3)通过糖或醇类发酵实验,检测细菌对氧的需求,并评价其对糖的水解利用情况。

[实验原理]

不同微生物对有机化合物的分解利用情况各不相同。有些微生物能分泌淀粉酶将淀粉水解为麦芽糖或葡萄糖;而另一些微生物能分泌脂肪酶,将脂肪水解为甘油和脂肪酸。葡萄糖进入细胞后,不同细菌经不同途径发酵葡萄糖,产生不同的代谢产物。微生物对碳、氮化合物分解利用的生理生化反应也是微生物鉴定的重要依据之一。

酶是生物细胞产生的、能在体内或体外起催化作用的生物催化剂,具有催化生物化学反应加速进行,并传递电子、原子和化学基团的作用,是一类具有活性中心和特殊构象的生物高分子蛋白质。生物体内的一切化学反应,大多是在酶的催化下进行的。微生物的酶按其所在细胞的部位分为胞外酶和胞内酶,也可根据其催化作用的底物的不同而命名,如淀粉酶、蛋白酶、脂肪酶等。

(1)淀粉水解原理:有些细菌具有合成淀粉酶的能力,可以分泌胞外淀粉酶。淀粉酶可以使淀粉水解为麦芽糖和葡萄糖,淀粉水解后的产物遇碘不再变蓝色。利用含有淀粉的培养基,以点种法接种细菌，培养后在培养平板表面滴加碘液，若菌落周围培养基呈蓝色，则表示该菌不能水解利用淀粉；若菌落周围培养基呈无色或白色，则表示该菌可水解利用淀粉。可以用透明圈大小表征测试菌株水解淀粉能力的强弱。

(2)油脂水解原理：细菌产生的脂肪酶能分解培养基中的脂肪生成甘油和脂肪酸。脂肪酸可以使培养基 pH 下降，可在油脂培养基(配方见实验 7-4)中加入中性红做指示剂进行测试，中性红指示 pH 范围为 6.8(红)～8.0(黄)。当细菌分解脂肪产生脂肪酸时，菌落周围培养基中出现红色斑点。

(3)糖或醇类发酵实验原理：糖发酵试验在细菌分类鉴定中是一项重要指标，尤其是在鉴定肠道细菌时更为重要。细菌具有各种酶系统，绝大多数都能利用糖类(或醇)作为碳源和能源，在厌氧条件下产生各种有机酸(乳酸、醋酸、丙酸等)和气体(甲烷、二氧化碳、氢等)，或只产酸而不产生气体。酸和气体的产生与否，可以由培养后试管中指示剂的颜色变化和发酵管内气泡的有无来判断。发酵管为杜氏小管(Durhan tube)。用来发酵的糖、醇和糖苷的种类很多，如葡萄糖、果糖、乳糖、蔗糖、淀粉、乙醇、甘油和水杨苷等，在试验中应依据需要选择。

[实验器材]

(1)药品及试剂：含有 1%葡萄糖的蛋白胨培养基用 1.6%溴甲酚紫调至紫色，含有 0.2%可溶性淀粉的牛肉膏蛋白胨培养基，牛肉膏蛋白胨培养基中加入花生油 10 mL 和 1.6%中性红水溶液 1 mL 配制成合成培养基，鲁氏碘液 1 滴瓶。

(2)菌种：大肠杆菌、金黄色葡萄球菌、枯草芽孢杆菌、发酵液。

(3)仪器及其他：培养皿、接种环、杜氏小管、胶塞、酒精灯。

[实验步骤]

1. 淀粉水解实验

(1)准备淀粉培养基平板。将熔化后冷却至 55 ℃左右的淀粉培养基倒入无菌平皿中，待凝固后制成平板。

(2)接种。用接种环取少量的待测菌点接在培养基表面。每个平板可以同时接种 2～4 种不同的菌种，其中一种应是枯草杆菌做对照；点种菌落数量不宜过多，每个平板 4～8 个菌落为宜。

(3)培养。将接种后的平皿置于 28 ℃恒温箱培养 24 h。

(4)观察。取出平板，打开平皿盖，滴加少量的鲁氏碘液于平板上，轻轻旋转，使碘液均匀铺满整个平板。菌落周围如出现无色透明圈，则说明淀粉已经被水解，表示该细菌具有分解淀粉的能力。

2. 油脂水解实验

(1)准备油脂培养基平板。将装有油脂培养基的锥形瓶置于沸水浴中熔化，取出并充分振荡(使油脂均匀分布)，再倾入无菌平皿中，待其凝固成平板。

(2)接种、培养、观察。用接种环取少量的待测菌点接在培养基表面，每个平板可以同时接种 2～4 种菌种，其中一种是金黄色葡萄球菌作为对照菌；点种菌落数量不宜过多，每个平板 4～8 个菌落为宜。置于 37℃恒温箱培养 24 h，取出后观察平板底层长菌的地方，如出现红色斑点，即说明脂肪被水解了，此反应为阳性反应。

3. 糖或醇类发酵实验

(1)接种供试菌于培养液中，30 ℃ 恒温培养 48～72 h，另以不接种者为对照。

(2)结果观察。经培养后，如产酸则培养液 pH 下降，指示剂变黄；如产气则在杜氏小管顶端出现气泡。而指示剂仍为紫色，说明培养基为中性或碱性。

(3)结果记录。以"＋"表示产酸，"O"表示产气，"⊕"表示产酸产气，"－"表示无变化。

[实验数据记录及结果]

将实验结果填入表 7-5，标明菌落周围或是管中的颜色变化，以及是否水解利用淀粉、油脂或糖类。

表 7-5　实验结果记录表

实验类型	大肠杆菌	金黄色葡萄球菌	枯草杆菌
淀粉水解实验			
油脂水解实验			
糖或醇类发酵实验			

[注意事项]

(1)挑菌宜少。

(2)当接菌时，接种环在火焰灼烧后要以不烫手为宜。

[思考题]

(1)淀粉酶定性测定中对照应呈什么颜色？为什么？

(2)实验用的几种细菌的淀粉水解实验和油脂水解实验结果是否相同？为什么？

实验 7-10　细菌生长曲线的测定与绘制

[实验目的]

(1)通过细菌数量的测定了解菌株的生物特征和规律，绘制生长曲线图。

(2)了解细菌生长曲线特征，测定细菌繁殖的增代时间(代时)(generation time)。

(3)学习和掌握利用细菌悬液浑浊度间接测定细菌生长的方法。

[实验原理]

将少量细菌接种到一定体积的、适合的新鲜培养基中，在适宜的条件下培养一定时间，测定培养液中的菌量，以菌量的对数作纵坐标，生长时间作横坐标，绘制的曲线叫生长曲线。它反映了单细胞微生物在一定环境条件下于液体培养时所表现出的群体生长规律。依据其生长速率的不同，一般可把生长曲线分为延缓期、对数期、稳定期和衰亡期。这 4 个时期的长短因菌种的遗传性、接种量和培养条件的不同而有所不同。因此，通过测定微生物的生长曲线可了解细菌的生长规律，对于科研和生产都具有重要的指导意义（表 7-6）。

表 7-6　细菌的生长周期

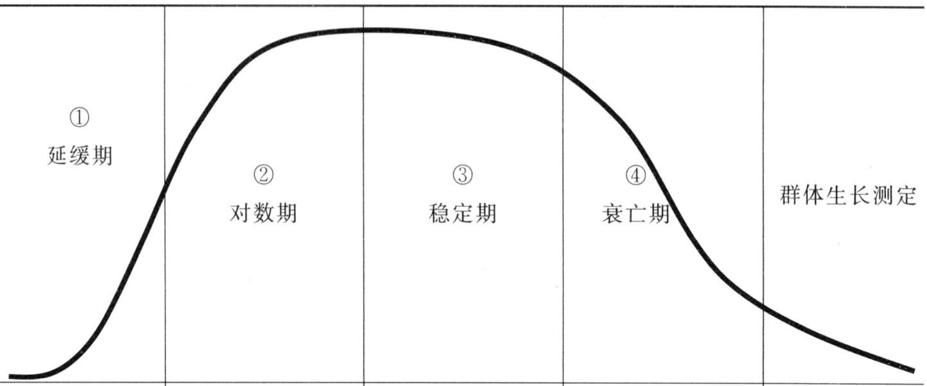

生长及代谢特点	① 延缓期	② 对数期	③ 稳定期	④ 衰亡期	群体生长测定
生长量及测定	刚接种到培养基上，适应、调整	繁殖大于死亡，迅速增长，呈等比数列增长	繁殖等于死亡，活菌数量最多，接近 K 值	繁殖率小于死亡率，活菌数量急剧下降	a. 测数目 b. 测重量
代谢特点	大量合成酶和 ATP	生理特征稳定，选育菌种时期	代谢产物积累，产生次级代谢产物	畸形、自溶、释放代谢产物	微生物的生长受温度、pH、氧气等影响

小知识：细菌的生长曲线可分成以下不同时期：

1. 延缓期或迟滞期(lag phase)：又叫调整期。细菌接种至培养基后，对新环境有一个短暂适应过程（不适应者可因转种而死亡）。此期曲线平坦稳定，因为细菌繁殖极少，延缓期长短因种源、接种菌量、菌龄以及营养物质等不同而异，一般为 1～4 h。此期中细菌体积增大，代谢活跃，为细菌的分裂增殖合成贮备充足的酶、能量及中间代谢产物。

2. 对数期(log phase)：又称指数期。此期生长曲线上活菌数直线上升。细菌以稳定的几何级数极快增长，可持续几小时至几天不等（视培养条件及细菌代时而异）。此期细菌形态、染色、生物活性都很典型，对外界环境因素的作用敏感，因此研究细菌性状以此期细菌最好。

3. 稳定期或静止期(stationary phase)：因养分耗尽、代谢废弃物的堆积，细胞分裂与死亡速度相当，故其数目不增加。该期的生长菌群总数处于平坦阶段，但细菌群体活力变化较大，细菌浓度达到最大即环境最大容纳量。由于培养基中营养物质消耗、毒性产物（有机酸、过氧化物等）积累、pH 下降等不利因素的影响，细菌繁殖速度渐趋下降，相对细菌死亡数开始逐渐增加，此期细菌增殖数与死亡数渐趋平衡。细菌形态、染色、生物活性可出现改变，并产生相应的代谢产物，如外毒素、内毒素、抗生素以及芽孢等。

4. 衰亡期或死灭期(death phase)：随着稳定期发展，细菌繁殖越来越慢，死亡菌数明显增多，数目呈几何级数下降。活菌数与培养时间呈反比关系，此期细菌变长肿胀或畸形衰变，甚至菌体自溶，难以辨认其形。生理代谢活动趋于停滞。故陈旧培养物上难以鉴别细菌。

代时是指细胞每分裂一次所需的时间，又称世代时间或增代时间，计算公式如下：

$$2^n=\frac{W_2}{W_1} \tag{1}$$

$$n\lg 2=\lg W_2-\lg W_1 \tag{2}$$

$$n=\frac{\lg W_2-\lg W_1}{\lg 2}=3.322(\lg W_2-\lg W_1) \tag{3}$$

式中：n 为繁殖世代数；W_1 为对数期开始时（t_1）菌数或 OD 值；W_2 为对数期后期（t_2）菌数或 OD 值。

$$G=\frac{t_2-t_1}{n}=\frac{\lg 2(t_2-t_1)}{\lg W_2-\lg W_1} \tag{4}$$

式中：G 为世代时间（代时）。

注：体内及自然界细菌的生长繁殖受机体免疫因素和环境因素的多方面影响，不会出现像培养基中那样典型的生长曲线。掌握细菌生长规律，可有目的地研究控制病原菌的生长，发现和培养对人类有用的细菌。

测定微生物的数量有多种不同的方法，可根据要求和实验室条件选用。本实验用比浊法测定，由于细菌悬液的浓度与光密度（OD 值）成正比，因此可利用分光光度计测定菌悬液的光密度来推知菌液的浓度，并将所测的 OD 值与其对应的培养时间作图，即可绘出该菌在一定条件下的生长曲线，此法快捷、简单。

大多数细菌的繁殖速率很快，在合适的条件下，一定时期的大肠杆菌细胞每 20 min 分裂 1 次，因此本实验用大肠杆菌作为实验菌株。

[实验器材]

（1）药品及试剂：牛肉膏蛋白胨液体培养基，无菌水。

（2）器材：1 mL 和 200 μL 移液器、1 mL 和 200 μL 无菌枪头、恒温摇床、冰箱、分光光度计、接种环、试管架 1 个、标签等。

（3）菌种：大肠杆菌。

[实验步骤]

1. 培养基配制

（1）称取：牛肉膏 3 g，蛋白胨 10 g，NaCl 5 g。

（2）混合后加去离子水 400 mL，待加热充分溶解后加去离子水定容至 1000 mL，调节 pH 7.4～7.6。

（3）将其分装至试管内，高压灭菌。灭菌 121 ℃，0.1 Mpa，20 min。

2. 具体实验步骤

（1）种子液制备：取细菌菌种 1 支，在无菌条件下挑取 1 环菌，接入牛肉膏蛋白胨液体培养基中，培养 18 h 作为种子培养液。

（2）标记编号：取盛有 5 mL 液体培养基的试管 11 支，分别编号为 0、0.5、1、2、4、6、8、12、

18、20、24(同时注明菌名、培养处理、组号)。

(3)接种培养:按无菌操作法用吸管(或移液器)向每管试管中准确加入 0.2 mL 的大肠杆菌培养液,接种后,轻轻摇荡,使菌体混匀。然后将接种后的试管置于摇床上,在 37 ℃下振荡培养,分别按对应时间将试管取出放入冰箱中贮存,待测定。

(4)生长量测定:将未接种的液体培养基倾倒入比色杯中,选用 600 nm 波长分光光度计上调节零点,作为空白对照,并对不同时间培养液从 0 h 起依次进行测定,对浓度大的菌悬液用未接种的液体培养基适当稀释后测定,使其 *OD* 值在 0.10~0.65(通常取 0.2~0.8),经稀释后测得的 *OD* 值要乘以稀释倍数才是培养液实 *OD* 值。

[实验数据记录及结果]

(1)将测定的 OD_{600} 值填入表 7-7。

表 7-7　测定的 OD_{600} 值记录表

时间/h	0	0.5	1	2	4	6	8	12	18	20	24
OD 值											

(2)以菌悬液 *OD* 值为纵坐标,培养时间为横坐标,绘出菌株培养的生长曲线(图 7-7)。

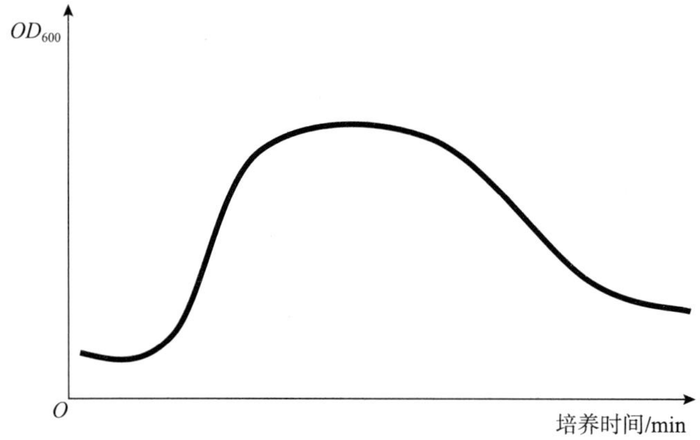

图 7-7　菌株培养的生长曲线

(3)根据公式(4)可以算出细胞每分裂 1 次所需要的时间,即代时,以 *G* 表示。

[注意事项]

(1)选择适当的细胞接种浓度。

(2)避免杂质干扰。

[思考题]

(1)细菌生长繁殖所经历的四个时期中,哪个时期其代时最短?若细胞密度为 10^3/mL,培养 4.5 h 后,其密度高达 2×10^8/mL,请计算出其代时。

(2)次生代谢产物的大量积累在哪个时期？根据细菌生长繁殖的规律，采用哪些措施可使次生代谢产物积累更多？

实验 7-11　微生物菌种保藏

[实验目的]

(1)了解菌种保藏的原理。

(2)掌握几种常用的菌种保藏操作方法。

[实验原理]

菌种是一种重要的生物资源，微生物在使用和传代过程中容易发生污染、变异甚至死亡，因而常常造成菌种的衰退，并有可能使优良菌种丢失。菌种保藏的重要意义就在于尽可能保持其原有性状和活力的稳定，确保菌种不死亡、不变异、不被污染，以达到便于研究、交换和使用等诸方面的目的。菌种保藏对于基础研究和实际生产具有特别重要的意义。在基础研究中，菌种保藏可以保证研究结果获得良好的重复性。对于实际应用的生产菌种，可靠的保藏措施可以保证优良菌种长期高产稳产。

根据菌种与氧气的直接关系，可将微生物分为好氧微生物、兼性微生物和严格厌氧微生物三大类。好氧或兼性微生物菌种的保藏方法有斜面传代保藏法、石蜡油封法、半固体穿刺保藏法、沙土管保藏法、干燥保藏法、真空冷冻保藏法、液氮保藏法、甘油保藏法和蒸馏水保藏法等；针对严格厌氧菌也有其特殊的保藏方法。因斜面传代保藏法、半固体穿刺保藏法和液体石蜡封藏法这些方法简便易行，不需要特殊的仪器设备，因此是一般实验室广泛采用的菌种保藏方法。简易的菌种保藏法主要利用低温条件抑制微生物的生长繁殖。

斜面传代保藏法的原理是利用低温来抑制微生物生命活动。将在斜面培养基上已经长好的培养物置于 4～5℃冰箱中保藏，当培养基的营养物质耗尽时，需要将菌种重新接种到新鲜培养基上，再进行冷藏。该方法操作简单，但较费时费力，且常因需要移植传代，导致微生物发生变异。因此，斜面传代保藏法适于常用菌株的短期保存，应该与其他能够长期保存菌株的方法结合使用以防菌种丢失。

石蜡油封法是斜面传代保藏法的一种改进。其基本原理是利用低温和缺氧的条件抑制微生物生长和繁殖，从而延长保藏时间。石蜡油封法是在新鲜的斜面培养物上覆盖一层已灭菌的液体石蜡，再置于 4～5℃冰箱中或室温下保藏，具体保藏温度视菌种而定。石蜡油封法既能隔绝空气，又能防止培养基因水分蒸发而干燥。此方法简便易行，保藏时间 2～10 年，可用于丝状真菌、酵母菌、细菌和放线菌的保藏。对于难以冷冻干燥的丝状真菌和难以在固体培养基上形成孢子的担子菌，采用石蜡油封法的保藏更为有效。此法的缺点是必须直立存放，占空间大，不便携带。某些以石蜡为碳源或对液体石蜡敏感的菌株都不能用此法保藏，也不适用于固氮菌、乳酸杆菌、明串珠菌、法门氏菌和毛霉目中的大多数属种。

沙土管保藏法是最常用的干燥保藏法之一，其他还有滤纸保藏法、硅胶保藏法、麸皮保藏法等。

干燥保藏法的基本原理是利用干燥、缺氧、缺营养、低温等因素综合抑制微生物生长繁殖，使细胞处于休眠和代谢停滞状态，从而延长保藏时间。干燥保藏方法简便，设备简单，适用于产孢子和有芽孢的菌种保藏，但对营养细胞不适应。通过此方法保藏少则几年，多则可保藏14～17年。

真空冷冻保藏是目前最有效的菌种保藏方法之一。其原理是利用低温、缺氧、干燥和保护剂等条件来延长菌种的保藏时间，使微生物生长和酶活动处于停滞状态。保藏时将菌种的细胞或孢子悬浮于保护剂中，保护剂有牛乳、血清、糖类、甘油、二甲亚砜等，其中脱脂牛乳和血清常用。保护剂的作用是减少因冷冻或水分升华对微生物细胞造成的损害。干燥后的微生物在真空下封装，与空气隔绝。该方法具有适用范围广、保藏时间长、存活率高等优点，除不适用于丝状真菌的菌丝体外，对病毒、细菌、放线菌、酵母及丝状菌孢子等各类微生物都适用，不宜用冻干法保存的微生物不到2%。用此方法保藏的菌种可长达数年至十几年甚至更长的时间。其缺点是所用的设备昂贵，操作复杂。真空冷冻干燥需要使用安瓿管，安瓿管形状不一，有的是直形小管，有的在底部带球形，有一些病原菌更需要在安瓿管内再装入很小的玻璃套以保证安全。安瓿管的内径为8～10 mm，长度不小于100 mm。安瓿管材料以中性玻璃为宜。

甘油保藏法的原理是将微生物制成甘油悬液（甘油的终浓度在10%～15%），而后置−70 ℃或−20 ℃冰箱保藏。少量甘油分子进入细胞，使菌种细胞在冷冻过程中缓解了其由于强烈脱水及胞内形成冰晶而引起的破坏。此方法操作简单，保藏期长，保存期间取样测试方便。

液氮超低温冷冻保藏法是在−196～−150 ℃的超低温液氮中进行菌种保藏。在该温度下，微生物代谢处于停顿状态，因此微生物变异发生率降低，并长期保持菌种原有性状。支原体、衣原体以及难以形成孢子的霉菌、小型藻类和原生生物等用其他保藏方法有困难的微生物，可以采用此法进行长期保藏。

为了减少超低温保藏冻结菌种造成的损伤，菌液必须悬浮于低温保护剂中，然后再分装至安瓿管进行冻结。冻结方法分为以下两种：一种是普通冻结，即把装有菌液的安瓿管置于低温（−45 ℃）冰箱中冷冻1 h，再放入液氮冰箱作超低温冻结；另一种是控速冻结，即在控制冷却速度装置控制下，以温度每分钟下降1～2 ℃的速度，使安瓿管中的菌液样品降至−40 ℃后，立即将安瓿管放在液氮冰箱中。实验操作过程中，要根据待保藏菌种的特性，确定冷却速度。

[实验器材]

（1）菌种：待保藏的菌种。

（2）培养基：牛肉膏蛋白胨斜面和半固体培养基、高氏1号培养基、马铃薯-葡萄糖斜面培养基、半固体培养基。

（3）用具：接种针、接种环、试管、滴管等。

（4）试剂：无菌液体石蜡。

[实验步骤]

1. 斜面传代保藏法

（1）接种：对于待保藏的菌种，应选用生长旺盛的细胞或孢子。在无菌操作条件下，将待保藏的菌种用斜面接种的方法移接至相应的斜面培养基上。

(2)培养：将细菌放在 37℃培养箱中培养 18～24 h，酵母菌放在 28～30 ℃的培养箱中培养 36～60 h，放线菌和真菌在 28 ℃培养箱中培养 3～7 d。

(3)保藏：将培养好的菌种斜面放在 4℃冰箱中冷藏保存。

(4)转接：不同的微生物有不同的有效保藏期。移植时间根据微生物种类不同而有一定差异。放线菌、真菌和酵母菌一般 4～6 个月移植 1 次，不产芽孢的细菌一般 1 个月移植 1 次。

2. 半固体穿刺保藏法

(1)接种：用穿刺接种法，将菌种接种至半固体培养基中央部分，不要将培养基穿透至底。

(2)培养：在适宜温度下培养，使菌种充分生长。

(3)保藏：将生长充分的菌种管塞上塞子，放在 4℃冰箱中保藏。一般可以保藏 6 个月至 1 年。

(4)转接：在保藏期过后，要将菌种转接至新鲜的半固体培养基中，培养后再按上述步骤进行保藏。

3. 液体石蜡封藏法

(1)液体石蜡灭菌：将液体石蜡分装于锥形瓶中，装量不得超过锥形瓶总体积的 1/3，塞上棉塞，用牛皮纸包扎。在高压蒸汽锅内 121 ℃灭菌 20 min，连续重复 2 次。然后将灭菌的液体石蜡放在烘箱中，在 105～110 ℃下烘干约 1 h，除去液体石蜡中的水分。

(2)接种：在无菌操作条件下，选用生长旺盛的细胞或孢子，用斜面接种法将其接种在相应斜面培养基上。

(3)培养：在适宜温度下培养，使菌种充分生长。

(4)加液体石蜡：用无菌滴管将灭菌后的液体石蜡加到斜面上，其用量以高出斜面顶端 1 cm 左右为宜，使菌种与空气隔绝。

(5)保藏：将斜面培养物加塞后包扎，放在 4 ℃左右的冰箱中保藏。放线菌、霉菌等可以保藏 2 年，酵母菌和不产芽孢的细菌一般可以保藏 1 年左右。

(6)转接：菌种保藏期过后，用无菌接种环在液体石蜡下面挑取少量菌种，将其转接到新鲜培养基上，使菌种尽量少沾些液体石蜡。如果转接一次后，菌种生长速度较慢，可以进行第二次转接，再按上述步骤进行封藏。

[实验数据记录及结果]

将菌种名称、培养基、培养条件、保藏方法、接种时间和菌种的生长情况记录于表 7-8。

表 7-8　实验结果记录表

菌种名称	培养基	培养条件	保藏方法	接种时间	菌种生长情况

[注意事项]

(1)用于保藏的菌种应选用生长旺盛的细胞或成熟孢子，不可用衰老或菌龄过小的细胞做保藏菌种。

(2)保藏期过后，要及时进行转接，重新保藏菌种。

[思考题]

(1)菌种保藏中使用的保护剂液体石蜡、脱脂牛乳(或者血清)、甘油各有什么作用?

(2)采用高压蒸汽对液体石蜡灭菌时会有水分进入石蜡中，是否可以采用干热灭菌代替高压蒸汽灭菌?

(3)简述斜面传代保藏法、半固体穿刺保藏法和液体石蜡封存法保藏菌种各自的优缺点。

实验 7-12 人体表面微生物的检测和分离

[实验目的]

(1)初步了解人体表面微生物的分布状况。

(2)掌握人体表面微生物的检测和分离方法。

[实验原理]

人体表面存在多种微生物，如口腔、头发、手掌以及其他裸露的皮肤等都存在微生物。为了观察这些肉眼无法看到的微生物，可以用适当的接种方法将其接种到适宜的培养基上，在合适的条件下培养一段时间后，少量分散的微生物会在培养基上形成肉眼可见的细胞群体，即菌落。如果菌落由单个细胞或单个孢子繁殖而成，该菌落则为纯菌落。将纯菌落接种至新鲜培养基上继续培养，便可获得微生物的纯培养物。

[实验器材]

(1)菌种来源：人体口腔、头发、手指等。

(2)培养基：牛肉膏蛋白胨培养基、马铃薯-葡萄糖琼脂培养基和高氏 1 号培养基。

(3)其他：恒温培养箱、水浴锅、无菌棉签、酒精灯、无菌培养皿、记号笔、标签纸等。

[实验步骤]

1. 熔化培养基

将灭菌后的牛肉膏蛋白胨培养基、马铃薯-葡萄糖琼脂培养基和高氏 1 号培养基放在水浴锅中加热，直至充分熔化。

2. 培养皿编号

取无菌培养皿，依次编号，每个部位设 2～3 个平行样。

3. 倒平板

待培养基冷却到 50 ℃左右，在无菌操作条件下，将以上 3 种培养基分别倒平板，静置，待凝。

4. 取样及接种

(1)口腔：在无菌操作条件下，打开无菌培养皿皿盖，对着平板培养基表面咳嗽，以此方式接种；或者用无菌棉签在口腔中取样，接着在平板培养基表面划线接种，盖上皿盖。

(2)头发：在无菌操作条件下，打开无菌培养皿皿盖，在培养基的正上方用手指轻轻拨动头发，以菌体落入培养基表面的方式进行接种，盖上皿盖。

(3)手指：无菌操作条件下，将未清洗的手指在无菌培养基表面的一侧划线接种。用洗涤液清洗双手，洗净后在培养基的另一侧划线接种，盖上培养皿盖。

5. 培养

将接种后的牛肉膏蛋白胨平板倒置放入 37 ℃的恒温培养箱中培养 24 h。将马铃薯-葡萄糖琼脂平板放在 28 ℃恒温培养箱中培养 3～4 d。将高氏 1 号培养基平板放在 28 ℃的恒温培养箱中培养 5～7 d。分别观察各个平板上菌落出现情况及菌落的颜色、形状、大小等。

6. 挑取单菌落

在无菌操作条件下，用接种环挑取单菌落接种到相应的新鲜培养基上培养，获得初步分离产物。重复上述步骤，直至获得纯培养物。

7. 后处理

实验结果记录完毕后，将含菌平板皿盖打开，放入沸水中煮 10 min 以杀灭平板上的培养物。清洗培养皿，倒置皿底，将皿盖倒扣在皿底上，晾干。

[实验数据记录及结果]

将实验结果记录于表 7-9 中，并比较人体不同部位菌落的分布、数量和种类等。

表 7-9　实验结果记录表

检测部位		培养基	菌落数/皿	分离前的菌落特征	纯培养物的菌落特征
口腔					
头发					
手指	清洗之前				
	清洗之后				

[注意事项]

(1)冷却加热熔化的培养基时，让其在室温下自然冷却，勿用冷水冲洗装有培养基的锥形瓶壁，否则会导致贴近瓶壁的培养基凝固。

(2)口腔菌落接种时，如果采用咳嗽的方式接种，要用力咳嗽，否则无法将口腔内的微生物接种至平板培养基上。

[思考题]

(1)总结口腔、头发和手指微生物分布情况。

(2)根据实验过程，分析影响实验的因素。

实验 7-13 纤维素降解菌的分离纯化和活性测定

[实验目的]

(1)了解纤维素降解菌分离和活性测定的基本原理。

(2)掌握纤维素降解菌分离纯化的技术方法。

(3)掌握纤维素降解菌活性测定的方法。

[实验原理]

纤维素在自然界中大量存在,是一种非常稳定的化合物,甚至可以抵抗强酸和强碱的作用,它是植物细胞壁的主要构成物之一,占植物秸秆干重的 1/3~1/2。从化学组成成分来说,纤维素是多糖类的一种。纤维素在微生物所产生的纤维素酶的作用下水解为纤维素二糖,再由纤维二糖酶作用,水解为葡萄糖;而纤维素进行厌氧分解,可产生丁酸、乙酸以及 H_2、CH_4 和 CO_2。因此,分解纤维素的微生物可分为好氧和厌氧两大类。纤维素酶广泛存在于自然界的微生物内,如细菌、真菌等微生物都可以产生纤维素酶, 其中产纤维素酶的典型微生物主要包括曲霉属(*Aspergillus*)、木霉属(*Trichoderma*)、青霉属(*Penicillium*)等。本实验中利用滤纸所含的纤维素为仅有的碳源,在不含碳源的培养基上分离纤维素降解菌,并用 DNS 法测定纤维素降解菌产生的纤维素酶的降解活性。

[实验器材]

1. 培养基

(1)Dubos 纤维素培养基:亚硝酸钠 0.5 g、磷酸氢二钾 1 g、七水合硫酸镁 0.5 g、氯化钾 0.5 g、七水合硫酸铁微量、蒸馏水 1000 mL(pH 为 7.5)。将以上组分配制溶液,混合均匀后分装入试管中,将无菌滤纸剪成小条,放进装有培养液的试管里,使滤纸条一端稍微露出培养液面。

(2)赫奇逊(Hutchiison)培养基:亚硝酸钠 2.5 g、磷酸二氢钾 1 g、七水合硫酸镁 0.3 g、氯化钙 0.1 g、氯化钠 0.1 g、氯化亚铁 0.01 g、蒸馏水 1000 mL、pH 为 7.0~7.2,因制作平板,需要加入琼脂 17.5~20 g。121 ℃下高压蒸汽灭菌 20 min,趁热制成平板。

2. 试剂

(1)1000 mg/L 刚果红溶液:准确称取 1 g 刚果红,加入 1000 mL 无菌蒸馏水中,混合均匀。

(2)柠檬酸缓冲液:精确称取分析纯柠檬酸 21.014 g 于 500 mL 烧杯中,加适量蒸馏水溶解,转移至容量瓶中定容至 1000 mL,混匀。

(3)3,5-二硝基水杨酸溶液(DNS 溶液):准确称取酒石酸钾钠 185 g 溶于 500 mL 水中。向溶液中依次加入 DNS 6.3 g,2 mol/L NaOH 溶液 262 mL,加热搅拌使之溶解。再加入重蒸酚 5 g 和无水亚硫酸钠 5 g,搅拌使之溶解。冷却后转移至容量瓶定容至 1000 mL,充分混匀，贮于棕色试剂瓶，在室温下放置 1 周后使用。

(4)1.000 mg/mL 葡萄糖标准溶液：在恒温干燥箱 105 ℃下将分析纯葡萄糖干燥至恒重，准确称量 100 mg 于烧杯中，加适量蒸馏水溶解，转移溶液至 100 mL 容量瓶中，定容至 100 mL，充分混匀。

3. 仪器设备：恒温干燥箱、恒温培养箱、水浴锅、分光光度计、离心机等。

4. 其他：剪刀、滴管、不含淀粉的滤纸、比色皿、试管、烧杯、锥形瓶、移液管、容量瓶、无菌培养皿、具塞离心管、接种环、玻璃棒等。

[实验步骤]

1. 备集培养

(1)取含有产纤维素酶微生物的待分离的样品适量（如腐烂植物体周围的土壤）放入盛有无菌水的锥形瓶里，加入直径 3～5 mm 的玻璃珠几粒，塞上瓶塞，振荡 10～15 min，在无菌操作条件下，将其依次稀释，配制成 10^{-4}、10^{-5}、10^{-6} 三个稀释度的样品悬液。

(2)用无菌操作的方法，从不同稀释度的悬液中分别吸取 1 mL 稀释液置于装有 10 mL Dubos 纤维素培养基的试管内，在 25～27 ℃恒温培养箱内培养。每隔 24 h 观察试管内的滤纸变化，注意液面附近滤纸是否变薄或出现斑点。分解旺盛的情况下，滤纸条会断裂。

(3)熔化含有琼脂的 Hutchiison 培养基，在无菌条件下吸取 0.5 mL 菌悬液加到平板上，用涂布棒将菌悬液均匀涂布在平板上。然后在平板表面盖一张与培养皿大小相近的无菌滤纸，用玻璃棒压平，使其与平板表面贴合。

(4)将上述平板放在底部盛水的干燥器中，在 28～30 ℃培养 7～10 d。

2. 平板划线分离与纯化

(1)取出平板，在无菌操作条件下，用灭菌的接种环挑取滤纸上的菌落，在含有 0.1%葡萄糖的 Hutchiison 培养基平板上进行四区划线法，重复数次。

(2)取无菌滤纸，将其剪成小纸片放在不含葡萄糖的 Hutchiison 培养基平板上。将在 0.1%葡萄糖的 Hutchiison 培养基上生长的菌落接种至滤纸片上，并在皿底做相应标记，在 28～30 ℃培养 7～10 d。

3. 刚果红染色

向在上述经培养生长出菌落的培养基中加入 1000 mg/L 刚果红溶液，以覆盖培养基表面为宜。10～15 min 后倾去刚果红溶液，并加入 1 mol/L NaCl 溶液，产纤维素酶的菌落周围此时会出现透明圈。

4. 转接

在无菌操作环境下，将分离纯化得到的纤维素降解菌接种至 Hutchiison 培养基斜面上进行保存。

5. 纤维素酶活性测定

(1)制备粗酶液：在无菌条件下用接种环挑取分离纯化后的纤维素降解菌接种至 Hutchiison 培养液中，在 28～30 ℃恒温培养箱中培养 3 d。将培养液放在离心机内，3000 r/min 离心 15 min，取上清液即为粗酶液。

(2)DNS法测定纤维素酶活力的标准曲线:取8支具塞离心管,编号后依次按表7-10中的顺序加入相应的试剂,混匀后在沸水浴中加热5 min,取出冷却,用蒸馏水定容至20 mL,充分混匀。然后以1号管的空白试剂为参比,于540 nm波长处比色,测定样品吸光度,每个样品测定3次,记录吸光值,绘制吸光值对葡萄糖含量的标准曲线。

表7-10　DNS法测定酶活标准曲线溶液配比

项目	1	2	3	4	5	6	7	8
蒸馏水/mL								
葡萄糖/(mg/mL)								
DNS试剂/mL								

(3)酶活力测定:取4支具塞离心管,依次编号,在各管中分别加入1.5 mL柠檬酸缓冲液和0.5mL粗酶液,向编号为1的管中加入1.5 mL DNS溶液使纤维素酶活性发生钝化,作为对照组。将4个具塞离心管同时在50 ℃水浴锅中加热5～10 min,然后向各管中依次放入50 mg滤纸片,继续在50 ℃水浴中维持1 h。取出具塞离心管,随即在2、3、4号管中加入1.5 mL DNS溶液结束酶反应,摇匀后用沸水加热5 min。经冷却,用蒸馏水定容至20 mL,充分摇匀。把1号管中的溶液作为参比,于540 nm波长处测定其余3个管中溶液的吸光度,求出3个吸光度的平均值,并在上述绘制的标准曲线上查出相应的葡萄糖含量。

(4)计算酶活力:纤维素酶活力(U/g)=葡萄糖含量(mg)×酶液总体积(mL)×5.56 /[反应时加入的酶液体积(mL)×样品质量(mg)×酶解时间(h)]

[实验数据记录及结果]

(1)观察并记录培养皿和试管中的滤纸状态。

(2)将制备DNS法测定纤维素酶活力的标准曲线以及酶活力测定过程中各个样品的吸光值记录下来,并用Excel绘制标准曲线,并在标准曲线上标注样品的吸光值。

[注意事项]

滤纸在使用前要检查其是否含有淀粉,检查方法是在滤纸上滴加碘液,若呈现蓝色,则表明有淀粉存在。此时可以用1%稀醋酸浸泡滤纸24 h,用碘液检查无淀粉后,用2%苏打水冲洗至滤纸中性,将其进行灭菌后备用。

[思考题]

(1)在培养基中加入滤纸的作用是什么?

(2)简述分离纤维素降解菌并测定其活性的现实意义。

(3)根据实验体会,总结影响实验的因素。

第8章　环境毒理学实验

实验8-1　鱼类的急性毒性实验

[实验目的]

通过本实验，熟悉和掌握鱼类急性毒性实验的设计、条件、操作步骤，以及实验结果的计算、分析和报告等全过程。

[实验原理]

鱼类对水环境的变化反应十分灵敏，当水体中的污染物达到一定程度时，就会引起一系列中毒反应，如行为异常、生理功能紊乱、组织细胞病变，直至死亡。在规定的条件下，使鱼接触含不同浓度受试物的水溶液，实验至少进行24 h，最好以96 h为1个实验周期，在24、48、72、96 h记录实验鱼的死亡率，确定鱼类死亡50%时的受试物浓度。鱼类毒性实验在研究水污染及水环境质量中占重要地位。通过鱼类急性毒性实验可以评价受试物对水生生物可能产生的影响，以短期暴露效应表明受试物的毒害性。鱼类急性毒性实验不仅用于测定化学物质毒性强度、测定水体污染程度、检查废水处理的有效程度，也为制定水质标准、评价环境质量和管理废水排放提供环境依据。

[实验器材]

1. 实验鱼的选择与驯养

实验用的鱼必须对毒物敏感，具有一定的代表性，便于实验条件下饲养，来源丰富，个体健康。我国可采用的实验鱼有四大养殖淡水鱼（青鱼、草鱼、鲢鱼和鳙鱼）、金鱼、鲫鱼、野生的食蚊鱼等。本实验选用鲫鱼作为实验鱼。

在同一实验中要求实验鱼必须同属、同种、同龄，最好是当年生。鱼的平均体长以7 cm以下为合适。金鱼体短、身宽，一般以3 cm以下较为合适。同组鱼中最大的体长不应超过最小的体长的1.5倍。

选用的实验鱼在实验前必须在实验室内经过驯养，使之适应实验室条件的生活环境。驯养鱼应该在与实验相同水质水温的水体中至少驯养7 d，使其适应实验环境，不应长期养殖（少于2个月）。驯养期间，应每天换水，可每天喂食1～2次，但在实验前一天应停止喂食，以免实验时，剩余饵料及粪便影响水质。驯养期间实验鱼死亡率不得超过5%，否则可以认为这批鱼不符合实验鱼的要求，应该继续驯养或者重新更换实验鱼进行驯养。

实验前必须挑选健康的鱼，即选择体色有光泽、鱼鳍完整舒展、行动活泼、逆水性强、大小无太大悬殊、无任何疾病的鱼作为实验鱼。任何畸形鱼、外观上反常态的鱼都不得作实验鱼。

2. 实验仪器设备

(1)实验容器:实验容器一般用玻璃或其他化学惰性材质制成的水族箱或水槽。容器体积可根据实验鱼的体重确定,通常每升水中鱼的负荷不得超过 2 g(最好为 1 g)。一些小型鱼类幼鱼可选择 500 mL 或 1000 mL 烧杯为实验容器。容器的深度必须超过 16 cm,水体表面积越大越好。同一实验应采用相同规格和质量的容器。为防止鱼类跳出容器,可在容器上加上网罩。实验容器使用后必须彻底洗净,以除去所有毒性残留物。

(2)其他:溶解氧测定仪、水硬度计、温度控制仪、pH 计、分析天平。

3. 实验用水(稀释水)及水质条件

实验用水的水质条件一般是指水的温度、pH、溶解氧、硬度、水中的有机物和水量等。

(1)水温:实验中应保持鱼类原来的适应温度,一般冷水鱼在 12～18 ℃,温水鱼在 20～28 ℃。为使得实验结果可靠,在同一实验中,温度的波动范围不要超过 4 ℃(即±2 ℃)。冬天可以通过加热室内的空气温度而达到调节水温的目的,也可以采用电热棒直接控制调节水温。

(2)pH:水的 pH 与水生生物的代谢作用有密切关系,对毒物的毒性作用也有一定的影响。因此,在实验中应维持 pH 在鱼类适宜范围内。一般实验液的 pH 在 6.7～8.5 为宜。如需调节 pH,可用 1 mol/L 或 0.1 mol/L 的 HCl 和 NaOH 来调节受试物贮备液的 pH。调节贮备液的 pH,不能使受试物浓度明显改变、发生化学反应或沉淀。

(3)溶解氧:溶解氧是鱼类生存的必要条件,它能影响鱼类对毒物的敏感性。一般温水鱼要求溶解氧在 4 mg/L 以上,冷水鱼要求溶解氧在 5 mg/L 以上。

(4)硬度:水的总硬度为 10～250 mg/L(以 $CaCO_3$ 计)。

用来驯养受试物和配制实验液的水,必须是未受污染的清洁水。一般可采用天然河水、湖水或地下水,但需过滤以除去大的悬浮物质。也可用自来水代替,但必须进行人工曝气或放置 3 d 以上脱氯。如果试验目的是评价工业废水或化学物质对接纳水体的影响,则最好采用接纳水体的污染源上游水作为实验用稀释水。蒸馏水不适合作稀释水,因为蒸馏水中已除去了自然界水中的盐类,与实际差距太大,另外由于蒸馏器的影响,有时使蒸馏水中带有对鱼类不利的金属离子,影响试验结果。

[实验步骤]

(1)预实验:确定正式实验所需浓度范围,可选择较大范围的浓度系列,如 1000、100、10、1、0.1 mg/L。每个浓度放入 5 条鱼,可用静态方式进行,不设平行组,试验持续 48～96 h。每日至少 2 次记录各容器内的死鱼数,并及时取出死鱼。求出 24 h 100%死亡浓度和 96 h 全部存活浓度。

如果预实验结果无法确定正式实验所需的浓度范围,应另选一浓度范围再次进行预实验。

(2)正式实验:根据预实验得出的结果,在包括使鱼全部死亡的最低浓度和 96 h 鱼类全部存活的最好浓度之间至少设置 5 个浓度组,并以几何级数排布。浓度间隔系数应≤2.2。

每个实验浓度组应至少设 2～3 个平行,每一系列设一个空白对照。如使用了助溶剂,应增设溶剂对照组,其浓度与试剂中的最高溶剂浓度相同。实验鱼的数目以每组实验浓度 10～

20 尾合适，不得少于 10 尾。

实验溶液调节至相应温度后，从驯养鱼群中随即取出鱼并随机迅速放入各实验容器中。转移期间处理不当的鱼均应弃除。同一实验，所有实验用鱼应 30 min 内分组完毕。

在 24、48、72、96 h 后检查受试鱼的状况。如果没有任何肉眼可见的运动，如鳃的扇动、碰触尾柄后无反应等，即可判断该鱼已死亡。观察并记录死鱼数目后，将死鱼从容器中取出。应在实验开始后 3 h 或 6 h 观察各处理组鱼的状况，并记录实验鱼的异常行为（如鱼体侧翻、失去平衡、游泳能力和呼吸能力减弱、色素沉积等）。

实验开始和结束时要测定 pH、溶解氧和温度。实验期间，每天至少测定 1 次。至少在实验开始和结束时，测定实验容器中实验液的受试物浓度。实验结束时，对照组的死亡率不得超过 10%。

[实验数据记录及结果]

1. 数据处理

以暴露浓度为横坐标，死亡率为纵坐标，在计算机或对数概率纸上，绘制暴露浓度对死亡率的曲线。用直线内插法或常用统计程序计算出 24、48、72、96 h 的半致死浓度（LC_{50}）值，并计算 95%的置信限。

如果实验数据不适于计算 LC_{50}，可用不引起死亡的最高浓度和引起 100%死亡的最低死亡浓度估算 LC_{50} 的近似值，即这 2 个浓度的集合平均值。

2. 化学物质急性毒性分级

依据 LC_{50} 值的大小，可以将化学物质的急性毒性分为剧毒、高毒、中等毒、低毒和微毒（无毒）5 级，如表 8-1 所示。

表 8-1　鱼类急性毒性实验毒性分级标准

鱼起始 LC_{50}/(mg/L)	<1	1～100	100～1000	1000～10000	>10000
毒性分级	剧毒	高毒	中等毒	低毒	微毒（无毒）

3. 编写报告

在实验报告中应包括：实验名称、目的、原理、实验的准确起止日期，还有如下几项：

（1）实验鱼的种名、来源、体重、体长、健康和驯化状况。

（2）受试物质名称、来源物化性质和保存方法。

（3）实验用水的来源、物化性质和实验前的处理等。

（4）实验溶液的浓度与配制方法、实验温度。

（5）实验条件，如容器形式、实验液的体积与深度、受试生物数目及负荷率。

（6）实验开始后 24、48、72、96 h 时的 LC_{50} 值，及其毒性分级。

[注意事项]

（1）实验期间，对照组鱼死亡率不得超过 10%。

（2）实验期间，受试物实测浓度不能低于设置浓度的 80%。如果实验期间受试物实测浓度与设置浓度相差超过20%，则应该以实测受试物浓度来表达实验结果。

(3)实验期间，尽可能维持恒定条件。

[思考题]

(1)在进行鱼类急性毒性实验时，什么是LC_{50}值，它的意义是什么？LC_{50}值对于评估化学物质的毒性如何？

(2)除了LC_{50}值，是否还有其他方法来评估鱼类急性毒性？请列举一些替代方法，并讨论它们的优势和局限性。

实验8-2 生物标志物实验——水生动物谷胱甘肽转移酶活性测定

[实验目的]

(1)了解有机污染物对代谢关键酶谷胱甘肽转移酶活性影响。

(2)掌握谷胱甘肽转移酶活性的体外测定方法。

[实验原理]

谷胱甘肽转移酶(GSTs，也叫谷胱甘肽转硫酶)是细胞质内催化相Ⅱ反应起解毒作用的重要酶，具有许多同工酶。污染物进入体内经过相Ⅰ反应后，在谷胱甘肽转移酶的催化下，细胞内还原性谷胱甘肽能结合相Ⅰ反应产生的亲电性中间体，从而生成亲水性的化合物。细胞膜上有多种的跨膜运输机制(如通过ATP推动GS-X泵)能将这类亲水性的化合物排出细胞，使之进入血液循环并最终以尿液等形式排出体外，从而起到解毒作用。在很多物种中，谷胱甘肽结合作用是相Ⅱ反应的主要形式。GSTs催化的一般反应为：

$$GSH + R - X \longrightarrow SR + HX$$

在该反应中，GSTs的主要功能是通过其活性中心增加GSH和亲电性底物的接触机会，然后激活GSH上巯基，诱导其对底物发动亲核性攻击从而形成结合产物。

迄今的研究表明GSTs存在于所有的动物体内，肝脏是脊椎动物种GSTs分布的主要场所。鼠肝中的GSTs占可溶性肝蛋白的10%，而鱼肝中的GSTs也是可溶性肝蛋白的主要成分。GSTs能被多种的污染物所诱导，如有机氯农药、多环芳烃和多氯联苯等。在哺乳动物中，经多环芳烃处理后，其肝脏中GSTs活性比对照组高1.5～2倍。在不同的水生动物体内GSTs可被多环芳烃诱导，其活性高于对照组2倍。野外研究发现，在同一条河流中，污染断面鱼体内肝脏组织和消化管组织中GSTs含量和活性比清洁断面高出3～4倍。然而，研究也发现GSTs活性诱导受环境条件、生物种类和化合物性质的影响，存在较大的差异。

基于上述原因，用GSTs作为生物标志物来指示特定的污染暴露，近年来在生态毒理学的研究中获得了广泛的运用。在本实验中，将采用体内实验的方法，测定水生动物暴露于有机氯农药林丹(Lindane)之后，其体内GSTs酶活性的变化。

[实验器材]

1. 器材

冷冻离心机(Beckman Coulter 22R centrifuge)、酶标仪(Bio-Tek instruments,INC)、pH计、溶解氧测定仪、电导率测定仪、96 孔板、1.5 mL 离心管、水浴锅、生物冰袋、移液枪(20、100、1000 μL)及对应枪头。

2. 受试生物

成年雄性的钩虾(*Gammarus pulex*)。从野外采集投放在 10 L 的有机玻璃缸中,人工曝气,在(15±1)℃,12 h 光照的条件下至少驯养 1 周,才能进行染毒暴露。驯养期间,用接种了真菌(*Cladosporium* sp.)发酵 1 周的桤木叶(*Alnus glutinosa* L.)喂食。

3. 试剂

1-氯-2,4-二硝基苯(CDNB),还原性谷胱甘肽(GSH),谷胱甘肽 S 转移酶(GST)标准品,苯甲磺酰氟(PMSF),聚乙二醇辛基苯基醚(Triton X-100),EDTA。

4. 溶液的配制

(1)林丹贮存液:取 50 mg 林丹固体颗粒,溶于 500 mL 的丙酮中配制成 100 mg/L 林丹贮存液,于 4 ℃下阴暗处密封保存备用。

(2)酶和缓冲液:

①配制 pH=6.5,0.02 mol/L 磷酸缓冲液(PB),利用此磷酸缓冲液配制下面三种实验缓冲液:

组织破碎缓冲液(HB):含有 1.0% Tritron X-100(*V*/*V*)和 1.0% PMSF(*V*/*V*)的磷酸缓冲液;

冲洗缓冲液(DB):含有 1.0% PMSF(*V*/*V*)的磷酸缓冲液;

空白缓冲液(BB):含有 0.1 % Tritron X-100(*V*/*V*)和 1.0% PMSF(*V*/*V*)的磷酸缓冲液;

②100 mmol/L PMSF 溶液用 95%乙醇溶解适量的 PMSF,于阴暗处保存,−20 ℃可保存 1 个月,−4 ℃可保存 5 d。

③40 mmol/L CDNP 溶液:用 95%乙醇溶解适量的 CDNP,保存方法与 PMSF 相同。

④20 mmol/L GSH 标准液的配制:配制 100 mmol/L EDTA 母液,用 0.1 mol/L KH_2PO_4 稀释母液至 EDTA 的浓度为 1 mmol/L。在 1 mmol/L EDTA 溶液中加入适量 GSH 使其终浓度为 20 mmol/L,用 1 mol/L HCl 或 1 mmol/L KOH 校正 pH。于阴暗处保存,−20 ℃可保存 1 个月,−4 ℃可保存 5 d。

⑤酶活测定液:实验之前配制,将 CDNB 和 GSH 溶液从冰箱中取出,置于室温。取 5 份 20 mmol/L GSH 标准液、9 份磷酸缓冲液(pH=6.5,0.02 mol/L)和 1 份 40 mmol/L CDNB 溶液,充分混合,配制成酶活测定液。

[实验步骤]

1. 暴露试验

按照急性毒性试验方法,将雄性的成年钩虾分别暴露于梯度林丹浓度中。暴露温度设定在(15±1)℃,光暗比为12 h∶12 h。实验开始时测定各浓度梯度林丹曝气水的溶解氧、pH和电导率。

暴露48 h后,将存活的个体从容器中打捞出来,先用吸水纸将表面的水分吸干,然后放入1.5 mL的聚乙烯离心管中(每管1只)。将这些离心管放入液氮罐20 s使钩虾猝死。取出的离心管在−70 ℃保存。

2.酶活力的测定

将1.5 mL离心管从超低温冰箱中取出,加入100 μL冷的组织破碎缓冲液HB(pH=6.5)。捣碎研磨管内的钩虾20～30 min,加入90 μL冷的冲洗缓冲液DB(pH=6.5)。14000 r/min离心3 min,取100 μL的上清液。将此上清液移入另一置于生物冰袋上的离心管中。往新的离心管内加入900 μL空白缓冲液BB(pH=6.5)后充分混匀,待用。

在一个干净的1.5 mL的离心管内加入500 μL酶活为1.4 U/mL的谷胱甘肽转移酶标准样品,加入500 μL冷的空白缓冲液BB(pH=6.5)后充分混匀。

在96孔板中加入50 μL的GST标准样品,钩虾组织液上清液或者空白缓冲液BB,每组设4个平行。然后加入150 μL酶活测定液,使每个孔内含有200 μL的反应液。将96孔板放入酶表仪30 ℃轻微振荡反应30 min,然后充分振荡96孔板以混合各反应液。340 nm下每隔1 min记录1个吸光值,计算吸光值随时间变化的斜率。

$$\text{GST 酶活}=\frac{OD\times R\times 1000}{\varepsilon\times S\times W\times P} \tag{1}$$

式中:OD为吸光值随时间变化的斜率,OD_{340}/min;ε为摩尔吸光系数,9600 $\text{mol}^{-1}\text{cm}^{-1}$;$R$为反应系统体积,μL;$S$为样品上清液的体积,μL;$W$为样品蛋白浓度,g/L;$P$为样品厚度,0.6 cm。

3.总蛋白的测定

以牛血清蛋白为校正标准,用Bio-Rad公司的试剂盒检测钩虾组织破碎液中的蛋白质浓度。将牛血清蛋白溶于磷酸缓冲液(pH=6.5)中,配制成200 mg/L的蛋白标准液。取0、0.25、0.75、1.00和1.25 mL该蛋白标准液,先加入8 mL磷酸缓冲液(pH=6.5),再加入空白缓冲液BB(pH=6.5),配制成浓度依次为0、5.0、10.0、15.0、20.0和25.0 mg/L的蛋白标准液系列。从每个浓度的蛋白标准液中取出800 μL至干净的EP管中,加入200 μL Bio-Rad产品。稀释缓冲液取80 μL的虾组织液上清液至一个干净的EP管中,加入80 μL 0.1%的Tritron X-100,用640 μL磷酸缓冲液(pH=6.5)稀释混合液至800 μL,加入200 μL Bio-Rad产品。

从上述反应体系中取出200 μL和Bio-Rad反应过的蛋白液(钩虾组织破碎液上清液,牛血清蛋白),每组设3个平行,加入96孔板内。25 ℃下,摇动96孔板20 s后,用酶标仪测定620 nm下的吸光度。根据牛血清蛋白标准液的读数汇出标准曲线,计算出曲线的斜率K。

$$\text{蛋白浓度}=OD_{620}/K \tag{2}$$

式中:OD_{620}为待测样品620 nm下的吸光度;K为牛血清蛋白标准样曲线的斜率。

[实验数据记录及结果]

毒性实验结果记录在表 8-2，酶活力和蛋白活力的测定实验结果记录在表 8-3。

表 8-2　毒性实验结果记录

		曝气水空白	溶剂组对照	林丹 1 μg/L	林丹 3 μg/L	林丹 6 μg/L	林丹 12 μg/L	林丹 24 μg/L
各实验组参数	溶解氧/(mg/L)							
	pH							
	电导率/μs							
钩虾死亡个体数/只	0 h							
	24 h							
	48 h							

表 8-3　酶活力和蛋白活力的测定实验结果记录

项目	曝气水空白	溶剂组对照	林丹 1 μg/L	林丹 3 μg/L	林丹 6 μg/L	林丹 12 μg/L	林丹 24 μg/L
OD_{340}/min							
蛋白浓度/(g/mL)							
GST 酶活/[mol/(g・min)]							

[注意事项]

(1)实验动物的选择：选择适当的水生动物品种和种类进行实验是非常重要的。确保所选动物对于研究目的和实验方法是合适的，并且在实验期间能够受到适当的照顾。

(2)实验条件的控制：为了获得可靠和可重复的结果，必须严格控制实验条件。这包括水质参数(如温度、pH 和氧气水平)、光照条件、饲养条件等。保持实验条件的稳定性有助于排除外部环境因素对实验结果的干扰。

[思考题]

(1)什么是谷胱甘肽转移酶(GST)？它在水生动物中的作用是什么？为什么测定谷胱甘肽转移酶活性对于评估水生动物的生物标志物很重要？

(2)谷胱甘肽转移酶活性测定是如何进行的？请简要描述一下实验步骤和原理。

实验 8-3　有机磷农药对乙酰胆碱酯酶活性的体外抑制实验

[实验目的]

本实验通过体外毒性实验，研究有机磷农药在不同浓度下对乙酰胆碱酯酶活性的影响，了解有机磷农药对乙酰胆碱酯酶的毒性。要求加深理论认识，掌握实验操作技术。

[实验原理]

乙酰胆碱酯酶的生理功能是水解乙酰胆碱。有机磷农药的毒性作用主要是抑制机体内的乙酰胆碱酯酶(acetylcholinesterase, AChE)，当有机磷农药进入体内以后，其磷酸根可以迅速和乙酰胆碱酯酶的活性中心结合，形成磷酰化胆碱酯酶，抑制了乙酰胆碱酯酶的活性，不能水解乙酰胆碱，造成神经末梢部位乙酰胆碱的蓄积，胆碱能刺激神经系统，从而导致生物体神经系统功能的紊乱，产生一系列的中毒症状。乙酰胆碱酯酶的活性变化是敏感的农药毒理学指标，已被广泛应用于农药的毒性评价和农药环境污染评价。

乙酰胆碱酯酶在有底物(氯乙酰胆碱)条件下产生醋酸，醋酸与 3-硝基苯酚(黄色)反应并使其脱色，3-硝基苯酚在 400～440 nm 范围内有吸收光，测定其消光值可以反映乙酰胆碱酯酶的活性。

[实验器材]

(1)器材：试管、烧杯、恒温水浴锅、分光光度计、通风橱。

(2)试剂

①氯化钠溶液(sodium chloride solution)：用蒸馏水配成 0.15 mol/L NaCl 溶液，加入 0.4%氯仿，2～8 ℃保存。

②醋酸(acetic acid)，0.02 mol/L。

③磷酸缓冲液(phosphate buffer)：取 0.1 mol/L $K_2HPO_4 \cdot 3H_2O$ 溶液与 0.1 mol/L K_2HPO_4溶液混合，调节 pH=7.8，配成 0.1 mol/L 磷酸缓冲液。

④氯化乙酰胆碱溶液(acetylcholine chloride solution)：实验前采用蒸馏水配成 150 g/L 的底物溶液。

⑤3-硝基苯酚(3-nitrophenolate solution)：以 0.1 mol/L，pH=7.8 的磷酸缓冲液配成浓度为 0.75 g/L 的显色剂溶液，2～8 ℃下保存。

⑥乙酰胆碱酯酶(AChE)，−20 ℃保存。

[实验步骤]

1. 乙酰胆碱酯酶活力标准曲线制备

(1)在通风橱内，取一支试管，加入 2.0 mL NaCl 溶液，以及 2.0 mL 磷酸缓冲液，混匀。

(2)按表 8-4 中第 1 列所标记 7 支试管，在每管中加入 2.0 mL 的 3-硝基苯酚，以及

0.4 mL 步骤(1)中混合的试剂。

(3)按表 8-4 第 2、第 3 列所示在试管中加入试剂,并混合。

(4)以蒸馏水为参比,记录每管试剂在 405 nm 处吸光值。

(5)以空白管的吸光值减去其余每管的吸光值,所得差值作为纵坐标,表 8-4 第 4 列乙酰胆碱酯酶活性(U/mL)作为横坐标,绘制标准曲线。

表 8-4 乙酰胆碱酯酶活力标准溶液系列

试管编号	蒸馏水/mL	醋酸溶液/mL	乙酰胆碱酯酶活性/(U/mL)
空白	3.2	0	0
1	3.0	0.2	20
2	2.8	0.4	40
3	2.6	0.6	60
4	2.4	0.8	80
5	2.2	1.0	100
6	2.0	1.2	120

2. 酶活性抑制试验

(1)在通风橱内,融化冷冻的未稀释过的乙酰胆碱酯酶,用磷酸缓冲液稀释成每毫升中含有 10 个单位的酶液,搅拌,须立即使用。

(2)准备试管若干,放置水浴锅中(25 ℃)15 min,同时将所需试剂也放在水浴锅中预热至 25 ℃。

(3)按表 8-5,依次将第 2 列到第 6 列的试剂加入标号的试管中,将农药稀释到设定的浓度梯度,依次加入试管中,每管 1 mL,混匀。

表 8-5 乙酰胆碱酯酶活性抑制实验操作流程 mL

试管编号	蒸馏水	NaCl	3-硝基苯酚	磷酸缓冲液	酶	农药
空白	3.2	0.2	2.0	0.3	0	0
浓度 0	2.9	0.2	2.0	0.3	0.3	0
浓度 1	1.9	0.2	2.0	0.3	0.3	1.0
浓度 2	1.9	0.2	2.0	0.3	0.3	1.0
浓度 3	1.9	0.2	2.0	0.3	0.3	1.0
浓度 4	1.9	0.2	2.0	0,3	0.3	1.0
浓度 5	1.9	0.2	2.0	0.3	0.3	1.0

(4)将试管在水浴锅(25 ℃)静置 15 min。

(5)每间隔 2 min,向每管中加入 0.2 mL 氯乙酰胆碱,混合。在水浴锅(25 ℃)中放置 30 min。

(6)对每管试剂进行比色测定,以蒸馏水为参比,记录 405 nm 处的吸光值。

[实验数据记录及结果]

(1)乙酰胆碱酯酶活性计算:以空白管的吸光值减去其余每管的吸光值,得到差值,从标准曲线上查得相应的酶活性(U/mL)。

(2)乙酰胆碱酯酶活性抑制率计算:设空白管的吸光值为 A;浓度 0 吸光值为 B;其余各浓度下的吸光值分别为 C_1、C_2、C_3……。

空白管的吸光值 A,为没有酶参与反应时,反应体系的吸光值;浓度 0 的吸光值 B,为抑制率为 0 时的吸光值;则在浓度 x 下:

$$\text{酶抑制率}=1-\frac{A-C_x}{A-B}$$

(3)计算出各个浓度下的酶抑制率,绘制受试农药浓度对酶抑制率的曲线图。

(4)记录在表 8-6。

表 8-6 数据记录表

试管编号吸光值(A_{405})	消光值 (空白 A_s－各浓度管 A_{as})	对应酶活性 /(U/mL)	酶活性抑制率
空白			
浓度 1			
浓度 2			
浓度 3			
浓度 4			
浓度 5			
说明			

[注意事项]

(1)酶活力抑制实验要在 25 ℃恒温条件下进行。

(2)酶活力抑制实验的反应时间要计时准确。

(3)农药的浓度设置不少于 5 个浓度梯度,每个浓度做 3 个平行。

[思考题]

(1)什么是乙酰胆碱酯酶(AChE)?在生物体内的作用是什么?为什么研究有机磷农药对乙酰胆碱酯酶活性的抑制很重要?

(2)乙酰胆碱酯酶活性抑制实验的原理是什么?请简要描述一下该实验的步骤和过程。

(3)有机磷农药对乙酰胆碱酯酶活性的体外抑制实验对于毒理学研究和环境监测有什么应用和意义?如何解读实验结果和评估有机磷农药的潜在危害?

实验 8-4　发光菌的生物毒性测试方法

[实验目的]

通过实验要求了解发光菌的生物毒性测试方法的基本原理，搞清 DXY-2 型生物毒性测试仪的基本结构、原理，并能进行正确的操作和使用。

[实验原理]

发光菌的生物毒性测试是 20 世纪 70 年代后建立起来的生物测试方法。发光菌是一种海洋发光细菌，属一类非致病的革兰氏阴性兼厌氧性细菌，它们在适当的条件下经培养后，能发出肉眼可见的蓝绿色的光。其发光原理是由于活体细胞内具有 ATP、荧光素（FMN）和荧光酶等发光要素。这种发光过程是细菌体内的一种新陈代谢过程，即氧化呼吸链上的光呼吸过程。当细菌合成荧光酶、荧光素、长链脂肪酸时，在氧的参与下，能发生生化反应，便产生光，光的峰值在 490 nm 左右。

当发光菌接触到环境中有毒污染物质时，可影响或干扰细菌的新陈代谢，从而使细菌的发光强度下降或熄灭。有毒物质的种类越多、浓度越高，抑制发光的能力越强。这种发光强度的变化可用测光仪定量地测定出来。毒物浓度与菌体发光度呈线性负相关，因而可根据发光度确定毒物急性生物毒性。发光菌的生物毒性测试方法快速、简便、灵敏，所以在有毒物质的筛选、环境污染生物学评价等方面有很大的实用价值。

[实验器材]

1. 器材

DXY-2 型生物毒性测试仪（中国科学院南京土壤研究所制）：配制 2 mL 和 5 mL 样品测试管（具标准磨口塞）、微量注射器（10 μL）、注射器（1 mL）、定量加液瓶（5 mL）、吸管（2、10、25 mL）、试剂瓶（100 mL）、量筒（100、500 mL）、棕色容量瓶（50、250、1000 mL）、10 mL 半微量滴定管（配磨口试剂瓶，全套仪器均为棕色）。恒温振荡器、隔水式培养箱、高压灭菌锅、比色管架。

2. 试剂和材料

（1）3% NaCl 溶液：称取 3 g NaCl 于玻璃容器内，用量筒加 100 mL 蒸馏水。

（2）2% NaCl 溶液：称取 2 g NaCl 于玻璃容器内，用量筒加 100 mL 蒸馏水，2～5 ℃冰箱内保存。

（3）参比毒物 $HgCl_2$ 标准溶液：0.02、0.04、0.06、0.08、0.10、0.12、0.14、0.16、0.18、0.20、0.22、0.24 mg/L。

（4）2000 mg/L $HgCl_2$ 母液：用电子天平称密封保存良好的无结晶水 $HgCl_2$ 0.100 g 于 50 mL 容量瓶，用 3% NaCl 溶液稀释至刻度，置 2～5 ℃冰箱备用，保存期 6 个月。

(5)2 mg/L $HgCl_2$工作液：用移液管吸 $HgCl_2$母液 10 mL 于 1000 mL 容量瓶，用 3% NaCl 溶液定容；再用移液管吸 $HgCl_2$溶液 25 mL 入 250 mL 容量瓶，用 3% NaCl 溶液定容，得到浓度为 2 mg/L 的工作液。将此工作液倒入配有半微量滴定管的试剂瓶，然后用 3% NaCl 溶液将 2 mg/L $HgCl_2$溶液按表 8-7 稀释成系列浓度(一律采用 50 mL 容量瓶)。这些 $HgCl_2$稀释液保存期不超过 24 h，超过务必重配。

表 8-7　$HgCl_2$工作液稀释配制系列(在 50 mL 容量瓶中)

加 2 mg/L $HgCl_2$ /mL	0.5	1.0	1.5	2.0	2.5	3.0	3.5	4.0	4.5	5.0	5.5	6.0
稀释定容后 $HgCl_2$/(mg/L)	0.02	0.04	0.06	0.08	0.10	0.12	0.14	0.16	0.18	0.20	0.22	0.24

(6)明亮发光杆菌 T_3 小种(*Photobacterium phosphoreum* T_3 spp.)冻干粉：安瓿瓶包装，每瓶 0.5 g (中国科学院南京土壤研究所提供)，在 2～5 ℃冰箱内有效保存期为 6 个月。

[实验步骤]

1. 仪器的预热和调零

打开生物发光光度计电源，预热 15 min，调零，备用。

2. 试管的排列

在塑料或铁制试管架上按以下 2 种情况排列测试管：

(1)若样品母液相对发光度为 1%以上，将测试管在试管架上按如下排列：左侧放参比毒物 $HgCl_2$ 系列浓度溶液管，右侧放样品管。前排放 $HgCl_2$溶液和样品管，后一排放对照(CK)管，后二排放 CK 预试验管。每管 $HgCl_2$样品液均配一管 CK(3%NaCl 溶液)，设 3 次重复。每测一批样品，常需同时配制测定系列浓度 $HgCl_2$标准溶液(表 8-8)。

表 8-8　测试管在试管架上的排列

后二排	CK 预试 1						CK 预试 2						
后一排	CK	CK	CK	CK	CK	CK…	CK	CK	CK	CK	CK	CK	CK…	CK
前排	0.02	0.02	0.02	0.04	0.04	0.04…	0.24	样品$_1$	样品$_1$	样品$_1$	样品$_2$	样品$_2$	样品$_2$…	样品$_n$
管群	$HgCl_2$/(mg/L)							样品						

(2)若样品母液相对发光度为 50%以下乃至 0，将以 EC_{50} 表达结果者按如下排列：左侧仅放 0.10 mg/L $HgCl_2$溶液管(作为检验发光菌活性是否正常的参考毒物浓度，反应 15 min 的相对发光度应在 50%左右)，右侧放样品稀释液管(从低浓度到高浓度依次排列)。其他同(1)。每测一批样品，均必须同时配测 0.10 mg/L $HgCl_2$溶液。

3. 3% NaCl 溶液

用 5 mL 的定量加液瓶给每支 CK 管加 2 mL 或 5 mL 3% NaCl 溶液。

4. 加样品液

用 2 mL 或 5 mL 吸管给每支样品管加 2 mL 或 5 mL 样品液。每个样品号换一支试管。

另取一支 2 mL 或 5 mL 空测试管，加 2 mL 或 5 mL 3% NaCl 溶液，10 μL 复苏发光菌液，盖上瓶塞，用手颠倒 5 次以达均匀。拔去瓶塞，将该管放入各自型号仪器测试舱内，若发光量立即显示[或经过 5～10 min 上升到 600 mV 以上（低于 600 mV 时，允许将倍率调至"X2"挡，发光量达不到 600 mV 时，更换冻干粉）]，此瓶冻干粉可用于测试。

5. 给各测试管加复苏菌液

在发光菌液复苏稳定（约 15 min）后，按（2）所述，从左到右，按 $HgCl_2$ 或样品管（前）—CK 管（后）—$HgCl_2$ 或样品管（前）—CK 管（前）顺序，用 10 μL 微量注射器（勿用定量加液器，以减少误差）准确吸取 10 μL 复苏菌液，逐一加入各管，盖上瓶塞，用手颠倒 5 次，拔去瓶塞，放回原位。每管在加菌液的当时务必精确计时，记录到秒，记作各管反应终止（即应该读发光量）的时间。

6. 读数

当发光细菌与样品反应达到终止时间（精确到秒），则可进行样品测量并记录结果在表 8-9。

（1）向上拔出样品室的盖子（注：拔出前，面板上应是红指示灯亮），然后将盛有待测样品液的比色管放入样品室，盖好盖子。

（2）抓住盖子，依顺时针方向旋转（这时面板上红灯灭，绿灯亮），1～2 s 后则可读取样品溶液的测定数据（读出其发光量—经光电变换—电压 mV 数）。

表 8-9　样品急性毒性发光细菌测定法实验记录

测定日期________　　测定人________　　提取方法________

分析号	加菌液时间（反应开始，读到 s）	测定时间（反应 min，读到 s）	发光量/mV	相对发光度 L_x/%	均值 L ($1L=100-L_x$)	抑制发光率/%	备注

（3）抓住盖子按顺时针方向旋转，回到原处（面板上绿灯熄灭，红灯亮），这时即可向上拔出盖子，取出已测过的样品，此后，可作如下处理：①还有待测样品，再取一比色管放入，盖好盖子，然后按上述步骤进行测量。②同样品需进一步处理，不能马上测量，可以盖上盖子等待。③整批样品测试完毕，盖好盖子，将仪器电源切断。

[实验数据记录及结果]

1. 计算样品相对发光度，并算出平均值

$$相对发光度=\frac{HgCl_2\ 管或样品发光(mV)}{CK\ 管发光(mV)}\times 100\%$$

$$相对发光度平均值=\frac{(重复1)\%+(重复2)\%+(重复3)\%}{3}$$

2. 建立并检验 $HgCl_2$ 浓度(c)与其相对发光度(%)均值的相关方程

(1)在具有一元一次线性回归功能的计算器(例如:SHARPEL-5100S、CASIO fx-4000P型计算器)上输入各对 c、T 值,先输入 c(视为 X)、后输入 T(视为 Y),求出一元一次线性回归方程的 a(截距)、b(斜率、回归系数)和 r(相关系数),列出方程:

$$T=a+bc_{氯化汞}$$

查相关系数显著水平(P 值)表,检验所求 r 值的显著水平。若 $P\leqslant 0.01$,则 EC_{50}(氯化汞)=(0.10±0.02) mg/L,则所求相关方程成立;反之,不能成立,须重测系列 $HgCl_2$ 浓度的发光量。$HgCl_2$ 溶液配制过夜者,须重配后再测定。

(2)也可以据建立的上述方程绘制关系曲线,即指定发光度为10%和90%,代入上式,求出相应的两个 $HgCl_2$ 浓度,在常数坐标纸上定出两点,画一直线,即为符合该方程的 $HgCl_2$ 浓度与相对发光度的关系曲线。

(3)建立并检验样品稀释浓度(c)与其相对发光度均值的相关方程。按照上述方法建立相关方程 $T=a+bc_{氯化汞}$,并检验相关系数 r 显著水平(P 值)。若 $P\leqslant 0.05$,则所求相关方程成立;反之,不能成立,须重测样品稀释系列浓度的发光量。

[注意事项]

(1)测试时,室温必须控制在20~25 ℃。同一批样品在测定过程中要求温度波动不超过±1 ℃。故冬夏测定宜在室内采用空调器控温。且所有测试器皿及试剂、溶液,测前1 h均置于控温的测试室内。

(2)对有色样品测定,若用常规方法测定会有干扰,因此需用方法进行校正。

(3)水环境污染后的毒性测定,应在采样后6 h内进行。否则应在2~5 ℃下保存样品,但不得超过24 h。报告中应标明采样时间和测定时间。

[思考题]

(1)叙述发光菌的生物毒性测试方法的基本原理和测试条件。

(2)与传统的生物学检测方法(如鱼类急性毒性试验)相比,发光菌的生物毒性测试方法具体有哪些优点?

(3)对于有色样品怎样用发光菌生物毒性测试方法进行测定?

实验8-5 蚕豆根尖细胞微核测试实验

[实验目的]

目前蚕豆(*Vicia faba*)根尖细胞微核监测技术已成为国内外较为普遍用于研究和监测环

境致突变物(致癌物)的高等植物间期体细胞遗传检测系统。1986 年国家环保局已将蚕豆根尖细胞微核监测技术列入《环境监测技术规范》用于水环境监测。通过实验要求掌握蚕豆根尖细胞微核实验方法,并借此对受试物的诱变性进行评定。

[实验原理]

蚕豆根尖细胞在分裂时,染色体要进行复制,在复制过程中常发生断裂,断裂下来的断片在正常情况下能自行复位愈合,这样细胞可以维持正常生活。如果在细胞分裂时受到外界诱变因子的作用,不仅会阻碍染色体片段的愈合,而且有随因子作用使断裂程度加重的趋势,于是在细胞分裂中会出现一些染色体片段,这些片段由于不具着丝点而不受纺锤丝牵动,游离在细胞质中。当新的细胞核形成时,这些片段就独自形成大小不等的小核,这种小核就是微核。因为产生的微核数量与外界诱变因子的强弱成正比,所以可以用微核出现的百分率来评价环境诱变因子对生物遗传物质影响的程度。

[实验器材]

1. 实验材料

松滋青皮豆。松滋青皮豆是从蚕豆不同品种中筛选出较为敏感的品种。本品种引入后栽培繁殖时要注意不和其他蚕豆品种种在一起,不喷农药,以保持该品种较低的本底微核率。如果只需对水环境监测起警报系统作用,也可用其他当地蚕豆品种,但要注意设好对照组。种子成熟晒干后,为保证其发芽率,要贮于干燥器内,或用牛皮纸袋装好放入 4 ℃冰箱内保存备用。

2. 设备与器材

显微镜、温箱、恒温水浴锅、冰箱、手揿计数器、解剖盘、镊子、解剖针、载玻片、盖玻片、试剂瓶、烧杯、三角烧瓶、培养皿等。

3. 实验试剂

(1) 5 mol/L HCl。

(2)卡诺氏液:无水乙醇(或 95%乙醇)3 份加冰醋酸 1 份配成。固定根尖时随用随配。

(3)席夫(Schiff)试剂:称 0.5 g 碱性品红(Fuchsin Basic)加蒸馏水 100 mL 置三角烧瓶中煮沸 5 min,并不断搅拌使之溶解。冷却到 58 ℃时,过滤于深棕色试剂瓶中,待滤液冷至 25 ℃时再加入 10 mL 1 mol/L HCl 和 1 g 偏重亚硫酸钠或偏重亚硫酸钾(NaS_2O_5或$K_2S_2O_5$)充分振荡使其溶解。塞紧瓶口,用黑纸包好,置于暗处至少 24 h,检查染色液如已透明无色即可使用。此染色液在 4 ℃的冰箱中可贮存 6 个月左右,如出现沉淀就不能再用。

(4)SO_2洗涤液

贮存液:10% NaS_2O_5(或 10% $K_2S_2O_5$)溶液;1 mol/L HCl。

使用液现用现配,取上述 10% NaS_2O_5(或 10% $K_2S_2O_5$)溶液 5 mL,加 1 mol/L HCl 5 mL,再加蒸馏水 100 mL 配成。

[实验步骤]

1. 蚕豆浸种催芽

(1)浸种:将当年或前一年的松滋青皮豆种子按需要量放入盛有自来水(或蒸馏水)的烧杯

中，置 25 ℃的温箱中，浸泡 26～30 h，此期间至少换水 2 次，换用的水最好事先置于 25 ℃温箱中预温（如室温超过 25 ℃，即可在室温下进行浸种催芽）。

（2）催芽：待种子吸胀后，用纱布松松包裹置解剖盘内，保持湿度，在 25 ℃的温箱中催芽 12～24 h。待种子初生根露出 2～3 mm，再选取发芽良好的种子，放入带框的尼龙纱网中，并将其放入盛有自来水的解剖盘中，使根尖与水接触，仍置入 25 ℃的温箱中继续催芽，每天更换解剖盘中的自来水，经 36～48 h 种子大部分初生根长至 2～3 cm，这时就可选择粗细、长短一致且根尖发育良好的种子，用来作为监测水源样品或药物溶液诱发效应之用。

2. 蚕豆根尖染毒

每一处理组选取上述种子 6～8 粒，放入盛有被测液的培养皿中，使被测液浸泡住根尖即可，一般染毒 4～6 h（此时间也可视实验要求和被测液的浓度等情况而定）。另设自来水（或蒸馏水）对照组。

3. 根尖细胞恢复培养

将处理后的种子用自来水（或蒸馏水）浸洗 3 次，每次 2～3 min。洗净后的种子再放入新铺好湿脱脂棉的培养皿中，放入 25 ℃的温箱中，使根尖细胞恢复 22～24 h。

4. 固定根尖细胞

将恢复后的种子，从根尖顶端切下 1 cm 的幼根放入青霉素空瓶中，加卡诺氏固定液固定 24 h（固定后的幼根如不及时制片，可换入 70%的乙醇中，置 4 ℃的冰箱内保存备用）。

5. 福尔根（Feulgen）染色

（1）固定好的幼根，在青霉素瓶中用蒸馏水浸洗 2 次，每次 5 min。吸净蒸馏水后，再加入 5 mol HCl 将幼根浸泡住，连瓶放入 28 ℃水浴锅中水解幼根 10 min 左右（视根软化的程度可适当增减时间），至幼根被软化即可。

（2）用蒸馏水浸洗幼根 2 次，每次 5 min。吸净蒸馏水后，在暗室或遮光的条件下加 Schiff 试剂，用量以淹住幼根液面高出 2 mm 为宜。

（3）除去染液，并用 SO_2 洗涤液浸洗幼根 2 次，每次 5 min，然后再用蒸馏水浸洗 5 min。

（4）将幼根放入新换的蒸馏水中，置 4 ℃的冰箱内保存，可供随时制片之用。

6. 制片

将幼根放在擦净的载玻片上，用解剖针截下 1 mm 左右的根尖，滴上少许 45%的醋酸溶液，用解剖针将根尖捣碎，然后加一清洁的盖玻片，并在盖玻片上加一块滤纸，轻轻敲打压片。

7. 镜检及微核识别标准

将制片先置低倍显微镜下，找到分生组织区细胞分散均匀、膨大、分裂相较多的部位，再转到高倍镜（物镜 40×）下进行观察。

微核的识别标准：

（1）凡是主核大小的 1/3 以下，并与主核分离的小核。

（2）小核着色与主核相当或稍浅。

（3）小核形态可以是圆形、椭圆形、不规则形。

每一处理观察 5 个根尖，每个根尖观察 1000 个细胞，并计数其中有微核的细胞数（微核千分率）。

[实验数据记录及结果]

将微核观察记录表(表 8-10)上所得数据,按如下步骤进行统计学处理:

(1)各测试样品(包括对照组)微核千分率(MCN)的计算:

$$\text{MCN}=\frac{\text{某测试样品(包括对照组)观察到的 MCN 数}}{\text{某测试样品(或对照)观察的细胞数}}\times 1000‰ \tag{1}$$

(2)如果被监测样品不多,可直接用各样品 MCN 率平均值与对照组比较(t 检验),从差异的显著性判断水质污染与否。

(3)如被监测的样品较多,可先用方差分析(F 检验)看各采样点(或各样品)所测的 MCN 率平均值和对照的差异显著性。如差异显著,还可进行各采样点微核差异显著性的多重比较,看被检样品 MCN 率平均值差异显著性的分组情况,以归纳划分这些不同采样点不同级别的污染程度。

(4)污染指数判别:此方法可避免因实验条件等因素带来的 MCN 本底的波动,故较宜适用。

$$\text{污染指数(PI)}=\frac{\text{样品实测 MCN 平均值}}{\text{标准水(对照组)MCN 平均值}} \tag{2}$$

式中:污染指数在 0～1.5 为基本没有污染;1.5～2 为轻污染;2～3.5 为中污染;3.5 以上为重污染。凡数值在上、下限值时,定为上一级污染。

表 8-10　蚕豆根尖微核监测记录表

样品编号________　浓度________　观察日期________　观察者________

片号	观察细胞数	微核数	微核数/细胞数	
1				平均微核千分率 ________/‰
2				
3				
4				
5				

[注意事项]

(1)对严重污染的水环境,监测处理时造成根尖死亡,应稀释后再作测试。

(2)在没有空调恒温设备的条件下,如室温超过 35 ℃,MCN 本底可能有升高现象,但可经污染指数法数据处理,不会影响监测结果。

[思考题]

(1)蚕豆根尖微核测试技术是什么?它在植物遗传学研究中的作用是什么?

(2)蚕豆根尖微核测试技术有哪些优点和局限性?如何克服其中的局限性?

实验 8-6 水生生态系统藻类毒性实验

[实验目的]

(1)了解藻类生长的基本条件和藻类毒性实验的方法。

(2)通过藻类毒性实验,掌握水体中有害物质对水生态系统影响的评价方法。

[实验原理]

生物测试(bioassays)在水污染的评价中之所以非常重要,是因为只靠化学和物理的检验不足以考察污染物在水生物界中的潜在影响。不同的水生物对相同的有毒物质具有不同的反应;一种生物在其全部的生活史(life cycle)中反应也不始终如一。

藻类生物是水生生态系统中最重要的初级生产者,影响藻类生长的主要因子包括阳光、二氧化碳、温度、pH 及氮、磷、微量元素等营养成分。水环境中的这些生态因子的变化会刺激或抑制藻类的生长,而导致水体初级生产力的变化。如果外来有毒有害化学物质进入水体,藻类的生命活动就会受到影响,生物量也随之发生变化。选定水体中某种藻类,测定其在水中的最大比生长率和生物量,就可以评价所试水体的营养状态,外来化学物质对受试水体中藻类生长的可能效应以及对整个水生生态系统的可能综合效应。目前水生生态系统藻类毒性实验已经成为许多国家对水环境质量监测的标准方法之一,并在全球得到广泛的应用。

[实验器材]

1. 主要仪器

温度控制系统、充氧仪、显微镜、血球计数板或 0.1 mL 浮游生物计数框、分光光度计、计数器、照度计、pH 计或 pH 试纸、离心机、灭菌锅、干燥箱。

2. 主要器皿

三角瓶(300、500 mL)、移液管(0.1、0.5、1、5、10 mL)、量筒(100、1000 mL)。

3. 主要材料

(1)推荐试验用藻种:铜绿微囊藻(*Microcystis aeruginosa* Kutz)、水华鱼腥藻[*Anabaena flosaguae* (Lyngb) de Brebisson]、小环藻(*Cyclotella* sp.)、菱形藻(*Nitzschia* sp.)、杜氏藻(*Dunaliella tertiolecta* Butcher)、普通小球藻(*Chlorella vulgaris*)、针杆藻(*Synedra* sp.)、斜生栅藻(*Scenedesmus obliguus*)。

(2)培养基:淡水藻类培养基的配方中化合物成分及其贮备液浓度见表 8-11 和表 8-12。

表 8-11　常量营养盐贮备液　　mg/L

化合物		元素	
种类	浓度	种类	浓度
$NaNO_3$	25.5	N	4.2
$NaHCO_3$	15.5	Na	11.0
		C	2.14
K_2HPO_4	1.04	K	0.469
		P	0.816
$MgSO_4 \cdot 7H_2O$	14.7	S	1.91
$MgCl_2$	5.7	Mg	2.9
$CaCl_2$	4.41	Ca	1.2

表 8-12　微量营养盐贮备液　　μg/L

化合物		元素	
种类	浓度	种类	浓度
H_3BO_3	186	B	32.5
$MnCl_2$	264	Mn	115.0
$ZnCl_2$	3.27	Zn	1.57
$CoCl_2$	0.780	Co	0.354
$CuCl_2$	0.009	Cu	0.004
$Na_2MoO_4 \cdot 2H_2O$	7.26	Mo	2.88
$FeCl_3$	96.0	Fe	33.0
$Na_2EDTA \cdot 2H_2O$	300	—	—

[实验步骤]

1. 水样的加工制备

利用滤膜在减压条件下过滤，以除去水样中原有的藻类生物，如果水样中含有大量的悬浮物，则在使用 0.45 μm 孔隙的滤膜之前，先对水样进行适当的预过滤。在 108 kPa 和 121 ℃之下持续 30 min，高压处理水样，杀灭水样中所有生物，以便测定水样中的全部营养（包括过滤的生物体中的营养）。

2. 藻类培养基的配制

分别取常量营养盐的每一种化合物贮备液 1 mL，加入 900 mL 去离子水中，然后再加入微量元素-EDTA 的混合液 1 mL，最后再加入去离子水至 1000 mL。配制的标准培养基，经高压灭菌后分装在三角瓶中供实验用。

3. 藻类预培养

将事先准备的藻种移种至盛有培养基的三角瓶中，在实验确定的温度和光强下，通气培养，每周转接 1 次，均须在无菌条件下进行，并常用显微镜检查，以保证贮备培养是单种纯种。

反复 2～3 次，使藻类达到同步生长阶段。

用离心机离心收集培养物中的藻细胞，去除上清液，在沉积的藻细胞中加入 10 mL $NaHCO_3$ 溶液（15 g/L），使藻细胞悬浮于此溶液中，藻细胞经离心—悬浮—再离心—再悬浮，经此处理的藻悬浮物作为实验藻接种原。

4. 预备实验

预备实验的目的在于探明毒物对藻类影响的半数有效浓度（EC_{50}）的范围，为正式实验打基础，其处理浓度的间距可大一些，以尽可能使 EC_{50} 值在处理浓度范围内。

5. 正式实验

（1）实验浓度的选择：根据预备实验的结果，按等对数间距取 5～7 个毒物浓度，其中必须包括一个能引起实验藻类的生长率下降约 50%的浓度，并在此浓度上下至少各设 2 个浓度，另设 1 个不含毒物的空白对照。各浓度组均设 3 个平行样。

（2）种的制备和接种量：取上述达到同步生长的藻类培养液充分摇匀，取样计数细胞密度后，用吸管转移相应体积的细胞悬浮液到受试水样中，使实验开始时的细胞密度为：

羊角月牙藻	10^3/mL
铜绿微囊藻	50×10^3/mL
水华鱼腥藻	50×10^3/mL
杜氏藻	10^3/mL
菱形藻	10^3/mL
小环藻	10^3/mL
针杆藻	10^3/mL

培养三角瓶的大小要求不是太严格，但由于限制 CO_2 量交换的是介质的表面积与体积之比，因此，瓶中所盛培养基的体积必须注意。通常可以按下述比例来盛装培养液：40 mL 的培养基装于 125 mL 的瓶中；60 mL 的培养基装于 250 mL 的瓶中；100 mL 的培养基装于 500 mL 的瓶中。

（3）生物量的测定：在藻类毒性实验中，应定时取样测定藻类的生长情况，一般为 24 h 或 48 h 取样 1 次。在 96 h 取样测定毒物对藻类影响的 EC_{50} 值，即与对照相比，生长率下降 50% 的毒物浓度。测定藻类生长的指标有多种，因此在设计藻类毒性实验时，必须考虑所有相关的环境因素，根据自己的实验目的和实际条件选择指标。常用的测试指标有：

①干重测定：取适当量的培养悬浮液以 0.45 μm 的已称过重的滤膜进行过滤，过滤中用适量含有 $NaHCO_3$ 的蒸馏水来冲洗，然后将滤膜放在烘箱中，于 60 ℃数小时烘干，移入干燥器中冷却，最后称重，计算藻类的干重。

②光密度测定：用分光光度计或比色计在波长 750 nm 处直接测定藻类的吸光率。注意将吸光度读数控制在 0.05～1.0。

③细胞计数：利用血球计数板或浮游生物计数框在显微镜下观察藻类培养液直接计数。

④叶绿素 a 含量测定：所有藻类都含有叶绿素 a，因此通过测定藻类中叶绿素含量的相对值，可以监测藻类的生物量。叶绿素的抽提和测定方法如下：

减压过滤一定体积的藻类培养液到玻璃纤维滤片上，加入 1 mL 的 $MgCO_3$ 悬浮液后，将水抽滤干净，把滤片放到一个组织研磨管内的底部，加入 2 mL 的 90%丙酮，把杵插入管内研磨，在弱光下将滤得的样品研磨 1～2 min，再用 5 mL 的 90%丙酮把杵上和研磨管内的样品洗入 15 mL 的有螺旋盖的离心管内，2000 **g** 离心 1～5 min，暗处静置 1～2 h，使色素充分被抽提，离心，将上清液放在分光光度计上，用 1 cm 的比色皿分别读取 750、663、645 和 630 nm 波长处的吸光率，并以 90 %丙酮作对照校正吸光度。

叶绿素 a 含量的计算公式如下：

$$\text{叶绿素 a}=\frac{[11.64(OD_{663}-OD_{750})-2.16(OD_{645}-OD_{750})+0.10(OD_{663}-OD_{750})]\times V_1}{V\times L}$$

式中：V 为藻类培养液体积，mL；V_1 为丙酮定容体积，mL；OD 为吸光度；L 为比色杯厚度，cm；叶绿素 a 含量的单位为 mg/L。

[实验数据记录及结果]

将实验结果记录到自行设计表格中，按下列方法计算 EC_{50} 值，评价受试毒物毒性。

设各组平行样品生物量的平均值分别为 $V_{空白}$，V_1，V_2，…，V_n，在半对数坐标纸上以受试毒物浓度为纵坐标 y，以 $\frac{V_{空白}-V_n}{V_{空白}}$ 为横坐标 x，用内插法计算生物量下降 50%的毒物浓度，即相应时间段的 EC_{50}。

[注意事项]

整个实验中所使用的玻璃器皿应全部用洗涤剂清洗干净，但不要用重铬酸钾等洗液洗涤，以防金属离子影响试验结果。

[思考题]

(1)水生生态系统藻类毒性实验是什么？它在环境监测和风险评估中的重要性是什么？

(2)水生生态系统藻类毒性实验的方法和指标有哪些？如何确定藻类对水体的毒性？

实验 8-7　枝角类动物的急性中毒实验

[实验目的]

通过实验，了解并掌握枝角类动物急性中毒实验的基本条件和方法。

[实验原理]

枝角(*Cladocera*)属于节肢动物门甲壳纲鳃足亚纲双甲目，通称溞类，俗称水溞或红虫。据统计，全世界约有溞类 440 种，广泛分布于各地淡水水体，是浮游生物的主要类群之一。我国已知有 130 余种之多。溞类之所以在生态学上具有重大意义，与其在食物链的地位有关，它是水体中原初生产者(藻类)和最终消费者(如鱼类)之间的中间环节，能滤食水中碎屑和细菌，对水体自净起着重要作用。由于它们具有繁殖快、生活周期短、来源广泛、易于培养、实验方法简便及对环境中的毒物具有敏感性强等特点，故国内外已较广泛作测试生物。

[实验器材]

(1)实验仪器：恒温水浴箱、溶解氧测定仪、pH 计、控温仪、解剖镜、烧杯(150 mL)、吸管、解剖针。

(2)试验溞种：国外最常使用大型溞(*Daphnia magna*)、蚤状溞(*D. pulex*)及透明溞(*D. hyana*)作为实验动物。国内已经见到被采用的种类除大型溞及蚤状溞外，尚有隆线溞(*D. carinata*)、长刺溞(*D. longispina*)、僧帽溞(*D. cucullata*)、锯顶低额溞(*Simocephalus serrulatus*)及多刺裸腹溞(*Moina macrocopa*)等。

(3)实验材料：溞类一般具有 10～30 个龄期(即雌溞刚产下的幼溞为第一龄，以后每蜕皮一次增加一龄)。溞类的生殖有两种方式：孤雌生殖(单性生殖)和有性生殖。孤雌生殖时，雌溞所怀的夏卵不需要受精，就能发育孵出幼溞。幼溞长大后，又进行孤雌生殖。孤雌生殖进行多代以后，或因环境条件不利(如食物缺少或拥挤)，就开始有性生殖。孤雌生殖的雌溞此时产下雌溞和雄溞。雌雄交配，受精冬卵经一段时间滞育期之后，孵化出幼溞，幼溞长大成熟后又进行孤雌生殖。这样，孤雌生殖和有性生殖交替进行，称为世代交替。溞类在整个世代交替中出现孤雌生殖雌溞、有性生殖雌溞和雄溞等三种个体。考虑到取材方便及幼龄期对毒物的敏感性较强，故通常选择孤雌生殖时雌性幼溞作为材料，实验用年龄为(16±8)h(即 1～2 龄)。由于蜕皮期对毒物的敏感性强，所以在实验设计中必须有足够长的实验时间。

本实验采用在室内纯培养的隆线溞作为材料，试验前将怀卵雌溞吸出，分开喂养，12 h 以后以塑料纱过滤获得幼溞，经去氯水洗涤 3 次用以做实验。急性实验时不喂食。

[实验步骤]

1. 实验条件

(1)实验容器：溞类培养一般用水族箱或培养缸。条件许可时也用恒流装置培养。水温保持在 20 ℃左右，培养期间其生物量以不大于 150 个/L 为宜。

急性毒性实验通常采用 150 mL 玻璃容器，内放 100 mL 实验液，每个容器中放入 10 只实验溞。而静态换水或慢性中毒实验需加入大容器体积及实验液量，以保持实验溞的正常活动空间及实验液中各种理化参数的相对稳定性。

(2)实验用水：配制实验液可用未受污染的江、河、湖、池水，并滤去水中的悬浮物及其他生物。使用自来水时，必须进行人工曝气或静置 2～3 d，以除去水中的余氯。如用蒸馏水，可用 Sandtrs(1966)的方法配制，其配方如下：

$MgSO_4$(30 mg)、$CaSO_4$(30 mg)、$NaHCO_3$(48 mg)、KCl(2 mg)、去离子水(1000 mL)，调整 pH 为 7.4～7.8。

(3)水温：实验时的水温在 20～25 ℃为宜。但同一实验温差不得超过(2±1) ℃。

2. 预备实验

为确定正式实验的浓度范围，应先进行预备实验。预备实验的浓度范围可广些，每个浓度中放入 3～5 只水溞，试验时间为 24～28 h，从中得出大部分死亡及大部分存活的浓度。

3. 实验浓度选择

实验浓度的选择方法与鱼类毒性实验方法相同；实验液浓度选择可参考表 8-13 和表

8-14。一般常用浓度为 1.0、1.8、3.2、5.6、10.0 mg/L 等，为提高准确性，按等对数距可在其中加入 1.35、2.4、4.2、7.5 mg/L 等。每个浓度设 2～3 个平行实验，整个实验设一个对照组（即空白对照）。正式实验至少需要 2 次重复实验。实验结果求出 LC_{50} 的值。

表 8-13　根据对数纸上各间隔递进的二等分实验浓度选择

1	2	3	4	5
10.0				
				8.7
			7.5	
				6.5
		5.6		
				4.9
			4.2	
				3.7
	3.2			
				2.8
			2.4	
				2.1
			1.8	
				1.55
			1.35	
				1.15

表 8-14　根据分对数 Olecilog 各间隔实验浓度选择

1	2	浓度对数
10		1.00
	7.94(或 7.9)	0.90
6.31(或 6.3)		0.80
	5.01(或 5.0)	0.70
3.98(或 4.0)		0.60
	3.06(或 3.15)	0.50
2.51(或 2.50)		0.40
	1.99(或 2.0)	0.30
1.58(或 1.60)		0.20
	1.26(或 1.25)	0.10
1.0		0.00

浓度根据对毒物特性的掌握情况而定，一般选择 5～7 个实验浓度，以其中能出现死亡率一个在 60%左右和一个在 40%左右为最理想。

4. 实验液配制

毒性实验的毒物浓度以 mg/L 为单位，工业废水用稀释百分数表示。毒物需先配制成母液，然后再稀释到所需要的浓度。实验液配好后放入实验溞。在静态方法实验过程中，毒物的挥发、容器的吸附及其他原因，易使实验液浓度降低，必须根据情况更换实验液。

5. 溞的移放

新生溞个体小，实验前应先用口径大于溞体的吸管吸出，放置于表面皿中，移置于解剖镜下，剔除去雄性溞及损伤、病弱个体，然后移放入实验液中。

6. 实验的指标

通过实验求得半致死浓度的值(即 LC_{50})，以反映该毒物对溞类的毒性。LC_{50} 是使溞在预定实验时间死亡 50%的毒物浓度来表示。如，24 h-LC_{50} 和 48 h-LC_{50} 等。

死亡标准尺度的掌握直接影响到所求的数值。国内外至今尚广泛采用 Andtrson(1944)的“停止活动”作为死亡标准。一般溞类中毒停止游泳之后沉至水底，但心跳和肠蠕动有时还会持续一段时间，大触角及其刚毛偶尔也会动弹。在观察时，可轻轻摇动实验液，观察 1～2 min，如不动也可判断为死亡。此外，也有用心脏停止跳动作为死亡标准，但手续较繁。

7. 实验时间

急性实验通常要经过 48 h 才能完成，也有用 24 h 或 96 h 的。一般急性实验在 48 h 内不喂食，以免毒物浓度受到食物的影响。

五、实验数据记录及结果

(1)LC_{50} 值的计算：LC_{50} 值是用直线内插法求得。实验结果必须有使实验溞存活半数以上及半数以下 2 个浓度。在半对数坐标纸上，以纵坐标为对数浓度，横坐标为存活百分数，将 50%存活率上下两点连成直线，再在直线与 50%存活相交点，引出纵坐标垂直线，与纵坐标交点所标示的浓度即 LC_{50} 的值。

(2)实验报告：实验报告内容应包括实验的目的、要求、日期、溞种、龄期(或出生至实验开始的时间)、平均体长、来源、驯养条件、喂食情况、实验容器体积、实验液量、实验水温、用水来源及实验溞数等。实验液的一般理化参数(如 pH、溶解氧、电导率、总硬度等)也需加以说明，并写明其中毒性症状。

(3)实际应用：通过得出的 LC_{50} 的值和中毒症状的观察，可了解毒物对溞类的毒性强度和致毒状况。溞类与鱼类对毒物的敏感性各不相同，它们对有些毒物的敏感性比鱼类强(如重金属、有机磷杀虫剂等)。溞类的毒性实验可应用于制定渔业水体水质标准和工业废水排放标准，通过测定工厂排出废水对溞类的毒性实验，可以追溯污染源，还可寻找一个工厂主要污染车间和工段以及预测污水进入水体以后可能产生的生物学后果。溞类毒性实验也可以用于评价污水处理效果。总之，溞类毒性实验和鱼类毒性实验一样，其结果可以用于工业废水排放管理、渔业水体保护和水环境质量评价等各个方面。

[注意事项]

(1)试验容器必须洗净,防止任何污物污染。

(2)分离实验溞时要按操作规程进行,并要细心、快速。

(3)取溞大小力求一致,除掉体弱、损伤及雄性个体。

[思考题]

(1)枝角类动物的急性中毒实验通常采用哪种动物模型？为什么选择这种动物模型？

(2)枝角类动物的急性中毒实验中,哪些生物指标可以用来评估毒性？

第 9 章　环境仪器分析实验

实验 9-1　原子吸收光谱法测自来水中钙和镁

[实验目的]

(1)熟悉原子吸收分光光度计的结构及其使用方法。

(2)掌握应用标准曲线法测定钙、镁含量的方法,加深理解原子吸收光谱法的基本原理。

[实验原理]

在使用锐线光源条件下,在一定浓度范围内,基态原子蒸气对共振线的吸收符合 Lambert-Beer 定律:$I=I_0\times(10^{-abc})$(式中 c 为被测元素的浓度,I_0 为入射光强,I 为透射光强、a 为被测组分对某一波长光的吸收系数,b 为光经过的火焰的长度)。

在试样原子化时,火焰温度低于 3000 K 时,对大多数元素来说,原子蒸气中基态原子的数目实际上接近原子总数。在固定实验条件下,待测元素的原子总数与该元素在试样中的浓度 c 成正比,这就是原子吸收定量分析的依据。

原子吸收光谱法(AAS):由待测元素锐线光源发射出一定强度和波长的特征谱线,当它通过含有待测元素的基态原子蒸气时,基态原子蒸气对这一波长的光产生吸收,未被吸收的特征谱线经单色器分光后,照射到光电检测器上被检测,根据该特征谱线光强度被吸收的程度,即可测得试样中待测元素的含量。

[实验器材]

(1)仪器:Thermo Scientific ICE 3000 series 火焰原子吸收分光光度计,空气压缩机,乙炔钢瓶,钙、镁空心阴极灯。

(2)药品:钙标准贮备液(1000 μg/mL)、镁标准贮备液(1000 μg/mL)。

钙标准使用液(100 μg/mL):准确吸取上述钙标准贮备液 10.0 mL 于 100 mL 容量瓶中,加 6 mol/L HCl 2 mL 后用去离子水稀释定容,摇匀。

镁标准使用液(50 μg/mL):准确吸取上述镁标准贮备液 5.00 mL 于 100 mL 容量瓶中,加 6 mol/L HCl 2 mL 后用去离子水稀释定容,摇匀。

[实验步骤]

1. 钙、镁标准溶液的配制

(1) 钙标准溶液系列:分别准确吸取 100 μg/mL 的钙标准使用液 0、2.00、4.00、6.00、

8.00、10.00 mL 于 100 mL 容量瓶中，各添加 6 mol/L HCl 2 mL，用去离子水稀释定容，摇匀。该标准系列浓度为 0、2.00、4.00、6.00、8.00、10.00 μg/mL。

(2)镁标准溶液系列：分别准确吸取 50 μg/mL 的镁标准使用液 0、1.00、2.00、3.00、4.00、5.00 μg/mL 于 100 mL 容量瓶中，各添加 6 moL/L HCl 2 mL，用去离子水稀释定容，摇匀。该标准系列浓度为 0、0.5、1.0、1.5、2.0、2.5 μg/mL。

2. 自来水样的制备

取过滤后的自来水 5 mL(视未知钙、镁的浓度而定)和空白(去离子水)5 mL，置于 50 mL 容量瓶中，加入 6 mol/L HCl 1 mL，用去离子水稀释定容，摇匀。

3. 仪器的调节

(1)开机：开启主机电源、预热至少 30 min，开启电脑。

(2)编方法：双击电脑桌面上“太阳图标”控制软件，退出之前的系统，开灯预热 30 min。在向导中新编方法(或从库中调出以前的方法)，保存。新编方法包括火焰的特征参数、光谱仪的特征参数、标液和样品信息、测定次数等的设定。

注：选择元素后仪器自动调整燃气流量和燃烧器高度。

点击调整光路(不调整也可以，仪器会在空白校正时自动调整光路)，确认光斑在燃烧器狭缝以上 3～8 mm。新建结果(或贮存在以前的结果中)。

空心阴极灯工作电流选择：可以使用厂家推荐的灯电流、80%最大灯电流。

光谱通带选择：谱线复杂的元素(如铁、钴、镍等)，采用小于 0.2 nm 通带，可将共振线与非共振线分开。钙和镁的通带宽度可以使用 1.0 nm。

注：如果需要换灯，换灯后输入灯的最大灯电流、位置等信息。

(3) 仪器点火：检查乙炔钢瓶使之处于关闭状态，打开风机开关，再打开无油空气压缩机工作开关(先红后绿)，打开乙炔钢瓶调节压力至 0.07 MPa，按主机上的点火按钮点火。

注：空压机使用 1 h 需按下排水阀排水；点火及实验过程中要远离燃烧器，其上避免遮盖。

4. 自来水中钙和镁的测定

(1)制作标准曲线：在设定实验条件下，以去离子水为空白样品“校零”，再依次由稀到浓测定所配制的标准溶液吸光度值。最后打印测定数据，绘制标准曲线，注意标准曲线拟合系数需超过 0.995，标准系列才可以使用；可以尝试删除个别远在曲线之外的标准，提高拟合度。

(2)参照标准溶液的测量条件，分别测定自来水稀释液及空白中钙和镁的吸光度和相应的浓度。

(3)实验完毕，吸取去离子 5 min 以上，关闭乙炔气瓶，火灭后退出测量程序，关闭主机、电脑和空压机电源，按下空压机排水。

[实验数据记录及结果]

(1)绘制标准曲线。

(2)计算自来水中钙和镁的浓度。

[注意事项]

(1)自来水制备时过滤一下，以免颗粒物进入原子吸收分光光度计。

(2)每个自来水样至少3个重复。如果自来水稀释液的吸光度过低,减少稀释倍数后再次测定。计算自来水中浓度时注意计算3个重复的均值和标准差。

[思考题]

尝试计算海南自来水的硬度,并与西北地区的自来水硬度进行比较。

实验9-2　原子荧光法测溶液中的砷含量

[实验目的]

(1)熟悉原子荧光光度计的结构及其使用方法。
(2)掌握应用标准曲线法测定砷含量的方法,加深理解原子荧光光谱法的基本原理。

[实验原理]

在酸性条件下,以硼氢化钾为还原剂,使砷生成砷化氢,由载气(氩气)载入石英原子化器受热分解为原子态砷,在特制砷空心阴极灯发射光的照射下,基态砷原子被激发至高能态,发射出特征波长的荧光,其荧光强度在一定浓度范围内与砷含量成正比,与标准系列比较定量。Hg和易形成气态氢化物的8种元素(As, Se, Sb, Bi, Ge, Sn, Pb, Te)可用原子荧光法测,8种氢化物为AsH_3,H_2Se,SbH_3,BiH_3,GeH_3,SnH_3,PbH_3,H_2Te。

$$AsCl_3+4NaBH_4+HCl+12H_2O \longrightarrow AsH_3+4NaCl+4H_3BO_3+13H_2\uparrow$$

[仪器与试剂]

1. 仪器

北京吉天AFS-8系列型双道原子荧光光度计(带计算机处理系统、砷元素空心阴极灯)。原子荧光分光光度计由原子荧光光度计主机、自动进样器、顺序注射系统、氢化物发生及气液分离系统和数据处理系统等部分组成。仪器工作参数见表9-1。

表9-1　仪器工作参数

项目	工作参数	项目	工作参数
负高压PMT/V	270～300	原子化器温度/℃	200(测定时氢氩火焰780)
A道砷灯电流/mA	60～80	载气流量/(mL/min)	300～400
B道硒灯电流/mA	0	屏蔽气流量/(mL/min)	800
观测高度/mm	8	测量方法	Std. curve
读数方式	Peak Area	读数时间/s	10
延迟时间/s	1	测量重复次数	1

间歇泵自动进样器测量过程分 3 步：①自动进样器进样针放在待测液中，以一定泵速吸取样品至采样环贮存；另一管道中，硼氢化钾以同样时间吸入；②泵停止，进样器采样针移至载流槽；③采样针吸取载流（5% HCl），推动采样环中的样品盒还原剂至反应器反应。第三步后，自动进样器采样针放在下一待测液中，进行下一次测量。

2. 试剂

（1）2% KBH_4 + 0.5% KOH 溶液：2.5 g KOH 溶于去离子水中，溶解后加入 10.0 g KBH_4，用去离子水稀释至 500 mL 混匀，现用现配；

（2）硫脲-抗坏血酸（5%）溶液：10.0 g 硫脲溶于去离子水后，加入 10.0 g 抗坏血酸，用去离子水稀释至 200 mL，混匀；

（3）载流：5% HCl 溶液，取 50 mL 优级纯盐酸定容至 1000 mL；

（4）砷标准贮备溶液：国家标准物质研究中心的砷单元素标准溶液，标准值为 1000 mg/L（10%盐酸介质）。

[实验步骤]

1. 砷标准使用液

取 1 mL 砷标准贮备液，用 5%盐酸定容至 100 mL，得到浓度为 10 mg/L 中间液，再取 10 mg/L 溶液 1 mL，用 5%盐酸定容至 100 mL，此溶液为砷标准使用液，浓度为 100 μg/L（5%盐酸介质）。

2. 仪器的调节

（1）开电脑，插上启动程序（U 盘），点 AFS 程序。开 AFS 主机，仪器自检。

（2）点击“文件”，新建一个 afs 分析文件，命名，保存。

（3）点击程序界面上的“元素表”设置元素使用与否（比如此次测砷，选择 A 道砷灯，B 道硒灯为 None）；预热灯 10～20 min。

（4）调光：将调光器放在石英炉原子化器上，调节原子化器旋钮，使调光器侧面十字线中线与光电倍增管光栏中心位置一致（目测），然后将调光器侧面十字线对准灯源，观测阴极灯光斑，用灯位调整钮调节灯位，使得光斑十字线中心对准，取下调光器，将原子化器调到适当高度（推荐值 8 mm）。

（5）点击“仪器配置”设置仪器工作参数。标准空白位置为 0，标液位置为 1；样品空白为 0，样品位置为 2，或 2、3、4 等。

（6）点火，原子化器达到 200 ℃需要 30 min。

（7）打开氩气钢瓶调节次级压力至 0.2～0.25 MPa（0.3～0.4 MPa 也可以）。

（8）开始测定。

3. 测定

（1）分别吸取砷标准使用液 0、1.0、2.5、4.0、5.0、7.0、9.0 mL 于 25.0 mL 容量瓶中，加入 5 mL 硫脲-抗坏血酸溶液（5%），再加入 2.5 mL 6 mol/L HCl，用纯净水定容。至少还原 30 min。得到砷标准溶液，浓度分别为 0、4.0、10.0、16.0、20.0、28.0、36.0 μg/L。

（2）取制备好的样品、空白（超纯水）1 mL 分别置于 25 mL 容量瓶中，向样品、空白各加入

5.0 mL 硫脲＋抗坏血酸溶液(5%)，再加入 2.5 mL 6 mol/L HCl，超纯水定容，至少还原 30 min。

(3) 仪器条件：灯电流 60 mA；光电倍增管负高压 270 V；原子化器高度 8 mm；原子化器温度 200 ℃；载气流量 400 mL/min；屏蔽气流量 800 mL/min；测量方式为标准曲线法；读数方式峰面积；延迟时间 1 s；读数时间 10 s；标准或样品加入体积 0.5 mL；断续流动程序。

(4) 测定：开始测量，连续测定空白稳定后，确定空白值，测定系列标准曲线，绘制标准曲线；然后测样品空白、样品，测定后，选打印，即可打印出来。

(5)测样结束时进超纯水 5 min，洗涤。熄火，关氩气，退出系统，关机，关电脑。

[实验数据记录及结果]

(1)绘制标准曲线。

(2)计算溶液中砷的浓度。

[注意事项]

(1)标液中的砷为五价，环境样品中的砷经湿法氧化后也是五价，均需要加入硫脲-抗坏血酸溶液预还原 30 min。

(2)中间发现问题可以“急停”，然后继续测时不需要重测标准曲线。

(3)样品浓度超过标准溶液浓度最高值时，需要重新标定，否则后面的样品测不出来。

[思考题]

如果是测定环境样品中的硒，需要什么样的还原剂？

实验 9-3　气相色谱法测苯系物

[实验目的]

(1)了解气相色谱的仪器组成、工作原理以及数据采集和数据分析的基本操作。

(2)学习使用内标法测定溶液中苯系物的含量。

[实验原理]

气相色谱法：利用试样中各组分在气相和固定液两相间的分配系数不同将混合物分离。当汽化后的试样被载气带入色谱柱中运行时，组分在两相间进行反复多次分配，由于固定相对各组分的吸附或溶解能力不同，因此各组分在色谱柱中的运行速度就不同，经过一定的柱长后，便彼此分离，按流出顺序离开色谱柱进入检测器被检测，在记录器上绘制出各组分的色谱峰-流出曲线。

在色谱条件一定时，任何一种物质都有确定的保留参数，如保留时间、保留体积及相对保留值等。因此，在相同的色谱操作条件下，通过比较已知纯样和未知物的保留参数，即可确定未知物为何种物质。测量峰高或峰面积，采用外标法、内标法或归一化法，可确定待测组分的质量分数。气相色谱法特别适用于分析含量少的气体和易挥发的液体。

内标法：由于色谱仪检测器输出信号（峰面积或峰高）强弱不仅跟某一化合物量的多少有关，而且与物质的性质有较大的关系，故等量的不同化合物信号未必相等，可以引入定量校正因子校正峰面积后，就能通过峰面积来进行定量分析。

相对校正因子 f_i' 由下式计算得到：

$$f_i' = A_s m_i / A_i m_s \tag{1}$$

式中：A_i 为标准物的峰面积；A_s 为内标物正己烷的峰面积；m_i 为标准物的质量；m_s 为内标物的质量。

因此，样品含量 P_i 计算公式：

$$P_i = f_i' A_i m_s / A_s V_i \tag{2}$$

式中：V_i 为样品的体积，P_i 为样品含量。

[实验器材]

（1）仪器与试剂：Agilent7890A 型气相色谱仪：氢火焰离子化检测器（FID）、毛细管色谱柱［HP5，以聚氧化硅烷-聚乙二醇为固定相（30 m×0.25 mm×0.25 μm）］、进样口［毛细柱进样口（S/SL）］、气体［高纯 H_2（99.999%），干燥空气，高纯 N_2（99.999%）］。药品：苯（沸点 80 ℃）、二甲苯（对二甲苯，沸点 138.35 ℃；邻二甲苯，沸点 144.42 ℃；间二甲苯，沸点 139.10 ℃）、乙酸乙酯（沸点 77.2 ℃）、正己烷（沸点68.74 ℃）、苯、二甲苯、正己烷均为色谱纯、乙酸乙酯为分析纯。

（2）气相色谱仪 FID 操作条件：汽化温度为 200 ℃、检测器温度为 250 ℃、载气（N_2）总量为40 mL/min，分流比为 30∶1、氢气和空气流量分别为 30 mL/min 和 300 mL/min、程序升温：初始温度 40 ℃，保持 2 min，升温速率为 20 ℃/min 并升至 150 ℃，进样量 0.5～1 μL。

[实验步骤]

1. 标准溶液

（1）标准溶液 S_0：在 250 mL 容量瓶中加入乙酸乙酯，然后在天平上加入苯、二甲苯、正己烷（内标物）各 0.5～0.75 g（精确至 0.000 g），溶解，用乙酸乙酯定容，摇匀。制得 S_0 溶液（2.000 mg/mL）。于冰箱内保存。具体称取：苯 0.5 *** g；二甲苯 0.5 *** g；正己烷 0.5 *** g 。

（2）标准使用液 S_1：2 mL S_0＋8 mL 乙酸乙酯。

2. 仪器的调节

（1）开关机。开机时先开气，再开 GC，最后打开电脑，开启的方法是先逆时针旋松减压阀确认减压阀是否关闭，然后逆时针旋松总压阀。一般 N_2 是 0.5 MPa，H_2 和空气是 0.4 MPa。

（2）方法的建立。打开 GC 的界面后，双击仪器图表，就会出现方法建立的界面，一次对进样口、柱温箱、检测器的参数进行设置，温度遵循逐步升高的原则。方法设置好后保存。

进样口参数设置：选择加热，汽化温度为 200 ℃。毛细管柱进气体样品可以不分流，进液体样一般选择分流/不分流进样，设置分流比。

色谱柱的参数设置：温度设置为接近沸点的温度，流量在 3～7 mL/min，恒定流量。

检测器的参数设置：原则上温度应比柱温箱的高 20 ℃，不能超过 320 ℃，FID 的氢气流量为 30 mL/min，空气为 400 mL/min，选择火焰，选择尾吹。

(3)运行样品。等界面上显示就绪后就可进样，先走基线：待基线为一条线时，点击运行样品，设置样品参数，即样品名称、数目、保存途径等。然后迅速进样，进样后按 GC 上的 start 进行样品的检测。

(4)关机。运行 shutdown 程序，等检测器的温度降到 50 ℃后，先关色谱仪，再关气，但 N_2 不能完全关闭，起到保护载气过滤器的作用。

3. 测定

用微量注射器准确分别抽取 0.5 μL 的 S_1 溶液、正己烷、苯和二甲苯，垂直注射入分流/不分流进样口。注意不要将气泡抽入针筒。在上述色谱条件下，分别测定苯、二甲苯、正己烷、各标准溶液。

根据色谱保留时间定性，以峰面积定量。记下每种物质的保留时间，作为混合标准以及样品测定的对照定性依据。注入混合标准溶液，以各纯组分的保留时间与混合标样中色谱图中各色谱峰对照定性。并计算以正己烷为基准物的相对定量校正因子 f_i'。

注：本实验只需要标液、色谱纯级的苯、二甲苯、正己烷、各标准溶液。

[实验数据记录及结果]

在脱机界面导出数据，根据需要可对谱图进行调整，谱图的刻度可在报告工具栏中选择信号选项设置刻度参数进行调整。峰所需的几份个数及时间段可在积分栏进行设置。

[注意事项]

(1)载气 N_2 必须使用高纯氮(99.999%)。

(2)样品的溶剂优先选正己烷＞甲醇＞乙酸乙酯，FID 禁用含卤素的溶剂。

(3)沸点高于 300 ℃的有机物选用 HPLC 进行检测。

[思考题]

挥发性有机物的色谱图如何定性？

实验 9-4 高效液相色谱法测诺氟沙星

[实验目的]

(1)了解高效液相色谱仪的仪器组成、工作原理以及数据采集和数据分析的基本操作。

(2)学习外标法测定溶液中诺氟沙星的方法。

(3)理解反相色谱的原理和应用。

[实验原理]

诺氟沙星是一种喹诺酮类抗菌药，广泛用于人类和畜禽养殖的敏感菌感染、组织感染、外眼感染等。抗生素类药物的滥用使得水体环境、土壤、农产品等面临较大的压力。

本实验采用安捷伦 C_{18} 反相液相色谱法进行分离，以紫外检测器进行检测，以诺氟沙星系列标准溶液的色谱面积对其浓度作标准曲线，再分析样品中的诺氟沙星峰面积，由标准曲线算出其浓度。

[实验器材]

(1)仪器与试剂：Alliance 2695 高效液相色谱(美国 Waters 公司)、检测器(2487 紫外检测器)、色谱柱(C18 4.6×250 nm 通用柱)、自动进样器、工作站、进样瓶；药品包括诺氟沙星、乙腈、磷酸、氯化钙。

(2)操作条件：柱温 30 ℃、检测波长 278 nm(紫外检测)、流动相为：0.025%磷酸：乙腈(87%：13%)、进样量 10 μL、保留时间约 4.3 min。

[实验步骤]

1. 标准溶液

(1)配制标准溶液：称取 0.02551 g 纯度为 98%的诺氟沙星，用少许乙腈超声溶解，转移到 500 mL 的容量瓶中，用 0.01 mol/L $CaCl_2$ 水溶液定容(超纯水配制，$CaCl_2$ 作为背景电解质)，摇匀，得到 50 mg/L 的标准贮备液。后续标准溶液取标准贮备液稀释后使用。

(2)标准溶液：0、0.3、0.5、1.0、3.0、5.0 mg/L。

2. 仪器的调节

确保 6 根管子全部插到溶剂瓶的底部，流动相 4 根管(A-缓冲液，B-甲醇，C-乙腈，D-超纯水)，1 根清洗柱塞密封垫，1 根清洗注射器针头(洗针液：反相缓冲溶液 50%甲醇水，反相非缓冲溶液 100%甲醇)。

(1)脱气。先打开 2695 主机电源，自检完毕后，主菜单显示 idle 状态，开机测试正常。按 2695 面板上的 Menu 键，进入页面后按上下左右键选择 Degasser，按 Enter，等压力降到 1.0 以下即可。

(2)灌注柱塞密封清洗泵(Priming the Plunger Seal Wash Pump)，用 5%～10%的甲醇水，Menu-diag-prime seal wash-start，直到清洗溶剂流出泵杆密封圈冲洗废液管，按 Halt。

(3)灌注针头清洗泵 (Prime the Needle Wash Pump)：Main-Diag-Prime Ndl Wash 缺省设定值为 30 s，若想要多清洗几次，请按 Start Again。洗针液(Needle Wash)的配制：50%甲醇：50%水(该比例仅适用于反相实验)。

(4)灌泵。按“Menu/Status” 键，进入 Status (1)画面，利用方向键将光标移至“Composition”字段，将欲 Wet Prime 的溶剂输入 100%；按“Direct Function” 功能键，选择 Wet Prime，按 Enter。Wet Prime 的设定值，一般为 Flow Rate ：7.5 mL/min，Time：3.0 min，然后按下“OK” 键，泵即开始进行 Wet Prime 操作。

重复上述的步骤直到对所有溶剂的 Wet Prime 执行完毕选择 Wet Prime。

(5)冲洗进样器(Purge Injector)。当改变溶剂时、发现注射器及其管路内有气泡时、每天开机和关机时,"Menu/Status"键进入 Status (1)画面,在设定溶剂的画面中设定适当的流速与溶剂比例(针对缓冲盐或离子对实验,建议设定 50%乙腈:50%水的溶剂来冲洗进样器)。按"Direct Function"键,选择 Purge Injector,按 Enter。输入 Sample Loop 体积清洗的倍数(原定值为 6 倍),按 Enter。

(6)编辑方法。双击电脑桌面上的 Empower 快捷图标,选择 QuickStart 界面,点击"确定",然后选择待选定的操作项目以及色谱系统。新建仪器方法,设立流动相比例,输入检测器监测波长,保存方法。

(7)平衡柱子。单击"监视器",启动泵运行调用的方法来进行进样前系统的平衡(C_{18}色谱柱一般保存在乙腈或甲醇中)。逐步递减有机相(甲醇或乙腈)平衡柱子:比如流动相中仅有10%的有机相,则开始冲柱子时先用 100%的甲醇,再用 80%甲醇水(即 80%和 20%超纯水,下同)冲至基线平,逐步递减 40%、10%的甲醇冲至基线平;然后用 10%甲醇和 90%缓冲液平衡柱子至基线平(用高比例的有机相比较好)。若流动相中的有机相比例较高,比如 60%,则可直接用 60%的甲醇水平衡柱子至基线平后,换 60%的甲醇和 40%的缓冲液平衡柱子后进样。

(8)编辑样品组信息。建立样品组信息,输入样品组名、样品放置的位置、选择"标样"或"样品"、选择已建立的方法、进样的次数、进样的体积、运行时间等。

(9)分析。待系统基线已经平衡 15 min 以上,即可单击"运行样品组"进样分析。

(10)测样结束,柱子要用甲醇或乙腈和水冲洗,冲洗顺序与上面相反,逐渐增加甲醇或乙腈至 100%冲至基线平。具体:分析用流动相中若无酸、碱、盐类物质,建议直接用 100%甲醇或乙腈冲洗至基线平;若分析用流动相中含以上物质,要先用低比例的甲醇(或用与分析用流动相同比例,把含酸、碱、盐溶液换成水)冲洗至基线平,再梯度走到 100%甲醇或乙腈冲洗至基线平。清洗色谱柱约 60 min。

(11)把 A、B、C、D 四个头放入纯乙腈中灌泵 5 min。灌注柱塞密封,清洗 1 min;灌注针头清洗 2 次;冲洗进样器;降低流速至 0,待系统压力回零后,关闭 2695 电源。关闭计算机及显示器电源。

3. 测定

过滤好的诺氟沙星系列标准溶液和样品放入进样瓶选择 A 盘或其他盘,测定。根据标准溶液的保留时间比对未知溶液进行诺氟沙星定性,以峰面积定量。

[实验数据记录及结果]

(1)根据诺氟沙星系列标准溶液的色谱图,绘制诺氟沙星峰面积与其浓度的标准曲线。

(2)根据样品中诺氟沙星的峰面积,由标准曲线查得样品中的诺氟沙星含量。

[注意事项]

(1)溶剂、样品要前处理,溶剂要用色谱级别,并用 0.45 μm 的滤膜过滤并脱气,样品要用0.22 μm 的滤膜过滤。

(2)若长时间不用该色谱柱,冲洗好后要用纯甲醇或乙腈封存。

(3)压力突然降低。可能原因:单向阀堵塞、在线过滤器堵塞、流动相进样头堵塞,可超声波处理 15～30 min;保护柱芯堵塞,需更换柱芯。

(4)压力突然增加。可能色谱柱堵塞。

[思考题]

若标准曲线用诺氟沙星浓度对峰高作图,能给出准确结果吗?与本实验的标准曲线相比哪种方法优越?为什么?

实验 9-5　傅立叶红外光谱法测有机化合物结构

[实验目的]

(1)掌握红外光谱分析时固体样品的压片法样品制备技术。

(2)了解傅立叶红外光谱仪的工作原理、构造和使用方法,并熟悉基本操作。

(3)了解如何根据红外光谱图识别官能团,了解苯甲酸的红外光谱图。

[实验原理]

红外光谱反映分子的振动情况。当用一定频率的红外光照射某物质分子时,若该物质的分子中某基团的振动频率与其相同,则此物质就能吸收这种红外光,分子由振动基态跃迁到激发态。因此,若用不同频率的红外光依次通过测定分子,就会出现不同强弱的吸收现象。作 $T\%$-λ 图就得到其红外吸收光谱图。红外光谱具有很高的特征性,每种化合物都具有特征的红外光谱,可进行物质的结构分析和定量测定。

红外光谱法定性分析一般采用两种方法:用已知标准物对照,标准谱图查对法。常用标准谱图集为萨特勒红外标准谱图集。

[实验器材]

(1)仪器:傅立叶红外光谱仪、手压式压片机(包括压模等)、玛瑙研钵。

(2)试剂:色谱纯溴化钾粉末、无水乙醇、苯甲酸粉末。

[实验步骤]

1. 固体样品苯甲酸红外光谱的压片制作

取已干燥的苯甲酸粉末 1～2 mg,在玛瑙研钵中充分磨细后,再加入 400 mg 干燥的色谱纯 KBr 粉末,继续研磨至完全混匀。颗粒的直径约为 2 μm,取出约 100 mg 混合物装于干净的压模内(均匀铺洒在压模内),于压片机上在 29.4 MPa 压力下压制 1 min,制成透明薄片。

2. 仪器的调节

(1)启动软件后,点选参数设置,设定测试条件,包括分辨率、扫描次数或扫描时间、光谱测试范围等，没有特殊要求时，可采用默认值。其他的常规设置选项一般也不必修改。

(2)以空气为背景，点击测试背景吸收。

(3)在样品室置入样品，点击测试样品。

(4)显示谱图和谱图处理。在谱图显示窗口中，可进行放大缩小谱图、改变谱图的显示范围、添加标注、改变谱线颜色等操作。谱图处理功能包括基线校正、标峰位、谱图差减、透射谱和吸收谱之间互相转换、平滑、求导、积分、归一化、气氛补偿等，可根据实验需要在软件界面上点选相应功能键完成。

3. 测定

将此薄片装于样品架上，置于傅里叶红外光谱仪的样池处。先粗测透光率是否超过40%，若达到40%以上，即可进行扫谱。从400 cm^{-1}扫至650 cm^{-1}为止。若未达40%，则重新压片。扫谱结束后，取下样品架，取出薄片，按要求将模具、样品架等擦净收好。

[实验数据记录及结果]

将扫描得到的谱图与已知标准谱图进行对照比较，并找出主要吸收峰的归属。

[注意事项]

(1)固体样品经研磨(在红外灯下)后仍应随时注意防止吸水，否则压出的片子易沾在模具上。

(2)可拆式液体池的盐片应保持干燥透明，每次测定前后均应反复用无水乙醇及滑石粉抛光(在红外灯下)，但切勿用水洗。

[思考题]

为什么傅里叶红外光谱仪要采取特殊的制样方法？

第 10 章　环境经济学实验

实验 10-1　区域生态系统生产总值(GEP)核算

[实验目的]

(1)了解生态系统生产总值核算的相关技术指南(规范)。

(2)熟悉生态系统生产总值核算的基本流程及报告写作。

(3)掌握生态系统生产总值的基本概念、构成及相关核算方法。

[实验原理]

生态系统是关系到社会和经济持续发展的复合生态系统,包含影响人类生存与发展的水资源、土地资源、生物资源以及气候质量。其中涉及的概念包括陆域生态系统、生态系统服务、生态系统生产总值、物质产品供给服务、调节服务、文化服务、实物量、价值量,各概念定义如下:

陆域生态系统(terrestrial ecosystem):区域陆地表面一定空间范围内植物、动物和微生物群落及与非生物环境相互作用形成的功能整体,包括森林、草地、农田、湿地、城市(镇)等生态系统类型。

生态系统服务(ecosystem services):人类从生态系统中得到的惠益。通常包括物质产品供给服务、调节服务、文化服务以及支持服务。

生态系统生产总值(gross ecosystem product,GEP):一定区域内生态系统在核算期内为人类福祉和经济社会可持续发展提供的各种最终产品与服务价值的总和。主要包括生态系统提供的物质产品供给服务、调节服务和文化服务的价值。

物质产品供给服务(provisioning services):在不损坏自然生态系统稳定性和完整性的前提下,人类通过直接利用或转化利用等方式从自然生态系统获得的食物、药材、木材、水电等各种物质资源。

调节服务(regulating services):生态系统调节作用提供的调节气候、涵养水源、保持土壤、调蓄洪水、降解污染物、固碳等改善人类生存与生活环境的惠益。

文化服务(cultural services):人类通过精神感受、知识获取、休闲娱乐和美学休验从生态系统获得的非物质惠益。

实物量(biophysical values):生态系统产品与服务的物理量。实物量可以是粮食产量、洪水调蓄量、土壤保持量、固碳量与景点旅游人数等。

价值量(monetary values):生态系统产品与服务的货币价值。

生态系统生产总值主要包括三部分：物质产品供给服务价值、调节服务价值和文化旅游价值，其核算包括实物量核算以及价值量核算两部分，其核算主要参考的导则包括有：《陆地生态系统生产总值核算技术指南》（生态环境部环境规划院、中国科学院生态环境研究中心，2020/9）、《海南省生态产品总值核算技术规范（试行）》（海南省生态生态环境厅，2023/3）、《福建省生态产品总值核算技术指南（试行）》（福建省生态环境厅、福建省发展和改革委员会、福建省自然资源厅，2021/9）、《深圳市生态系统生产总值核算技术规范》（DB 4403/T 141—2021）。

生态系统生产总值核算指标及核算方法如表 10-1 所示。

表 10-1　生态系统生产总值核算指标及核算方法

<table>
<tr><th>一级指标</th><th colspan="2">二级指标</th><th>说明</th><th>实物量核算方法</th><th>价值量核算方法</th></tr>
<tr><td rowspan="5">物质产品供给服务价值</td><td rowspan="2">直接利用</td><td>农业产品</td><td>从农业生态系统中获得的初级产品，如谷物、豆类、油料、糖料；热带水果、蔬菜、薯类、坚果、饮料和香料作物、胡椒；中药材等</td><td>统计年鉴或行业主管部门数据</td><td>市场价值法</td></tr>
<tr><td>林业产品</td><td>林木产品、林产品以及与森林资源相关的初级产品，如木材、竹材、槟榔、橡胶、林药、茶叶、菌类、花卉、苗木等</td><td>统计年鉴或行业主管部门数据</td><td>市场价值法</td></tr>
<tr><td rowspan="3">转化利用</td><td>畜牧业产品</td><td>用圈养、散养或者两者结合的方式，饲养禽畜以取得动物产品，如牛羊、猪、家禽年底出栏数；奶类；禽蛋等</td><td>统计年鉴或行业主管部门数据</td><td>市场价值法</td></tr>
<tr><td>渔业产品</td><td>人类利用水域中生物的物质转化功能，通过捕捞、养殖等方式取得水产品</td><td>统计年鉴或行业主管部门数据</td><td>市场价值法</td></tr>
<tr><td>生态能源</td><td>生态系统中的生物物质及其所含的能力，如水能、沼气、秸秆等</td><td>统计年鉴或行业主管部门数据</td><td>市场价值法</td></tr>
<tr><td rowspan="4">调节服务价值</td><td colspan="2">水源涵养</td><td>生态系统通过其结构和过程拦截滞蓄降水，增强土壤下渗，有效涵养土壤水分和补充地下水、调节河川流量，增加可利用水资源功能</td><td>水量平衡法</td><td>替代成本法</td></tr>
<tr><td colspan="2">土壤保持</td><td>生态系统通过其结构与过程减少雨水的侵蚀能量，减少土壤流失的功能</td><td>修正通用土壤流失方程</td><td>替代成本法</td></tr>
<tr><td colspan="2">洪水调蓄</td><td>森林、灌丛、草地、湿地等生态系统通过蓄积洪峰水量，削减洪峰，减轻洪水威胁产生的生态效应</td><td>水量贮存模型</td><td>替代成本法</td></tr>
<tr><td colspan="2">固碳释氧</td><td>植物通过光合作用将 CO_2 转化为碳水化合物，并以有机碳的形式固定在植物体内或土壤中，同时产生 O_2 的功能，有效减缓大气中 CO_2 浓度升高，调节大气中 O_2 含量，减缓温室效应</td><td>机理模型</td><td>替代成本法</td></tr>
</table>

续表 10-1

一级指标	二级指标	说明	实物量核算方法	价值量核算方法
调节服务价值	空气净化	生态系统吸收、阻滤和分解大气中的污染物，如 SO_2、NO_x、粉尘等，有效净化空气，改善大气环境的生态效应	污染物净化模型	替代市场法
	水体净化	水环境通过一系列物理和生化过程对进入其中的污染物进行吸附、转化以及生物吸收等，使水体得到净化的生态效应	污染物净化模型	替代市场法
	气候调节	生态系统通过植被蒸腾作用和水面蒸发过程使大气温度降低、湿度增加产生的生态效应	实测法、蒸散发模型	替代市场法
	提供负氧离子	森林树冠、树叶的尖端放电以及绿色植物的光合作用产生的光电效应等能够产生负氧离子，负氧离子在净化空气、促进人体健康等方面具有重要作用	机理模型	替代市场法
	海岸带防护	生态系统减低海浪，避免或减小海堤或海岸侵蚀的消浪护岸能力	统计调查法、模型法	替代市场法
	物种保育	生态系统为珍稀濒危动植物物种提供生存与繁衍的场所，从而对其起到保育的作用和价值	统计调查法、模型法	替代市场法
文化旅游价值	休闲旅游	为人类提供美学价值、灵感、教育价值等非物质惠益的自然景观，其承载的价值对社会具有重大的意义	统计年鉴或行业主管部门数据	统计调查法、旅行费用法

[实验基础数据]

结合自己家乡或者其他感兴趣地区的实际情况，核算其生态系统生产总值(GEP)。具体需要搜集的数据包括：土地利用状况、气象监测、空气污染、森林保护范围和面积、河流保护与水系治理情况、旅游业发展情况、产业经济发展情况等。

[实验步骤]

(1)确定核算地域范围：根据核算目的，确定生态系统生产总值核算的地域范围。地域范围可按下列方式确定：行政地域单元、功能相对完整的生态系统地域单元、由不同生态系统类型组合而成的特定地域单元等。

(2)明确生态系统分布：应根据调查分析，明确核算范围内生态系统类型、面积与分布，绘制生态系统空间分布图。

(3)编制生态系统生产总值核算清单：根据生态系统类型与核算用途，调查分析核算范围内生态系统产品与服务的种类，明确物质产品供给服务、调节服务、文化旅游三大功能的具体核算指标，编制生态系统生产总值核算清单。

(4)收集资料与补充调查:收集生态系统生产总值核算所需监测与统计数据,开展必要的实地观测调查,进行数据预处理以及参数本地化。

(5)核算生态系统生产总值实物量:按照相应导则中规定的技术方法与核算模型,采用合适参数,核算各类生态系统服务的实物量。

(6)核算生态系统生产总值价值量:价值量应按照相应导则规定的技术方法与核算模型,运用市场价值法、替代成本法等价值核算方法,采用当年价确定每一类生态产品的参考价格,涉及多年比较时可以采用基准年不变价。

(7)核算生态系统生产总值:所有类型的生态系统产品和服务价值之和,即为生态系统生产总值,核算按下式:

$$GEP=EPV+ESV+ECV$$

式中:GEP 为生态系统生产总值,元/年;EPV 为物质产品供给服务价值,元/年;ESV 为调节服务价值,元/年;ECV 为文化旅游价值,元/年。

[实验报告提纲]

(1)实验意义:主要介绍生态系统生产总值核算的目的、意义。

(2)研究区域概况:主要介绍所选区域的自然地理、社会经济发展、生态系统类型划分、生态系统生产总值核算指标体系构建等情况。

(3)生态系统生产总值核算:主要分析区域内生态功能量、生态价值量、生态价值空间分布特征等内容。

(4)结论。

[注意事项]

(1)核算过程中应参考相应导则选择合适的计算方法。

(2)注意不同生态系统产品价值量与实物量之间的单位。

[思考题]

(1)生态系统生产总值的概念是什么?由哪几个方面组成?

(2)生态系统生产总值核算的基本步骤是什么?

实验 10-2　环境问题引起的经济损失计算虚拟仿真实验

[实验目的]

(1)了解费用效益分析的定义、理论基础。

(2)熟悉环境质量的效益评价技术及其适用范围。

(3)熟悉环境质量的费用评价技术及其适用范围。

(4)掌握环境费用效益分析的步骤。

[实验原理]

人类的各种活动(如政策、规划和开发项目等)必然会对环境及自然资源配置造成影响。环境费用效益分析是费用效益分析理论和环境科学结合的产物,是全面评价某项活动综合效益的一种方法。环境费用效益分析的一般步骤如图 10-1 所示。通常包括以下内容:确定分析对象的类别、范围和关键的环境影响;分析并预测关键环境影响的后果;对关键环境影响的物理效果进行货币估值;计算所分析项目的费用和效益现值;对贴现后的费用和效益进行综合评价。

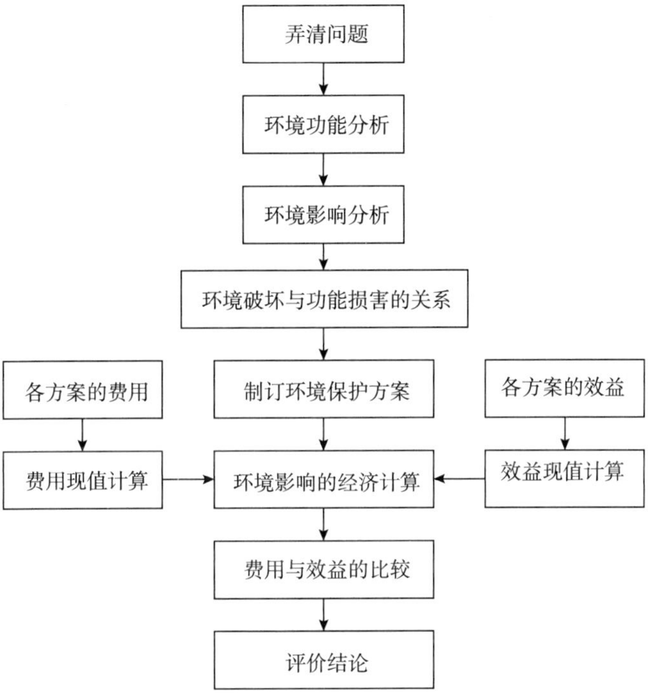

图 10-1　环境费用效益分析的一般步骤

环境质量的价值可以从其产生的效益和预防(或补偿)环境恶化的费用两个角度来评价。

(一)环境质量的效益评价技术

1. 市场价值法

市场价值法又称生产率法。这种方法把环境看成是生产要素,环境质量的变化导致生产率和生产成本的变化,从而导致产值和利润的变化,而产值和利润是可以用市场价格来计量的。市场价值法就是利用因环境质量变化引起的产值和利润的变化来计量变化的经济效益或经济损失。计算公式见式(1):

$$S = \sum_{i=1}^{n} P_i \Delta Q_i \tag{1}$$

式中：S 为环境质量变化引起的经济损失或经济效益的价值；P_i 为某种产品的市场价格；ΔQ_i 为某种产品因环境质量变化而增加或减少的产量。

2.人力资本法

人力资本法也称收入损失法。这种方法是用环境污染对人体健康和劳动能力的损害，来估计环境污染或污染控制带来的经济损益的一种方法。人力资本法将人看作劳动力，是生产要素之一。在污染环境下生活和工作，人会生病或过早地死亡，因而不能与正常人一样为社会创造财富，还要社会负担医疗费、丧葬费，并且还需要他人（非医务人员）护理，这些都是社会的经济损失。人力资本法将环境污染引起的人体健康的经济损失，分为直接经济损失和间接经济损失两部分。直接经济损失有：预防和医疗费用、死亡丧葬费。间接经济损失有：病人和非医务人员护理、陪住及影响劳动工时造成的经济损失。人力资本法的主要计算公式见式(2)至式(5)：

(1)直接经济损失：

$$\text{患病}\ L_{11}=\alpha R_{\mathrm{p}} C \tag{2}$$

$$\text{死亡}\ L_{12}=\alpha R_{\mathrm{d}}(C+B) \tag{3}$$

(2)间接经济损失：

$$\text{患病}\ L_{21}=\alpha L_{\mathrm{d}} P \tag{4}$$

$$\text{死亡}\ L_{22}=\alpha L_{1} P \tag{5}$$

式中：L_{11}、L_{12} 为直接经济损失；L_{21}、L_{22} 为间接经济损失；α 为环境污染因素在发病或死亡发生原因中所占的百分数；R_{p} 为患病人数；R_{d} 为死亡人数；C 为每个患者的医疗费用；B 为每个死亡者的丧葬费；L_{d} 为病人和陪住人员耽误的劳动工日；P 为人均国民收入额；L_1 为早亡与平均寿命相比损失的劳动日总数。

3.机会成本法

任何一种自然资源的使用都存在许多相互排斥的备选方案，为了作出最有效的选择，必须找出社会净效益最大的方案。资源是有限的，选择了这种使用机会就放弃了另一种使用机会，也就失去了另一种获得效益的机会。我们把其他使用方案中获得的最大经济效益，称为该资源选择方案的机会成本，把单位资源的机会成本称为该资源选择方案的影子价格。机会成本法的计算公式见式(6)：

$$L=\sum_{i=1}^{n} S_i W_i \tag{6}$$

式中：L 为环境损益机会成本值；S_i 为 i 资源的单位机会成本；W_i 为 i 种环境质量变化（或用途变化）；i 为资源变化的数量。

4.旅行费用法

旅行费用法是根据消费者为了获得对自然景观和人文景观的娱乐享受，通过消费这些环境资源所花费的旅行费用来评价旅游资源和娱乐性环境商品效益的分析方法。旅行费用法的基本工作步骤包括：

(1)对游憩区游客调查，获取游客的出发地点及旅游费用情况。

(2)根据出发地小区，计算旅游人数。

(3)计算每一出发地小区到该景区的旅游率。旅游率计算公式见式(7)：

$$Q_i = \frac{V_i}{P_i} \tag{7}$$

式中：Q_i 为小区 i 的旅游率；V_i 为小区 i 到景区的年旅游人次(由调查人数估计出)；P_i 为小区 i 年末总人口数。

(4)旅行费用估算，并求出旅行费用对旅游率的影响。

(5)对游憩需求曲线积分，计算消费者剩余，从而得出游憩区的年游憩总价值。依据每个出发小区的旅行费用和年旅游者人数的关系式和需求曲线，利用式(8)和式(9)求出每个出发小区的消费者剩余：

$$CS(i) = \int_{P(0)}^{P(m)} f(P)\mathrm{d}P \tag{8}$$

$$\mathrm{ACS} = \sum_{i=1}^{n} CS(i) \tag{9}$$

式中：$CS(i)$为小区 i 的旅游者的消费者剩余：$P(0)$为小区 i 到景区的现有旅行费用；$P(m)$为小区 i 的边际效益为 0 时的最大旅行费用：$f(P)$为费用与旅游人次的函数关系式；P 为景区门票价格；ACS 为 i 个小区旅游者一年中对某一景区的总的消费者剩余；n 为小区总数。

(6)计算景区的旅游总价值，见式(10)至式(11)：

$$\mathrm{TTV} = \sum_{i=1}^{n} CS(i) + \sum_{i=1}^{n} C_{Ti} V_i + \sum_{i=1}^{n} TC(i) \tag{10}$$

$$\sum_{i=1}^{n} TC(i) = \sum_{i=1}^{n} TT(i) \times \mathrm{GZL}(i) \tag{11}$$

式中：TTV 为评价景区的旅游总价值；$CS(i)$为小区 i 的旅游者的消费者剩余；C_{Ti} 为小区 i 到评价景区的旅行费用；V_i 为小区 i 到评价景区的年旅游人次(由调查人数估计出)；$TC(i)$为旅游时间的机会成本(通常按工资率的 30%～50%计算)；$TT(i)$为小区 i 游客的总旅行时间，h；GZL(i)为小区 i 每小时工资率，元/(h・人)。其余符号同前。

5. 资产价值法

在其他条件不变的情况下，可以用因周围环境质量不同而导致的同类固定资产的价格差异来衡量环境质量变动的货币价值。运用资产价值法进行分析时，主要进行资产的价值方程构建、住户收入分析、支付愿望方式构建 3 个方面的工作。资产(房屋、土地)的舒适性价值方程见式(12)：

$$P = f(b, n, g, \cdots) \tag{12}$$

式中：P 为固定资产价值或舒适性价格；b 为固定资产的内在要素，即资产特征，如房屋结构类型、面积大小、新旧程度等；n 为自然环境要素，如空气质量水平等；g 为社会环境要素，如距工作地、商店和公园等的远近距离，当地学校的优劣，当地治安情况等。

资产的价值方程确定之后，就要进行住户收入分析，同时建立支付愿望方式，确定对环境改善的支付愿望。例如，对于建设项目或其他各项活动引起周围环境质量的变化，则附近的房产价格受到影响，由此使人们对房产的支付愿望或房产的效益发生变化，房产效益变化计算见式(13)：

$$\Delta B = \sum_{i=1}^{n} P(q_1 - q_2) \tag{13}$$

式中：ΔB 为各项活动引起房产效益的变化；P 为房产价格或边际支付意愿；q_1、q_2 为各项活动前、后的环境质量水平。

6. 工资差额法

该方法是利用环境质量不同条件下工人工资的差异来估计环境质量变化造成经济损失或带来的经济效益。例如，有一个相同性质的工作，假如一个是在有噪声污染的环境下进行，给员工发放的工资为 W_1，另一个是安静环境下工作，发放的工资为 W_2，就可以认为 W_1-W_2 是减少噪声的货币价值，或者说是噪声污染带来的经济损失。

7. 调查评价法

在缺乏价格数据时，不能应用市场价值法。当环境发生变化甚至通过间接的市场观察也不能估价时，可以通过对专家或环境资源的使用者(消费者)支付意愿的调查来假设一种市场价格，以获得环境资源的价值或环保措施的效益。这是一种主观定量与主观定性综合评估的方法。常用的方法包括有专家评估法、投标博弈法等。

(二)环境质量的费用评价技术

1. 恢复防护费用法

把恢复或防护一种资源不受污染所需的费用，作为环境资源破坏带来的经济损失最低估计。

2. 影子工程法

影子工程法是恢复防护费用法的一种特殊形式，又称工程费用法，是当某一环境被污染或破坏后，人工建造一个工程来代替原来的环境物品的功能，然后用建造该新工程的费用来估计环境污染(或破坏)造成的经济损失的一种方法。

[实验基础数据]

江东省深海石化公司是丽东市的重要工业基地，位于该市的母亲河——南江岸边，以便于工业取水。某日，其下属的一化工厂车间甲基乙烷反应釜因在生产过程中投加过氧化氢速度过快，导致该车间发生爆炸。同时，第一次爆炸产生的火灾诱发储油罐区也发生爆炸，现场火光冲天。在强烈的爆炸声后，高达数十米的灰白色蘑菇云瞬间腾飞而起。随后爆炸点上方被火光染红，现场附近火焰四溅，加上连续干旱，诱发森林大火，烧毁大片森林。反应釜中约 5 t 含苯物料(苯，甲苯，二甲苯)爆炸燃烧，虽然消防灭火控制及时，但事故造成了厂房空间外严重的大气污染。同时，由于火灾燃烧，破坏了化工厂下覆的防渗层，造成含苯物料渗入地下含水层。由于事故造成污水处理系统发生故障，应急池无法满足需求，引发泄漏物和消防水通过地表径流汇入南江，造成该厂以下 50 km 范围内严重的河水污染和大面积鱼类死亡。由于该河流沿岸存在农田、造纸厂、居民区、江滩公园等多处工业、农业、居民点，爆炸伴随产生的苯系污染物随河水自上游向下游扩散，导致造纸厂从河流取水进行生产成本增加。污染造成的深黑色河水流过江滩公园，产生恶臭，严重影响市区市容，破坏江滩公园景观。由于该地区地下水渗流条件良好，含苯物料扩散至周围居民地下水取水水井，严重影响当地居民生产生活，位于河流下游的生态湿地属于重点生态保护区，也因河水污染造成影响。事故产生的相关固体危险废弃物堆存于周边农田，占用面积约 80 亩。事故发生后，对当地的居民生活、社会经济发展产生了严重的影响，经丽东市人民政府邀请，江东省生态环境厅派出精英队伍参与环境污染经济损失调查评估，请你参与此项调研工作，本虚拟仿真实验具体操作请到此网址（https://www.oberyun.com/gaoxiao），账号和密码可联系作者获取（haocai@hainanu.edu.cn）。

[实验步骤]

基于动态过程 DPSP 仿真软件运行平台开发，利用虚拟现实技术，搭建化工厂、森林生态景观、农田、江滩湿地公园、造纸厂、居民区等虚拟仿真场景。实验流程分为知识点学习、现场实践两个模块；其中"知识点学习"模块包括名词解释、多选题考察、评价流程图考察等内容；"现场实践"模块包括收集各区域参数信息、划定污染影响范围、选择评估区域、评估经济损失等内容。

基本操作包括：

(1)镜头控制：W(前)S(后)A(左)D(右)、鼠标右键(视角旋转)、鼠标滚轮(调节视角远近)；

(2)进入软件后，可以自由浏览场景，根据评分的题目要求指引进行操作。

具体实验步骤如下：

(1)知识点学习：点击"下一页""上一页"按钮学习名词解释知识点；作答多选题后点击"下一题"按钮继续作答，多选题全部作答完成后点击"提交"按钮提交答案；拖拽流程图内容到下方空白流程图的正确位置，点击"提交"按钮提交答案。

(2)观看背景介绍视频：在选择模块界面选择"现场实践"模块，观看完背景介绍视频以后点击视频弹窗下方"接受邀请"按钮关闭视频弹窗。

(3)查看区域信息：点击界面左上角小地图，打开地图界面；在"查看各区域信息"功能栏，点击"森林""农田""江滩湿地公园""造纸厂""居民区""河流"等区域按钮查看各区域参数信息，软件可以将已查看的区域信息记录在界面右侧"相关参数"面板。

(4)划定污染影响范围：在地图界面点击"大气质量监测点"按钮切换到划定大气污染影响范围功能区，点击每一个监测点查看大气质量监测点监测数据后，软件依据超标数据自动划定大气污染影响范围。

点击"地表水质量监测点"按钮切换到划定地表水污染影响范围功能区，点击每一个监测点查看地表水质量监测点监测数据后，软件依据超标数据自动划定地表水污染影响范围。

点击"地下水质量监测点"按钮切换到划定地下水污染影响范围功能区，点击每一个监测点查看地下水质量监测点监测数据后，软件依据超标数据自动划定地下水污染影响范围。

(5)选择评估区域：在地图界面点击"选择评估区域"按钮切换到选择评估区域功能区，根据划定的不同污染类型影响范围，在地图界面点击阴影内的区域名称选择对应的评估区域。

(6)评估经济损失：将评估区域选择完整后，回到主界面，在界面左侧"评估区域列表"某一栏展开时，点击"评估区域列表"标题右侧"评估经济损失"按钮打开相应评估区域作答"评估经济损失”题目的弹窗。

将每种污染类型影响的环境功能选择题作答完成后，对每种受影响的环境功能选择合适的评价方法，选择完成后作答计算题。可点击弹窗右上角“提示”按钮查看计算公式、某些计算参数。

(7)生成实验报告：将全部“评估经济损失”题目作答完成后，回到主界面，点击右下角“实验报告”按钮生成实验报告，在电脑桌面查看。

[注意事项]

(1)虚拟仿真实验操作过程中记得回顾基本知识点，特别是重新温习环境费用效益分析的一般步骤。

(2)注意同一种环境污染损失评估可能有多种计算方法。

[思考题]

(1)环境费用效益分析的一般步骤是什么？

(2)本次虚拟仿真实验中采用了哪些环境费用效益分析的计算方法？

参考文献

国家环境保护总局.水和废水分析监测方法.4版.北京:中国环境科学出版社,2002.
钟文辉.环境科学与工程实验教程.北京:高等教育出版社,2013.
马涛,曹英楠.环境科学与工程综合实验.北京:中国轻工业出版社,2017.
奚旦立.环境监测.5版.北京:高等教育出版社,2019.
成官文.水污染控制工程实验教学指导书.北京:化学工业出版社,2012.
谢云成,徐强.固体废弃物处置于资源化实验教程.北京:化学工业出版社,2017.
王娟.环境工程实验技术与应用.北京:中国建材工业出版社,2016.
马放,任南琪,杨基先.污染控制微生物学实验.哈尔滨:哈尔滨工业大学出版社,2002.
温洪宇,李萌,王秀颖.环境微生物学实验教程.徐州:中国矿业大学出版社,2017.
张剑荣,余晓冬,屠一峰,等.仪器分析实验.2版.北京:科学出版社,2019.
北京吉天仪器公司.原子荧光应用手册.北京:北京吉天仪器公司,2007.
中华人民共和国国家环境保护部.环境空气 苯系物的测定 活性炭吸附/二硫化碳解吸-气相色谱法:HJ584—2010.北京:中国环境科学出版社,2010.
葛成军.环境经济学.北京:中国农业大学出版社,2021.
孔志明.环境毒理学.南京:南京大学出版社,2017.
Cockerham G L, Shane S B. Basic Environmental Toxicology. Florida: CRC Press, 2019.